数控机床主轴系统
安全服役关键技术

王红军 著

U0197574

科 学 出 版 社

北 京

内 容 简 介

　　随着科学技术的飞速发展,高档数控机床广泛应用于航空、航天、核电、汽车等行业,使产品的加工精度及生产效率得到明显的提高,企业对数控机床的依赖性也愈来愈强。数控机床主轴作为高档数控机床的重要组成部分,其性能对零件的加工精度有直接影响。本书介绍数控机床主轴系统的安全服役关键技术,主要包括数控机床主轴系统的动态特性分析,主轴系统早期故障的敏感特征提取方法,主轴系统故障诊断和状态趋势预测技术,主轴系统精度劣化机理和主轴回转精度劣化溯源关键技术等。

　　本书可作为机械设计制造及其自动化、机械电子工程等专业高年级本科生、研究生的参考书,也可作为在智能制造、数控机床状态监控监测及机电系统监测领域工作与研究的工程技术人员和研究人员的参考书。

图书在版编目(CIP)数据

数控机床主轴系统安全服役关键技术 / 王红军著. —北京:科学出版社,2019.11

ISBN 978-7-03-061848-1

Ⅰ. ①数… Ⅱ. ①王… Ⅲ. ①数控机床-主轴系统-安全技术 Ⅳ. ①TG659

中国版本图书馆 CIP 数据核字(2019)第142541号

责任编辑:陈　婕　纪四稳 / 责任校对:郭瑞芝
责任印制:吴兆东 / 封面设计:蓝　正

科 学 出 版 社 出版
北京东黄城根北街 16 号
邮政编码:100717
http://www.sciencep.com

北京中石油彩色印刷有限责任公司 印刷
科学出版社发行　各地新华书店经销

＊

2019 年 11 月第　一　版　开本:720×1000 1/16
2022 年 2 月第三次印刷　印张:13 3/4
字数:280 000

定价:85.00 元
(如有印装质量问题,我社负责调换)

前　　言

随着原子能、航天技术、微电子学、信息技术及生物工程等新兴科学技术的发展，人们对机械加工精度的要求越来越高，从毫米到微米、亚微米，现在已经发展到纳米水平，并逐渐向原子晶格尺寸(亚纳米)水平迈进。精密机床是实现超精密加工的首要基础条件。目前，高速超精密数控机床成为现代化制造业的关键生产设备，提高高速超精密数控机床在加工运行过程中的精度、可靠性、稳定性，对提升企业竞争力越来越重要。数控机床故障诊断与预警技术是保障机床可靠运行、提高机床服役性能的核心技术之一。高速超精密数控机床结构复杂、传递环节较多，如果故障不能准确定位，盲目拆修，会使得机床服役性能下降和可靠性降低。因此，对数控装备的工作状态进行实时监测、诊断和预警非常重要。

超精密机床的质量取决于其关键部件的质量，主轴部件是保证超精密机床加工精度的核心，也是最容易失效的部位之一，其动态性能对机床的切削抗振性、加工精度及表面粗糙度均有很大的影响，是影响数控机床加工精度和使用效率的关键因素。试验表明，精密车削的圆度误差有 30%～70%是由主轴的回转误差造成的，且加工的精度越高，上述比例越大。主轴系统回转时的轴心轨迹包含了大量与主轴系统技术状态和回转零件工作状态有关的信息，它是机床精度退化研究和状态分析的信息来源。针对高速超精密数控机床主轴加工过程中由各种原因产生的如回转精度劣化、功能丧失严重影响零件加工精度和质量等一系列技术难题，对基于轴心轨迹流形学习的数控机床主轴系统精度劣化机理以及溯源技术开展研究，对提高机床服役可靠性、保证加工精度和生产效率具有重要的科学意义和实际应用价值。

本书针对高速超精密加工主轴回转精度劣化严重影响零件加工精度的技术难题，研究主轴系统在高速运行状态下的动态特性，揭示高速超精密加工主轴系统的稳定性机理，确定稳定状态的临界条件，探索抑制振动的有效途径和策略；研究基于流形学习的主轴故障状态敏感特征的提取技术，构建基于流形学习的主轴高速运行状态的融合演变早期预测模型；研究主轴回转误差形成机理，建立基于轴心轨迹流形学习的主轴回转精度劣化模型，提供主轴回转误差的溯源机制，构建主轴系统回转误差溯源系统。

近年来，作者主持并研究了国家自然科学基金项目(51575055、51275052)、国家科技重大专项"高档数控机床与基础制造装备"课题(2015ZX04001-002、2009ZX04014-101)、北京市自然科学基金重点项目(KZ201211232039)、北京市自然科学基金项目(3083019)、北京市科技计划项目(D09010400700901、D121100004112001)、北京市属高等学校人才强教深化计划项目(PHR201106132)、北京市科学技术委员会国际科技合作专项联合研发课题(2019)、北京市高层次创新创业人才支持计划领军人才项目等,本书是在这些项目研究成果的基础上提炼而成的。感谢国家自然科学基金委员会、北京市科学技术委员会等相关部门的大力支持!同时,本书的出版得到了北京市教师队伍建设-教师教学促进-教学名师项目(PXM2014_014224_000080)、北京信息科技大学机电系统测控大数据与智能决策国际合作基地项目(5211823102)、北京信息科技大学重点研究培育项目(5211823109)等的资助,在此表示衷心的感谢。

在撰写本书的过程中,作者所在的北京市高水平学术创新团队的成员给予了帮助,作者的学生籍永建、万鹏、高合鹏、王鹏清、赵川、邹安南、徐统、韩凤霞等付出了辛苦,作者所在的高端装备智能感知与控制北京市国际科技合作基地、机电系统测控北京市重点实验室给予了支持,在此向他们表示感谢!此外,学术界许多专家学者也给予了作者支持和鼓励,特致以诚挚的谢意!

由于作者水平所限,书中难免存在不妥之处,敬请读者批评指正。

作　者

2019 年春于北京

目　　录

第1章 绪 论

随着我国汽车制造业、发电设备制造业、电子与通信设备制造业、国防工业的飞速发展，包括数控机床在内的高精度和智能化工作母机及制造系统有着巨大的市场空间，预计到 2020 年市场需求总计在 135 亿～180 亿美元。高速数控机床是装备制造业的技术基础和发展方向之一。高速数控机床的工作性能，首先取决于高速主轴的性能。主轴系统作为数控机床的核心部件系统，其性能在很大程度上决定整台机床所能达到加工精度，因此，对主轴状态特性进行研究具有重要意义。

1.1 主轴系统安全服役技术的研究现状和发展趋势

1.1.1 主轴的概述

数控机床高速主轴单元包括主轴动力源、主轴、轴承和机架等部分，其影响加工系统的精度、稳定性及应用范围，其动力学性能及稳定性对高速加工起着关键性作用。高速高精度主轴单元系统应该具有刚性好、回转精度高、运转时温升小、稳定性好、功耗低、寿命长、可靠性高等优点，同时，其制造及操作成本应适中。要满足这些要求，主轴的制造及动平衡、主轴的支承(轴承)、主轴系统的润滑和冷却、主轴系统的刚性等是很重要的。

高速主轴单元的类型主要有电主轴、气动主轴等。不同类型的高速主轴单元，其输出功率相差较大。数控机床高速主轴要求在极短的时间内实现升降速，并在指定位置快速准停，要求主轴有较高的角减速度和角加速度。如果通过传动带等中间环节，不仅会使机床在高速状态下打滑，产生振动和噪声，而且会增加转动惯量，给机床快速准停造成困难。

目前，随着电气传动技术(变频调速技术、电动机矢量控制技术等)的迅速发展和日趋完善，高速数控机床主传动系统的机械结构已得到极大的简化，基本上取消了带轮传动和齿轮传动。

机床主轴由内装式电动机直接驱动，把机床主传动链的长度缩短为零，即实现机床的"零传动"。这种主轴电动机与机床主轴"合二为一"的传动结构形式称为"电主轴"，英文为 electric spindle、motor spindle 或 motorized spindle 等。电主轴是一种智能型功能部件，它采用无外壳电动机，将带有冷却套的电动机定子装配在主轴单元的壳体内，转子和机床主轴的旋转部件做成一体，主轴的变速范围完全由变频交流电动机控制，从而使变频电动机和机床主轴合二为一。电主轴具有结构紧凑、重量轻、惯性小、振动小、噪声低、响应快等优点，如图 1.1 所示。

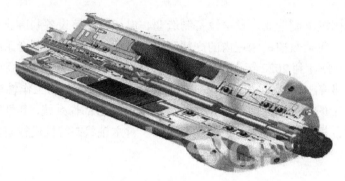

图 1.1 电主轴示意图

电主轴单元是一套组件，它是一项涉及电主轴本身及其附件的系统工程。电主轴单元所融合的技术主要包括以下几个方面。

1) 高速精密轴承技术

实现电主轴高速化和精密化的关键是轴承的应用。目前，在大功率高速精密电主轴中应用的轴承主要是角接触陶瓷球轴承和液体动静压轴承。空气轴承不适合大功率场合；磁悬浮轴承由于价格昂贵、控制系统复杂，其实用性也受到限制。

角接触陶瓷球轴承是精密数控机床常用的主轴支承。由于滚球高速运转时会产生巨大的离心力和陀螺力矩，其造成的动载荷常常超过机床的切削负荷，故为了降低传统钢质球的离心力和陀螺力矩，可选择采用陶瓷球和钢质套圈混合轴承。

目前国内已开始在高速精密主轴上试验采用全陶瓷球轴承。陶瓷球的等静压成型和烧结是保证陶瓷球强度的基础，球的加工精度靠加工和检测来保证。

对于电主轴单元，目前国内滚球的加工精度可达 C5 级以上。对于全陶瓷球轴承，除陶瓷球外，陶瓷内外圈的精密加工也是关键，需要设计专门的工装来固定内外圈坯件，内外圈沟道的加工精度的一致性也要靠恰当的工装和工序来保证。

尽管目前高速精密电主轴的支承绝大部分为角接触陶瓷球轴承，但是在极限转速和大负载工况下滚动轴承的功能丧失得很快，因此关于液体动静压轴承的研究一直为国内外电主轴企业及专家所重视。动静压轴承作为电主轴轴承的主要技术难点是实现高速化，对其关键技术的研究主要有：动静压轴承的层流、紊流流体惯性的计算算法研究；动静压轴承层油腔结构的研究；轴承温升和热变形控制技术及润滑介质的研究等。

2)高速精密电主轴的动态性能和热特性设计

高速精密电主轴设计目标是要求主轴刚度高、精度高、抗振性好、可靠性高。传统的动力学分析常常将轴承刚度用假设的弹簧代替，利用有限元或传递矩阵法等数值计算方法计算主轴的各阶固有频率和振型，并在设计时使主轴的一阶固有频率高于设计的主轴最高转速所对应的频率。根据电主轴的实际运行特点，有必要将"轴承-主轴-电动机-轴承座"作为一个系统进行动力学分析，同时充分考虑支承刚度非线性、主轴热扩散及热变形等热特性对主轴动态性能的影响，并对整个电主轴进行动态优化设计，而轴承系统的动力学仿真是基础。

1971~1982 年，Cupta 等系统地提出了模拟任意运转条件下滚动轴承性能的动力学分析模型。1997 年，NSK 公司开发了滚动轴承分析软件。洛阳轴承研究所有限公司开发了轴承系统温度场的分析软件，并对基本的轴承传热模型和辐射模型做了分析。主轴动态性能和热特性设计的关键技术如下。

(1)滚动接触界面的非线性刚度变化规律。

滚动轴承的支承刚度与运转速度之间、载荷与变形之间是非线性的关系，有限个滚动体的存在、轴承元件接触表面的加工几何误差、轴承材料的弹性及外力的变化等使得轴承的刚度成为时变函数。在考虑定位预紧和定压预紧两种预紧方式、计算球与内外圈沟道接触载荷和接触角的基础上，计算每个球与内外圈沟道接触点的接触刚度，需要根据轴承内部变形的几何关系，提出合适的计算轴承径向刚度、轴向刚度和角刚度的方法。

(2)主轴的热变形和热扩散规律。

高速精密主轴单元各零件的刚度及精度都较高，主轴的弹性变形所引起的误差常常很小，而运动副间的摩擦发热和温升却不可避免。在各类误差中，热变形引起的误差往往比其他误差更为突出。高速旋转状态下，主轴多个支承轴承和电动机转子是电主轴多区段的主要热源，会直接导致主轴热变形，改变轴承的预紧状况，影响主轴的加工精度，严重时甚至会烧毁轴承，使主轴损坏。为了避免这种危害，对主轴热变形和热扩散的研究至关重要，而建立高速精密主轴多区段热扩散、热变形及主轴热变形与振动耦合规律的数学模型是主轴系统动力学分析的关键。主轴热分析可在获得正确的主轴热传导系数(热导率)后，采用有限元法进行研究，并预测主轴热变形后引起的间隙变化对轴承及主轴部件性能的影响，从而在主轴系统设计、制造、装配过程中做出补偿，防止主轴单元工作精度降低。

(3)高速电动机设计及驱动技术。

电主轴是电动机与主轴结合在一起的产物，电动机的转子即主轴的旋转部分，理论上可以把电主轴看成一台高速电动机，其关键技术是高速度下的动平衡。

电主轴实现高速化存在的问题，从机械方面考虑主要是轴承发热和振动问题；从设计方面考虑主要是定转子功率密度和线圈发热问题；从驱动和控制角度考虑主要是调速性能问题。异步型电主轴的主要优点为结构简单、制造工艺相对成熟、驱动系统易于实现高速化，其不足之处在于转子发热严重、低速性能不好、转子参数受温度影响大，难以实现精密控制。异步型电主轴功率容量增大、转速提高时，常常需配备中心冷却系统以降低主轴温升，同时，在主轴结构设计时，对轴承采用恒压预紧方式，以克服主轴轴向热变形带来的影响。

3) 高速电主轴的精密加工和精密装配技术

为了保证电主轴在高速旋转时的回转精度和刚度，其关键零件必须进行精密加工或超精密加工。主轴单元的精密加工件包括主轴、箱体、前后轴承座以及随主轴高速旋转的轴承隔圈和定位过盈套等。

主轴与轴承的配合面、主轴锥孔与刀柄的配合面、主轴拉刀孔的表面、主轴前后轴承的同轴度、主轴的径向圆跳动是必须保证的主要精度指标。

主轴单元的精密装配包括主轴与电动机转子、主轴与前后轴承、主轴与轴承隔圈和定位过盈套、主轴与刀具、轴系与轴承座、轴承座与壳体之间的精密装配。精密装配要保证的主要两点是电主轴整体刚度和整体的动平衡精度。

4) 高速精密电主轴的润滑技术

电主轴的润滑一般采用定时定量的油气润滑，也可以采用脂润滑，但其相应的速度要大打折扣。定时就是指每隔一定的时间间隔注一次油，定量是指通过一个定量阀精确地控制每次润滑油的注油量。油气润滑，是指润滑油在压缩空气的携带下被吹入陶瓷球轴承。油气润滑技术中，油量控制显得十分重要，油量过少，起不到润滑作用；油量过多，主轴又会在轴承高速旋转时因油的阻力而发热。

5) 冷却装置

为了尽快使高速旋转的电主轴散热，通常对电主轴的外壁通以循环冷却剂，而冷却剂的温度通过冷却装置来保持。

6) 高速精密电主轴的内置脉冲编码器技术

为了实现自动换刀，电主轴内安装一个脉冲编码器，以实现准确的相位控制与进给的配合。

7) 高速精密电主轴的矢量变频技术

要实现电主轴每分钟几万转甚至十几万转的转速，必须用变频装置来驱动电主轴的内置高速电动机，变频器的输出频率甚至需要达到几千赫兹。

8) 高速刀具的装卡技术

为了适用于加工中心，电主轴配备了能进行自动换刀的装置，包括碟形弹簧、拉刀油缸等。

关于电主轴，国外最早将其应用于内圆磨床。20 世纪 80 年代末至 90 年代初，随着高速切削技术的发展，电主轴逐渐应用于加工中心。目前，电主轴已经成为现代数控机床主要的功能部件之一，世界上生产金属切削加工设备的多数机床制造商基本上都采用电主轴数控产品。许多著名的机床电主轴功能部件专业制造商生产的电主轴功能部件已经系列化，如瑞士的 FISCHER 公司、STEP-TEC 公司和 IBAG 公司，德国的 GMN 公司和 CYTEC 公司，意大利的 CAMFIOR 公司和 OMLAT 公司等的产品。

德国生产的 SPECHT500 和 SPECHT600 高速加工中心，其主轴均为装有混合陶瓷球轴承的电主轴，采用液态冷却，主轴转速为 16000r/min(22kW)。瑞士生产的 HSM700 高速加工中心，装有 HF 系列陶瓷球轴承电主轴，主轴转速已达 42000r/min(12kW)，提高了切削速度，可对精密和薄壁零件快速连续加工。意大利生产的精密机床，使用装有内置电动机和陶瓷球轴承的电主轴，主轴转速达 30000r/min(17kW)，用于加工质量高达 900kg 的壳体零件。美国生产的 HVM 型高速机床，主轴转速达 20000r/min(25kW)。德国亚琛工业大学研制的 DYNAM 并联机床，主轴转速可达 16000r/min(15kW)。上述机床由于采用内置电主轴单元，提高了机床主轴的转速和加工精度。

近年来，国际上大功率高速铣削和钻削电主轴技术发展很快。德国 GMN 公司的 HC 系列高速电主轴，日本 NSK 公司的 M 系列电主轴，意大利 G&F 公司的 EFA、EMC 系列电主轴，瑞士 STEP-TEC 公司的 HVC 系列电主轴，都具有功率大、刚度高及调速范围广的特性，完全适用于高速、高效切削。

瑞士 FISCHER 公司推出了配有在线自动动平衡装置的电主轴部件，加工中心每换一次刀进行一次包括刀具在内的自动动平衡，可在 1s 内消除 80%～99%的由动平衡所引起的振动；瑞士 IBAG 公司推出了静压轴承的电主轴和磁浮轴承的电主轴；美国 INGERSOLL 公司推出了动静压轴承的电主轴，可作为独立部件销售。

20 世纪 90 年代中后期，我国各科研单位或企业开始开发其他用途的电主轴，如印制电路板(MB)钻床用高速电主轴、小型数控铣床用电主轴等。生产的磨床用电主轴的最高转速可达 150000r/min，为国内轴承行业和其他一些行业所广泛采用，有的已经在进口磨床(如汽车制造行业中加工生产等速万向节的德国 NOVEL 磨床)的改造中替代进口电主轴。

实际应用的需要和机床技术的进步对数控机床用电主轴提出了越来越高的要求，其总体发展趋势是大功率、高转速、高主轴回转精度。

目前，我国研制出拥有自主知识产权的加工中心和数控铣床用内装式电主轴单元，为机床主机厂提供了广阔的选择余地，使国内相关的金属切削加工设备能选择优质的国产内装式电主轴单元作为主要功能部件，降低了国产数控设备的开发成本，增强了国产数控设备的竞争能力。但国产电主轴在水平、种类、质量等方面，与国外先进国家相比还存在很大差距，高转速、高精度数控机床和加工中心所用的电主轴，主要还是从国外进口。

1.1.2 国内外研究现状分析

1. 精密加工主轴系统的动态特性

主轴系统是数控机床的关键功能部件之一，其失效概率高，是影响数控机床加工精度和使用效率的关键因素。数控机床主轴系统的动态特性直接影响机床的加工精度、加工效率。国内外学者对机床主轴系统进行了大量的研究。Spur 等采用结构修正法，忽略了轴承刚度非线性，对机床主轴进行了动态特性分析。Jorgensen 和 Shin 提出了载荷变形模型，通过主轴动态特性分析得到了主轴系统的固有频率等参量。Lin 对高速机床主轴特性用模态分析方法进行了相关研究。Tsutsumi 等研究了滚动轴承的动态特性对主轴振动特性的影响。熊万里等提出了高速精密机床主轴系统的动力学分析方法。杨永生等采用振动信息分析了机床的可靠性等。Schmitz 采用有限元法对主轴系统动力学性能进行了分析与预估。孟安等提出了基于机电耦合的电主轴系统动力学模型。主轴系统动力学特性分析方法主要包括有限元法、传递矩阵法、阻抗耦合法和试验法等。对机床主轴系统的动态特性与产品加工条件和加工精度的动态辨识还有待深入研究，这可为数控机床动态行为演变规律提供理论技术支持。

2. 主轴的热特性研究

对机床热变形影响加工精度的问题研究要追溯到 1933 年，瑞士对坐标镗床热变形进行研究，发现了坐标镗床热变形是影响定位精度的主要因素之一。1960 年，美国、苏联、德国等也开始针对机床热变形开展试验研究。随后，德国又研究了机床热源对加工精度的影响；日本分析了热变形机理。1984 年，国际生产工程科学院(CIRP)会议主席 Chisholm 提出了研究机床热变形的路径：首先精确测试；其次探究机理；最后分析规律。

近年来，国内外学者在数控机床热特性方面开展了深入研究，认为机床的内外热源通过热传导、对流和辐射三种方式将热量传递给机床的各个部件，引起机床各个部件温度不同程度的升高，使机床产生不均匀的温度场，导致机床的部件发生热膨胀，原始尺寸发生改变，再加上机床零件形状、结构不同以及零部件间装配的相互影响，零部件产生复杂的热变形，最终使得刀尖和工件在误差敏感方向上出现相对位移，产生加工误差。

国外，美国密歇根州立大学、德国柏林工业大学、日本东京大学等专注于机床误差补偿方面的研究。例如，Veldhuis 等利用人工神经网络对五轴加工中心进行热误差建模，减少了机床 93%～96% 的热误差。Yang 等提出了利用动态神经网络模型来跟踪在各种热误差条件下随时间变化的机床误差动态模型，可大大提高考虑机床热弹性动态效应后的加工精度。Yang 和 Ni 提出了基于系统辨识理论的热误差预测的动态热误差模型。Turek 等建立了一种多热源耦合作用下高速五轴加工中心的热特性集成模型进行热误差补偿。

国内，上海交通大学、清华大学、华中科技大学、浙江大学等都开展了机床热误差方面的研究。上海交通大学在热误差鲁棒建模技术、热误差补偿模型在线修正或在线建模方面取得了许多成果。天津大学在基于球杆仪的误差建模与检测技术、基于多体理论模型的加工中心热误差补偿技术、基于主轴转速的机床热误差状态方程模型、三坐标测量机动态误差建模和补偿等方面开展了深入的研究。北京工业大学在高速电主轴热特性分析模型方面开展了研究。清华大学高赛利用三路单光束干涉仪对机床主轴热变形进行了非接触实时测量，可快速、准确地测量出机床热误差。张伯鹏教授等提出了一种基于自组织原理的主轴热误差补偿策略，简化了补偿算法。北京机械工业学院提出了神经网络补偿机床热变形误差的机器学习技术。

四川大学和四川普什宁江机床有限公司开展了高速电主轴热特性与动态特性耦合分析模型的研究，分析了轴承离心力软化效应和热诱导预紧力硬化效应联合作用下的支承刚度变化规律及其对主轴系统动力学性能的影响；李杰以 CX8075 车铣复合加工中心为例，进行了整机及其关键部件的热分析计算和温度测点的选择与优化，用最小二乘法和聚类线性回归法相结合的方法以及神经网络法建立了系统的热误差补偿模型。哈尔滨工业大学王磊利用有限元软件对重型数控落地铣镗机床进行整机热特性分析，筛选出用于热误差建模的温度关键点，分别根据最大灵敏度和主因素策略建立了机床热误差模型。

美国密歇根州立大学倪军教授与美国 SMS 公司共同研制开发了集热误差、几何误差和切削力误差为一体的误差补偿系统，并成功地将其于该公司生产的双主轴数控车床。德国亚琛工业大学提出一种通过控制机床自身参数来补偿机床热弹性变形的方法。瑞士 Mikron 公司曾开发出智能热补偿(ITC)系统。在高精度铣削加工中，机床操作人员通常需要等上一段时间，待机床达到热稳定状态后才能进行加工，而利用智能热补偿系统，操作人员只需集中精力满足工件的特殊要求即可。

主轴系统是数控机床的核心部件系统，其性能在很大程度上决定了整台机床所能达到的切削速度和加工精度，它是机床的主要热源。主轴系统的热误差是数控机床等精密加工机械的最大误差源，是制约数控机床精度提高的最主要因素。由于主轴系统在高速运转中存在不可避免的热源、传热和散热时温度梯度的变化、切削液和环境温度因素、由间隙和摩擦等引起的热滞现象，以及由接触面复杂热应力引起的变形等，其热误差表现为时滞、时变、多方向耦合及综合非线性等特征，增加了用数学模型描述的复杂性，因此在实际工况下难以预测温度变化和热变形之间的非线性关系，至今未能较好地解决热误差控制问题，该问题已发展为精密加工机械精度提高和保持稳定的瓶颈问题。

美国普渡大学的 Lin 和 Tu 提出了一种热-机-动力学集成模型，研究了包含轴承预紧力、离心力和回转运动的模型对不同转速下高速电主轴特性产生的影响，并进行了试验验证和灵敏度分析。

日本东京大学根据智能制造新概念开发了由热致动力主动补偿热误差的新结构，并将其应用于智能高速加工中心。日本 Mazak 公司推出了智能机床，其共有四大智能技术：

(1) 主动振动控制(active vibration control)，将振动减至最小。

(2) 智能热屏障(intelligent thermal shield)，用于热位移控制。机床部件运动或动作产生的热量及室内温度的变化会使机床产生定位误差，此项智能技术可对这些误差进行自动补偿，使其值最小。

(3) 智能安全屏障(intelligent safety shield)，防止部件碰撞。当操作人员为了调整、测量、更换刀具而手动操作机床时，一旦"将"发生碰撞(即在发生碰撞前的一瞬间)，运动机床立即自行停止。

(4) Mazak 语音提示(Mazak voice adviser)，即语音信息系统。当操作人员手动操作和调整时，用语音进行提示，以减少由操作人员失误而造成的问题。

日本 Okuma 公司通过采用可实现较高热稳定性的独创"热亲和概念"(thermo friendly concept)开发了经长时间使用后加工尺寸偏差仅为 8μm 的立式加工中心(MC)新机型。热亲和是指在尽可能减少机床产生的热量的同时，对于不可避免的热量，通过预测和补偿的方法来消除热量带来的影响，使加工精度保持稳定。

3. 主轴系统的故障状态敏感特征信号的获取、运行状态的诊断与预测

高速超精密数控机床作为典型的机电系统，其故障诊断与预警技术是保障机床可靠运行、提高机床服役性能的核心技术之一。国内外十分重视对数控机床加工过程检测诊断技术的研究开发工作，并将其视为高质量数字化加工的重要技术基础。一些公司已开发了相应的监测系统，例如，瑞士 Kistler 公司推出了基于切削力的加工监测系统，西门子公司的数控机床远程监测诊断系统 ePS、FANUC 公司的 18i 和 30i，但是它们只能实现机床电气系统、开关量类型的故障检测等。

目前高速数控机床在我国各个行业大量应用，但关于其运行状态的监测、诊断与维护技术的不足已成为当前数控机床技术发展和应用的瓶颈之一，这也是国内外研究的热点问题。目前的状态分析方法有频域分析方法、统计分析方法、模式识别方法等。频域分析方法存在需要先验知识、早期故障诊断能力较差、不具

备对设备性能劣化过程的分析能力等缺陷。统计分析方法虽然实现容易，但是必须和其他方法结合使用。模式识别方法克服了没有先验知识的缺点，诊断精确度和效率较频域诊断方法、统计诊断方法高，对操作人员素质要求低，但是其通常只针对少数状态模式进行分类，如正常和异常故障模式。张爱华等将数控机床的主轴系统看成一个灰色系统，将灰色系统理论中的灰关联分析应用于主轴系统的故障识别。邓三鹏等利用小波分析对包含主轴故障噪声信号的高频成分加以提取并进行包络谱分析得到故障频率信息。杜晋等采用模糊神经网络诊断高档数控机床主轴伺服系统的故障。吕冰等利用轴心轨迹等对高档数控机床主轴的状态进行分析评估。虽然国内外学者在故障诊断等方面进行了大量工作，取得了一些成果，但是由于设备性能的劣化过程是一个连续渐进的过程，需要将这个过程离散成许多状态点，而针对性能劣化的监测与分析问题，国内外研究尚处于起步阶段。

4. 主轴回转精度劣化机理

数控机床的精度不仅体现在机床的制造精度方面，更重要的是机床的精度保持性，直接影响加工精度和生产率。主轴单元是决定高速数控机床高速高精度性能的基础和关键。主轴精度的测试一直是各国学者研究的重点问题，例如，伍良生等提出应用数理统计误差分离技术进行主轴回转误差动态测量；刘敏等用标准球单点双向测量法进行主轴回转误差分离，为主轴系统的回转精度测试提供了方法和手段，获得了可喜的研究成果。在高速超精密主轴系统回转精度的劣化溯源技术方面的研究，还不能满足高速超精密加工领域实际生产的重大需求，目前针对机床主轴系统的回转精度检测大多是在静态状况下的检测精度，对机床主轴状态的监测只关注机床的典型故障模式识别，二者是互相分离独立的，不能为现场生产实际提供实时精度劣化的评估和判断。为保证加工质量和效率，需要对各项动特性指标进行监测诊断，对主轴特性的劣化趋势进行预测。

5. 高速超精密主轴系统运行状态的特征提取和优化、状态预测模型

流形学习（manifold learning）最初出现在 Seung 和 Bregler 的文章中，它是机器学习中的一种非线性降维技术，为寻找嵌入在高维数据中的低维流形结构，这种嵌入保留了原始数据的几何特性。流形学习算法从高维数据集所蕴含的几何信息出发，实现对数据的降维，有效地发现和保持嵌入高维数据集中的低维流形结构。流形学习算法具有高维数、小样本、非结构化等特点，广泛应用于图像识别、文本分类、生物信息处理等。流形学习的主要目标是发现高维观测数据空间中的低维光滑流形，它现已成为机器学习和数据挖掘领域的研究热点。阳建宏将流形学习用于非线性时间序列降噪，取得了较好的效果。梁霖等提出了一种基于非线性流形学习的冲击故障特征自适应提取方法。栗茂林针对早期故障微弱特征难以

提取的问题,提出了一种基于非线性流形学习的滚动轴承早期故障特征提取方法,提取出最优的敏感故障特征,提高了故障模式的分类性能,实现了轴承的早期故障诊断。邓蕾等提出基于流形和连续隐 Markov 模型的诊断方法,通过深沟球轴承故障诊断实例验证了该模型的有效性。黎敏等对高维相空间中的流形拓扑结构进行了信息提取。蒋全胜等利用拉普拉斯特征映射的非线性降维方法保留了振动信号中内含的整体集合结构信息。张熠卓等提出了一种基于流形学习的喘振特征提取方法,通过主流形几何结构的变化来反映系统的非线性变化。作者所在课题组尝试采用非线性流形等距映射(isometric mapping,ISOMAP)方法进行特征提取和故障预测。这些研究成果为主轴系统运行状态特征的提取和状态预测提供了一个可供选择的新途径和解决思路。

流形学习的基本思想是:高维观测空间中的点因少数独立分量的共同作用在观测空间形成一个流形,在尽可能保证数据间几何关系和距离测度不变的前提下,观测空间卷曲的流形来发现内在的主要变量。流形学习比核主成分分析、遗传算法等传统算法更能体现事物的本质,在提取主要变量的同时可获得原始空间的真实结构,对非线性流形结构数据具有一定的自适应性,具有模型构造容易、约简特征具有可解释性等特点,满足对运行状态特征提取的需求。尽管流形学习在特征提取和故障预示中具有潜力,但是由于主轴运行系统具有故障特征不明显、表现微弱、动态发展、特征信息时变多源、耦合,以及流形学习现有的局限性,真正实现基于流形学习的主轴运行状态特征提取、故障诊断和预测还有一些难点和关键科学问题需要解决。

如何建立主轴回转精度的劣化机制是主轴回转精度劣化溯源的关键。主轴系统的轴心轨迹是转子在同一截面中垂直和水平方向振动信号的合成,它可以反映转子在测量截面内的振动图像。主轴系统回转时的轴心轨迹包含了大量与主轴系统技术状态和回转零件工作状态有关的信息。轴心轨迹是机械状态检测与故障诊断的依据,也是机床精度退化研究和状态分析的信息来源。以轴心轨迹为桥梁,建立主轴运行状态与加工精度之间的关联和映射,关键是如何进行基于轴心轨迹的提纯和误差分离。许飞云等提取了轴心轨迹的变化特征,判断出机械的运行状态,在发生故障时还能对故障严重程度进行评估。林勇采用振动图谱的图像进行故障诊断和分析,将图像中物体的轮廓看成嵌入在二维平面中的一维流形(线流形),利用流形学习方法强大的流形逼近能力,在图像处理中的轮廓描述提取等方面取得了很多成功的应用。流形学习算法可以对图像等高维数据进行降维和分析,找出图像数据中蕴含的信息,进行分类和识别,为诊断提供依据。轴心轨迹的图像在高维观测空间内具有非线性流形结构,如果在对图像降维和特征提取的过程中可以对这一流形结构进行保持,那么会得到更加理想的识别结果。

1.2　本书研究的主要内容

本书针对高速超精密加工主轴回转精度劣化严重影响加工精度的技术难题，研究了基于流形学习的主轴故障状态敏感特征的提取技术，构建了基于流形学习的主轴高速运行状态的融合演变早期预测模型；研究了主轴回转误差形成机理，建立了基于轴心轨迹流形学习的主轴回转精度劣化模型，提供了主轴回转误差的溯源机制，构建了主轴系统回转误差异常溯源系统，为探索建立机床运行状态与主轴回转精度的映射追溯机制提供了理论基础，对保证超精密加工的产品精度、机床的服役性能和可靠性具有重要的理论意义和应用价值。

根据以上研究内容，确定本书的主要内容和具体章节安排如下：第 1 章绪论，介绍主轴精度劣化溯源技术的研究现状和发展趋势；第 2 章着重阐述数控机床主轴系统的动特性分析相关技术；第 3 章主要给出主轴系统早期微弱故障敏感特征提取方法；第 4 章论述基于流形学习的主轴故障诊断与状态识别技术；第 5 章主要研究主轴系统运行状态趋势预测方法；第 6 章研究主轴动态回转精度测试技术。

第2章 数控机床主轴系统的动态特性分析

主轴单元是数控机床的重要旋转部件，要想在精密加工中获得满意的加工精度，就应选择高性能的主轴单元。主轴是最容易发生失效的部位之一，在产品加工过程中，各种原因的主轴失效会造成系统回转精度劣化和功能丧失，严重影响产品加工精度和质量。主轴系统的动态特性对机床的切削抗振性、加工精度及产品表面粗糙度均有很大的影响，它是制约数控机床加工精度和使用效率的关键因素。

国内外学者对机床主轴系统进行了大量的研究，取得了丰硕的研究成果。总体来看，数控机床主轴系统的动态特性分析主要通过传递矩阵法、有限元法、阻抗耦合法和试验方法等来进行。例如，Gao 等在主轴系统动力学研究方面进行了较为前沿的研究工作；Lin 用模态分析法对高速机床主轴特性进行了研究；Kosmatka 构建了 Timoshenko 梁模型，为主轴建模分析奠定了基础；熊万里等提出了高速精密机床主轴系统的动力学分析方法；Schmitz 采用有限元法对主轴系统动力学性能进行了研究；Rantatalo 等指出轴承的刚度软化是影响主轴系统动态特性的主要因素；孙伟等对主轴高速和静态动力学特性进行了比较。采用试验分析方法对主轴系统的动态特性进行分析，以及如何利用理论模型分析精密主轴系统在高速状态下的动态特性还需要深入研究。

主轴动刚度能够真实反映机床主轴高速运转时承受切削载荷条件下抵抗变形的能力，它是衡量机床主轴性能的重要指标。获取精确的主轴动刚度是主轴研究的重要部分。

本章对主轴系统动态特性的研究通过理论研究和现场验证相结合的方法，针对机床的主轴系统开展动力学建模技术研究，建立机床动力学模型，获得其三维有限元模型，并进行仿真测试，以分析其动态特性，研究提取机床主轴系统模态参数的方法，对模态参数进行准确识别。主轴系统的动态特性研究流程如图 2.1 所示。

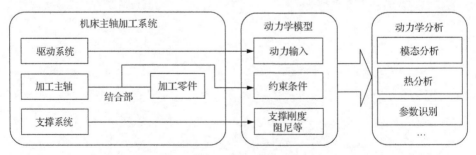

图 2.1 主轴系统的动态特性研究流程

2.1　高速电主轴

2.1.1　高速电主轴结构布局

高速电主轴的内部布局有两种方式：一种是将主轴电机的定子与转子均放置在主轴前、后轴承中间；另一种是将主轴电机的定子与转子安装在后轴承之后。第一种布局方式具有主轴刚度高、输出转矩大等优点，是目前高速电主轴普遍采用的布局方式。

2.1.2　高速电主轴轴承

轴承作为电主轴的关键部件，决定着电主轴的寿命和所能承受的负载大小。电主轴所用的轴承不仅需要高转速，还需要在持续高转速的条件下保持高回转精度和较低温升，应具有足够高的轴、径向刚度及承载能力。目前，世界上轴承制造商主要有德国舍弗勒集团公司(FAG 轴承)、瑞典斯凯孚公司(SKF 轴承)、日本精工株式会社(NSK 轴承)、美国铁姆肯公司(TIMKEN 轴承)和中国洛阳 LYC 轴承有限公司等。电主轴多采用混合角接触陶瓷球轴承、电磁悬浮轴承、动静压轴承等。

1. 混合角接触陶瓷球轴承

混合角接触陶瓷球轴承的滚动体用氮化硅(Si_3N_4)陶瓷材料制成，轴承内圈与外圈采用钢材料。工程陶瓷材料质量轻(密度仅为$3.218 \times 10^3 \, kg/m^3$，同等体积的陶瓷滚动体的质量只为钢材料滚动体质量的 40%)、刚性好(陶瓷材料的弹性模量为$3.14 \times 10^7 \, MPa$，是钢的 1.5 倍)，轴承的刚度、加工精度提高，降低了主轴振动；其线性膨胀系数低，为$3.2 \times 10^{-6} \, /℃$，极大减小了滚动体的变形量；其硬度达$1600 \sim 1700 \, HV$，是钢材料的 2.3 倍，极大提高了轴承的耐磨性，增加了轴承的使用寿命，具有耐高温、绝缘及热导率低等优点。

2. 电磁悬浮轴承

电磁悬浮轴承(AMBS)也称为磁力轴承，是唯一应用于工业领域能够进行主动控制的轴承，它利用电磁原理使轴承内圈与外圈不接触。电磁悬浮轴承按磁场类型可分为静电轴承、磁力轴承及组合式轴承三种。电磁悬浮轴承在轴的径圆周上相对轴线对称布置多个缠绕线圈的电磁铁，使之产生多组对应的引力或斥力，使转子悬浮其中(转子与定子的径向间隙约为 1mm)。通过内置位移传感器来读取转子与电磁铁之间的距离，运用自动控制装置调节相应位置的磁力使转子迅速回到理想位置，并使转子始终在理想位置高速旋转。

电磁悬浮轴承具有很多传统轴承所不具有的优点，如转速极高、无需润滑系统、摩擦损失很小、无污染、可控性极高等，但由于其具有结构复杂、价格昂贵、发热问题突出等缺点，在现阶段电主轴中应用很少。

3. 动静压轴承

动静压轴承是将静压轴承和动压轴承的优点集于一身的新型轴承，它具有结构紧凑、调速范围宽、高速性能好、动静态刚度高等优点，但此类轴承标准化程度低，需要单独设计生产，价格高、维护复杂，因此应用较少。

2.1.3　高速电主轴冷却系统

高速电主轴在工作状态下的发热会导致电主轴的轴承、轴芯、定子、转子等部件发生不同程度的热膨胀，从而影响机床加工精度和主轴的使用寿命，因此需要对主轴进行冷却。

高速电主轴结构紧凑且主轴内部空隙很小，电主轴的热量很难散发出去，因此散热问题成为影响电主轴加工精度的重要因素之一。因为高速电主轴零件的刚度很大，且主轴本身精度很高，所以电主轴在非常大的转速、功率和切削力条件下工作时，发热膨胀引起的加工误差比主轴系统刚度引起的误差对主轴的影响更为明显(热变形所引起的误差占总制造误差的 60%～80%)。因此，电主轴冷却系统至关重要。

对高速电主轴结构进行分析研究发现，主轴发热的主要热源是内置电动机和轴承。内置电动机发热是电主轴的主要热源，占发热总量的 95%～99%，主要是电动机工作时由变化的电场引起的电损耗、机械损耗及磁损耗产生的热量。在内置电动机产生的热量中，电机定子绕组的铜损占主要部分，其次是电机转子的铁损及谐波损耗。

在电主轴高速运转过程中，轴承发热也是引起电主轴发热的另一个不可忽视的因素。在电主轴高速运转状态下，轴承内部摩擦力以及轴承转动引起的润滑油搅动都会引起轴承发热。主轴在高速运转状态下，其内部冷却液因受离心力的作用不能对主轴的轴承及转子进行较好的冷却，主轴内部温升会使主轴发生热膨胀，从而增大主轴轴承的预紧力，增加轴承的发热。

目前高速电主轴的冷却方式主要分为液体冷却和空气强制冷却两种方式。

液体冷却原理是在电主轴外安装冷却装置(水冷机或者油冷机)，通过已测定主轴内部温度来调节冷却机中冷却液的流速，从而使主轴内部温度保持在一定的范围内。液体冷却的优点是冷却装置结构简单且冷却效果明显，但由于冷却液在冷却套外表面流动，所以其对主轴的冷却效果不是很明显，而且成本较高。

空气强制冷却原理是在主轴与外壳之间单独设计一个冷却通道，压缩空气使之在通道内产生强制对流，将主轴电机在工作时产生的热量通过空气流通散发到周围空气中，从而实现对电主轴系统的降温。空气强制冷却具有无污染、成本较低等优点，但是需要在主轴设计过程中单独考虑。随着现代工作环境的改善，空气强制冷却方式得到了越来越广泛的应用。

2.2　精密高速主轴系统的动态特性分析

各种物体都具有自身的固有频率，主轴系统也不例外。当主轴的工作转速对应的频率与其自身固有频率重合时，该主轴在此频率下产生共振。共振直接影响电主轴的正常运行和轴承的使用寿命，严重的共振现象甚至会破坏电主轴的机械结构，使主轴工作寿命急剧下降，同时使整台设备失去稳定的工作状态。

对高速电主轴进行严格的转子动力学分析(主轴-轴承系统为一个转子系统)，获取电主轴轴系的 1 阶、2 阶固有频率，从而使之与电主轴常用工作转速对应的频率范围远离，此时的轴系称为刚性轴系。在进行轴系分析时，通常将轴承视作弹性支承体，用迭代法代入轴系分析计算程序，可得出较为准确的结论。根据轴系分析提供的数据设计主轴转动部件的各部分尺寸，是使主轴运行转速远离其共振区域的有效措施。

主轴静刚度是指主轴在静载荷作用下抵抗变形的能力，一般用主轴轴心在静载荷下的位移量来衡量。主轴静刚度包括主轴静止状态下的静态静刚度和高速运转时的动态静刚度，静态静刚度无法真实反映主轴在高速运转时承受切削载荷条件下抵抗变形的能力，而动态静刚度能科学反映主轴的动态承载特性。工程实践中通常将主轴高速运转时的动态静刚度简称为动刚度。

2.2.1　精密高速主轴系统有限元建模

主轴-轴承系统的动力学建模包括对如下三部分的建模：主轴子结构、轴承子结构和轴承结合部子结构。对于主轴-轴承系统的建模，首先分别建立各个子结构的动力学模型，根据有限元法，将各个子结构的动力学特性通过结合部连接起来，得到整体结构的动力学模型，再利用其边界条件进行动力学分析。

主轴在高速加工状态下的动力学特性与低速或静态时明显不同。本节分析主轴系统高速加工状态下的特点和影响要素，构建有限元模型，进行静态特性研究，分析谐响应和模态特点；从轴承软化效应角度研究高速旋转状态下主轴系统的动态特性，以便为研究高速状态下有效抑制非稳定状态的振动策略提供依据。

高速加工机床目前多用结构简单、刚性好的电主轴，电主轴转速可达每分钟数万转甚至十几万转。合理科学的动力学模型是对主轴系统动力学特性进行预测和评估的重要手段。研究主轴系统在高速运行状态下的动态特性，可以揭示高速超精密加工主轴系统的稳定性机理，方便确定稳定状态的临界条件，并提供抑制振动的有效途径和策略。对主轴系统建模时，考虑的影响因素越多，所建立的动力学模型和实际模型越贴近，分析精度越准确，但是模型太复杂会导致计算困难。

1. 主轴的建模

依据有限元法对主轴进行建模，建模时使用的单元有实体单元、梁单元及管单元等。实体单元可精确求解系统的静刚度或轴承的径向载荷，但运算速度缓慢。分析时可采用 timoshenko 梁单元建立轴对称结构有限元模型，该模型结构简单，精度较高。

主轴系统在高速旋转时，离心力使角接触球轴承内圈滚道和外圈滚道接触区的变形发生变化，使轴承径向支承刚度随着角速度的增加而逐渐减小，发生轴承刚度软化现象。主轴在高速运转状态下还会产生轴系离心力和陀螺力矩等。高速运转状态下的主轴系统的动态特性与静止或低速状态下的系统有着明显的不同。离心力效应和轴承软化效应对系统固有频率有较大影响。综合考虑各项效应，才能比较准确地分析高速主轴系统的动态特性。

高速主轴系统与转子类似，采用梁单元，其运动方程可以表示为

$$M^b \ddot{X} - \Omega G^b \dot{X} + (K^b + K_p^b - \Omega^2 M_C^b)X = F^b \tag{2.1}$$

式中，M^b 为质量矩阵；M_C^b 为考虑离心力效应时的附加质量矩阵；G^b 为反对称的陀螺矩阵；K^b 为刚度矩阵；K_p^b 为轴向载荷引起的附加刚度矩阵；F^b 为外力矢量；上标"b"代表梁单元；Ω 为转速。

2. 主轴角接触球轴承的建模

角接触球轴承具有低摩擦特性，既能承受切削产生的径向和轴向载荷，又可满足高速加工的要求，便于维修且成本低。对高速精密主轴系统构建动力学模型时，以支承刚度和支承阻尼的形式将轴承的动力学特性引入系统中。Jones 轴承模型是目前较完备的轴承动力学模型。由于受轴承的几何形状、预紧力和外载荷的综合影响，主轴系统表现为变刚度、变阻尼的非线性系统。

弹簧单元 combin14 本身不考虑长度，只考虑弹性模量与阻尼，具有轴向拉伸或扭转的性能，能较好地模拟轴承的刚度。采用弹簧单元 combin14 自定义外节点的径向位置，将每个轴承简化成 4 个均布在主轴外圆的弹性阻尼单元模型，在轴承外节点处添加全约束，在内圈接触面添加轴向约束。利用弹簧阻尼单元模拟轴承的弹性支承，分别设置两组、三组和五组弹簧，如图 2.2 所示。

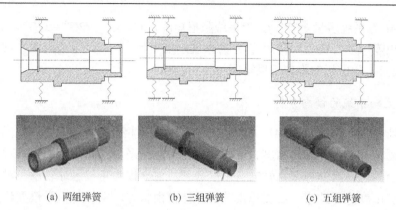

(a) 两组弹簧　　　　　(b) 三组弹簧　　　　　(c) 五组弹簧

图 2.2　主轴弹簧单元布置方式

单个轴承预紧后的径向刚度计算公式为

$$k_r = 17.7236 \sqrt[3]{Z^2 D_b} \frac{\cos^2 \alpha}{\sqrt[3]{\sin \alpha}} \sqrt[3]{F_{a0}} \tag{2.2}$$

式中，D_b 为滚动体直径；Z 为轴承滚动体数目；α 为接触角；F_{a0} 为轴向预紧力。根据上述公式，该主轴轴承采用 71915ACD/P4A 角接触球轴承和 SKFN212ECM* 单列圆柱滚子轴承，计算得到的主轴轴承的刚度如表 2.1 所示。

表 2.1　主轴轴承的刚度

弹簧单元布置方式	弹簧刚度/(10^8N/m)	
两组弹簧	前支撑	3.48
	后支撑	1.3
三组弹簧	前支撑	3.48
	中支撑	3.48
	后支撑	1.3
五组弹簧	前支撑 1	3.48
	前支撑 2	3.48
	中支撑 1	3.48
	中支撑 2	3.48
	后支撑	1.3

总体考虑上述影响因素，集成主轴转子、转盘、主轴箱及轴承模型，主轴系统的运动方程为

$$M\ddot{X} + C\dot{X} + KX = F \tag{2.3}$$

式中，M 为系统质量矩阵；C 为系统阻尼矩阵，$C = C^s - \Omega G^b - \Omega G^d$，$C^s$ 为结构阻尼矩阵，G^d 为转盘回转矩阵；K 为系统刚度矩阵，$K = K^b + K_p^b + K_B - \Omega^2 M_C^b$，$K_p^b$ 为轴向载荷引起的附加刚度矩阵。

3. 主轴系统的模态分析

主轴材料为 20CrMnMoH，采用四面体法进行网格划分。根据工作状况，主轴在轴向固定，在径向有自由度。分析时，主轴左端采用轴向固定约束，对支撑节点进行全约束，后支撑节点轴向自由度放开。前支撑为角接触球轴承，对其内节点轴向自由度进行约束，后支撑内节点保持自由状态。主轴动力学模型建好后，分别基于以上有限元模型采用 Block Lanczos 法进行主轴模态分析。

4. 主轴系统的谐响应分析

主轴系统在加工时，会有周期性的激振力作用在主轴上。当激振力的频率与主轴部件的固有振动频率相同时，就会发生共振，对机床造成严重破坏。谐响应分析用于确定线性结构在承受随时间按正弦（简谐）规律变化的载荷时的稳态响应，分析过程中只计算结构的稳态受迫振动，不考虑激振开始时的瞬态振动，目的在于计算出结构在几种频率下的响应值（通常是位移）对频率的曲线，来预估结构的持续性动力特性，验证设计是否能克服共振、疲劳以及其他受迫振动引起的不良效应。谐响应分析建模过程与静态相同，在预测的 600～1200Hz 范围内，在主轴前端卡盘施加正弦力，激振力施加位置及方向如图 2.3 所示。

图 2.3　激振力施加位置及方向

5. 高速运行状态下主轴动态特性的仿真分析

主轴高速运行状态下，转子陀螺力矩、滚动体离心力和轴承软化是影响主轴固有频率变化的主要因素。要准确地仿真高速主轴系统的动态特性，必须综合考虑主轴转子的陀螺力矩、离心力效应和轴承软化效应。主轴系统在高速旋转时，其角接触球轴承的支承刚度会随着角速度的增加而逐渐减小，即产生轴承刚度软化现象。产生这种现象的原因是离心力使角接触球轴承内圈滚道和外圈滚道接触区的变形发生变化，从而导致轴承径向支承刚度发生变化。

目前，主轴动态特性分析的主要研究方法就是通过实际的测试试验进行分析，例如，曹宏瑞等经过分析后认为，在高速旋转状态，主轴转子的离心效应和轴承软化效应对系统固有频率影响较大，对转子陀螺力矩的影响较小。随着主轴转速的升高，在滚动体离心力和转子陀螺力矩的作用下，轴承的轴向刚度和径向刚度都有所降低，当转速升高到 12000r/min 时，轴承的轴向刚度和径向刚度分别下降了 9.7% 和 10%。轴承软化引起主轴固有频率变化 40% 左右，可以看出轴承软化是高速状态下系统固有频率降低的主要因素。

采用三组弹簧单元模型，利用有限元模型分析主轴系统高速运转下固有频率的变化规律。按照曹宏瑞提供的试验规律，将支承刚度降低 10%，分析在静止、500r/min、1000r/min、5000r/min、10000r/min、12000r/min 下主轴系统的固有频率。表 2.2 为 1～6 阶不同转速条件下的固有频率。由表 2.2 可以看出，1、4 阶模态下固有频率随着转速的升高而下降，说明在这种情况下，刚度软化作用明显，但是 3、6 阶固有频率没有随转速的增大而变化。因此，采用有限元法分析精密主轴系统高速运行状态下的动态特性，仅考虑轴承刚度软化不能完全反映主轴高速下的运行状态特性，还要综合考虑陀螺、离心力及热的影响。

表 2.2　静止和高速下的固有频率比较

阶数＼转速 (r/min)	静止	500	1000	5000	10000	12000
1	1908	1908	1908	1907.7	1906.6	1905.2
2	1908.1	1908.1	1908.1	1907.8	1906.7	1905.2
3	3253	3253	3253	3253	3253	3253
4	4113.7	4113.7	4113.7	4112.2	4106.2	4098.1
5	4114.6	4114.6	4114.6	4113.1	4107.1	4099
6	4874.1	4874.1	4874.1	4874.1	4874.1	4874.1

2.2.2　电主轴的谐响应分析

谐响应分析 (harmonic response analysis) 是分析线性结构在一个或多个随时间按正弦 (简谐) 规律变化载荷的作用下稳态响应的一种技术。对结构进行谐响应分析是为了计算出结构在几种频率下的响应，并得到一些响应值对频率的曲线。通过对所得到的曲线进行分析，找出"峰值"响应，并进一步考察频率所对应的应力。

谐响应分析为线性分析，只对结构的稳态受迫振动进行计算。对于谐响应分析，结构的运动方程为

$$\left(-\omega^2 M + \mathrm{i}\omega C + K\right)\left(\phi_1 + \mathrm{i}\phi_2\right) = F_1 + \mathrm{i}F_2 \tag{2.4}$$

式中，M 为质量矩阵；C 为阻尼矩阵；K 为刚度矩阵；F_1 和 F_2 为激振力；假设 M 与 K 为定值，要求材料必须为线性。

一般在完成模态分析之后进行谐响应分析。谐响应分析的步骤主要包括：有限元模型的建立、施加载荷和边界条件、求解，以及对结果进行分析。

谐响应分析的方法分为两种：一种为 Full 法，使用完全结构矩阵，可以存在非对称矩阵；另一种方法为 Mode Superposition 法，从模态分析中叠加模态振型，此方法分析速度最快。

采用 Mode Superposition 法进行谐响应分析，分析输入的条件为切削力，所施加的载荷为简谐载荷，需要输入的未知变量包括幅值、相位角及频率，在第一求解间隔施加载荷。

激振力公式为

$$F(t) = F\cos(\omega t + \varphi) \tag{2.5}$$

式中，F 为幅值；ω 为强迫振动频率；φ 为相位角。

根据经验公式，圆柱铣刀的平均圆周切削力公式为

$$F_z = 9.81 C_F a_e^{0.86} a_f^{0.72} d^{-0.86} a_p Z \tag{2.6}$$

式中，C_F 的大小取决于加工材料、切削条件，铣刀为立铣刀或圆柱铣刀，铣刀材料为高速钢，加工碳钢材料时 C_F 取 68.2；a_e 为侧吃刀量(mm)；a_f 为每齿进给量 (mm/z)；a_p 为背吃刀量(mm)；Z 为铣刀齿数。

查阅主轴所应用机床的资料，可以算出铣刀的平均圆周切削力 F_z 为 1934.87N。当加工方法为圆周顺铣加工时，如侧吃刀量 $a_e = 0.05d$，且每齿进给量 $a_f = 0.1 \sim 0.2\mathrm{mm/z}$，可以得到

$$\frac{F_\gamma}{F_z} = 0.8 \sim 0.9, \qquad \frac{F_\tau}{F_z} = 0.75 \sim 0.8$$

式中，F_γ 为铣削进给抗力；F_τ 为采用圆周顺铣加工时使工件夹紧的力。

按上述公式中所给定的最大值计算得到 $F_\gamma = 1741.38\mathrm{N}$，$F_\tau = 1547.9\mathrm{N}$，由此可求得铣削力为 $F = \sqrt{F_\gamma^2 + F_\tau^2} = 2329.89\mathrm{N}$。

　　电主轴的最高工作转速为 12000r/min，可算出激振力的频率为 4×12000/60 ＝ 800Hz，其中 4 代表铣刀的 4 个齿。通过计算，可得到激振力的幅值为 2329.89N；强制频率范围为 800Hz；相位角近似为零。

　　在 ANSYS Workbench 的 Project Schematic（项目管理区）中，将 Harmonic Response 模块拖到上面所做的模态分析上，则材料属性和模型会自动导入谐响应分析中。由模态分析结果可知，所分析的电主轴第 1 阶固有频率为 707.42Hz，第 6 阶固有频率为 3125Hz。关注感兴趣的频率范围为 700～3500Hz，求解步数为 50，求解完成后得到主轴前端对频率的径向位移响应曲线，如图 2.4 所示。

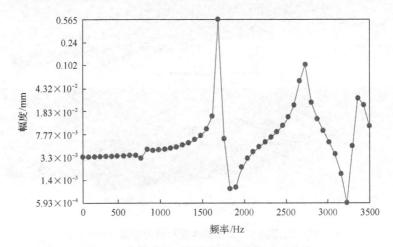

图 2.4　主轴前端对频率的径向位移响应曲线

　　根据图 2.4 可以对各阶固有频率附近的位移响应进行分析。在 1、2 阶固有频率附近，当激振力频率从 700Hz 增加到 770Hz 时，主轴前端径向位移减小且达到极小值 $3.3×10^{-3}$ mm，而当激振力频率从 770Hz 增加到 840Hz 时，主轴前端径向位移逐渐增大。在 3、4 阶固有频率附近，当激振力频率从 1610Hz 增加到 1680Hz 时，主轴前端径向位移响应达到最大值 0.565mm，此时主轴动刚度明显下降，而当激振力频率从 1680Hz 增加到 1750Hz 后，主轴前端径向位移减小到 $6.7×10^{-3}$ mm 附近，动刚度回升。在 5、6 阶固有频率附近，当激振力频率上升到 2730Hz 时，主轴前端径向位移达到最大值 0.102mm。

　　当激振力频率分别为 770Hz、1680Hz 和 2730Hz 时，主轴整体变形分析云图如图 2.5 所示。

　　当主轴最高转速为 12000r/min，此状态下时的激振力频率为 800Hz 时，主轴径向位移很小，主轴有良好的动刚度，满足最高转速状态下的工作要求。

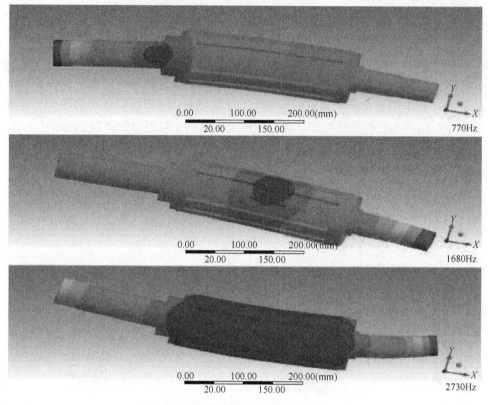

图 2.5　主轴整体变形分析云图

2.3　主轴的模态试验分析方法

高速电主轴一般以高速精密角接触球轴承作为支承件，除了要满足高速运转的要求外，还应有较高的回转精度和动态稳定性。随着转速的提高，由于滚动体离心力和陀螺力矩等的作用，主轴轴承内部的动态载荷、动态变形等动力学状态参数以及轴承对转子支承的动态刚度等性能参数与低速时相比发生了显著的变化，影响了轴承的高速性能和动态稳定性，从而影响了主轴单元的工作性能。

模态试验分析是应用试验的方法对系统的激励信号与响应信号进行采集，通过对信号进行特定处理并运用相应的参数识别技术估算出被测系统的模态参数，即频率响应函数(frequency response function，FRF)或传递函数(transfer function，TF)。

模态试验分析的原理是先建立运动方程，将被测系统每一阶模态都用与其相对应的固有频率、阻尼比和模态振型表示出来，然后对所测系统模态参数进行辨识。在应用有限元分析软件对电主轴进行理论建模时，由于对电主轴结构、边界约束条件及结合面进行了一定的简化和假设，以及对连续体进行了离散化，理论模型的模态分析结果与实际结构有一定的差异。

本节应用锤击法对 260XDJ12Y 型电主轴进行模态分析，得到主轴系统的动力学特性，并对由有限元法获得的模态参数进行验证，验证有限元模型简化的合理性，使简化的有限元模型最大限度地逼近实际模型。

2.3.1　模态参数识别方法

在对被测系统进行模态试验时，由于不同的识别方法对被测频率响应函数的要求不同，故所选用的试验方法也不同。

激励方式有三种：单点激励多点响应(single input multiple output，SIMO)法、多点激励单点响应(multiple input single output，MISO)法、多点激励多点响应(multiple input multiple output，MIMO)法。

MISO 法是 19 世纪 70 年代末发展起来的识别方法，是目前世界上广泛应用的识别技术，几乎适用于一切振动领域，具有实施简单、设备简易并易于操作等优点，它将所有测点的频率响应函数数据同时作曲线拟合，以获得精确的总体模态频率和阻尼比。MIMO 法采用多个激振器，以相同的频率和不同的振幅与相位差在结构的多个响应点上实施激励，使结构发生接近于实际振动烈度的振动，激励出系统的各阶纯模态，从而提高模态参数的识别精度。

2.3.2　模态试验方案

为了辨识电主轴的模态参数，并为结合面参数识别优化提供参数保障，根据模态试验的原理，将其分为如下步骤：

(1)选择合理的悬吊方式将电主轴悬吊起来。

(2)建立电主轴结构的模拟轮廓图，并合理布置激励点和响应点。

(3)用力锤在已确定的电主轴激励点位置进行激励，通过加速度传感器在所布置的响应点位置提取响应信号。

(4)将所测得的数据导入信号分析软件中进行分析，包括频率响应函数计算、导入电主轴结构、模态拟合、振型编辑等一系列步骤。

(5)显示、导出上述模态试验结果。

2.3.3　模态试验系统

模态试验系统由被测对象、激励系统、数据采集与分析系统组成。

1. 被测对象

被测对象为如图 2.6 所示的某加工中心用电主轴。

图 2.6　某加工中心用电主轴

2. 激励系统

　　在模态试验中，不同类型的试验有不同形式的激励方式，包括快速正弦扫描激励、脉冲激励和阶跃激励等。脉冲激励是一种宽频带激励，激振力频谱较宽，一次激励可以同时激出多阶模态。锤击法是一种非常简便且有效的激励方法，常用于获得脉冲激励信号，适用于中小型和低阻尼结构的激励。试验采用锤击法对被测电主轴进行激励。力锤是一种常见的非固定式激励系统的激励装置，其锤头位置安装力传感器，并且通常情况下锤头材质可换。通常锤头材质有橡胶、尼龙、铝和钢四种，硬度越高的锤头得到的激励信号频率越高。本试验主要采集电主轴前几阶模态频率，采用尼龙锤头。

3. 数据采集与分析系统

　　数据采集系统包括传感器、电荷放大器、信号采集分析仪和计算机。加速度传感器用来提取电主轴的振动响应信号。力锤激励信号和响应信号经电荷放大器放大后被收入信号采集分析仪中处理。计算机读取数字信号后利用分析软件进行模态分析，从而得到被测电主轴各阶模态固有频率及模态振型。某电主轴结构如图 2.6 所示，电主轴模态测试设备参数如表 2.3 所示，电主轴模态试验原理如图 2.7 所示。

表 2.3　电主轴模态测试设备参数

设备名称	型号	用途
力锤(含力传感器)	高弹性聚能力锤	产生激励信号
IPC 型三向加速度传感器	INV9832A	提取响应信号
电荷电压滤波积分放大器	BZ2105-4	放大信号
采集分析仪	INV3062	采集分析数据
测试分析软件	Coinv DASP V10	数据分析及模态参数识别

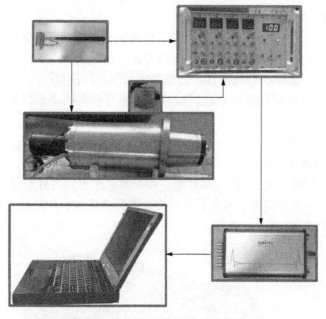

图 2.7　电主轴模态试验原理图

1）电主轴悬吊方式

试验采用自由悬吊的方式，用具有弹性的尼龙绳将电主轴悬吊起来，使电主轴处于近似自由-自由条件，具有最多的自由度。本试验分别分析了两种悬吊方式：一种为水平悬吊，另一种为竖直悬吊，如图 2.8 所示。竖直悬吊方式更接近被测电主轴实际工况，因此本试验采用竖直悬吊方式对电主轴进行模态试验。

(a) 水平悬吊　　　　　　　　　　(b) 竖直悬吊

图 2.8　电主轴悬吊方式

2) 建立电主轴模拟轮廓图

试验测点包括激励点和响应点，为了保证试验能够准确完整地测试和辨识电主轴系统的模态参数，测点的数目和布点方法应满足以下要求：

(1) 能够较好地反映系统特性，方便生成系统几何模型；

(2) 能够在变形后明确显示在试验频段内所有模态的变形特征及各模态间的变形区别；

(3) 尽量避开模态节点；

(4) 便于力锤进行敲击和安装传感器。

在被测电主轴上布置 10 个圆柱面，每个圆柱面上均匀分布 8 激励点，共计 80 个激励点。将各点坐标导入分析软件中，进行生成线、生成面的操作，生成电主轴模拟轮廓图，如图 2.9 所示。

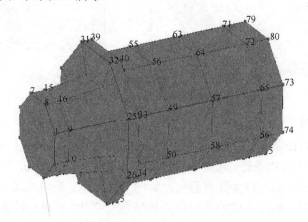

图 2.9　生成的电主轴轮廓模型

3) 试验仪器连接

试验仪器采用 INV3062 型数据采集分析仪，首先将力锤直接连接在采集分析仪 1 通道上，将传感器通过放大器连接到采集分析仪 2 通道上，然后将采集分析仪通过网线连接的方式连接计算机。模态试验测试系统如图 2.10 所示。

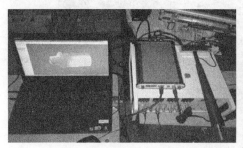

图 2.10　模态试验测试系统

4) 参数设置

被测电主轴分析频段为 0～5000Hz，根据奈奎斯特采样定理，响应信号的采样频率设定为 12800Hz。试验表明，以 49 号和 65 号测点为响应点时产生的频率响应函数图和相干函数图效果较好，因此分别以 49 号和 65 号测点为响应点做两次试验，将两次试验结果进行拟合。

在采样参数设置中将采样开始方式设置为多次触发采样，触发次数为 3，使信号在频域进行平均处理。输入输出信号的标定值（即信号放大倍数）也需要在试验过程中不断进行调整，保持始终输出较好的波形。在完成数据采集后进入 model 模块，输入新建模态文件的试验名、试验号及数据存放路径，进行频率响应函数计算，计算前输入激励点号及响应点号，对输入的力信号加力窗，消除激励脉冲信号以外的噪声信号。计算完成后保存计算结果；导入结构模型，输入约束条件并保存图形结果；对频率响应函数进行模态拟合，在频域法中对数据进行定阶和拟合，结果如图 2.11 所示。

对计算结果进行校验，校验结果如图 2.12 所示。振型相关矩阵校验用来检验

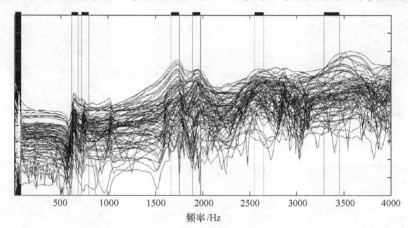

图 2.11　集总显示结果

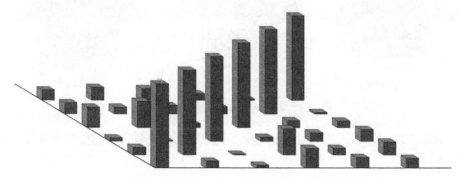

图 2.12　计算结果校验

分析结果是否可靠，矩阵元素的行号和列号分别代表两阶模态，其大小表示这两阶模态振型的正交性，归一化后的两阶模态振型标量乘积的值越小，表示正交性越好。理想的模态分析结果的振型相关矩阵中，除主对角线元素以外，其他元素值都很小。校验结果表明模态试验数据结果可靠。

2.3.4 试验结果分析

参数识别得到电主轴的前六阶模态参数振型，即一组固有频率、模态阻尼以及相应各阶模态的振型。由于结构复杂，许多自由度组成的振型也相当复杂，必须采用动画方法将结构的模态振动在屏幕上三维实时动画显示，将放大的振型叠加到原始的几何形状上，以便更加直观地识别衡量的模态振型。图 2.13 为电主轴模态试验前六阶振型图。

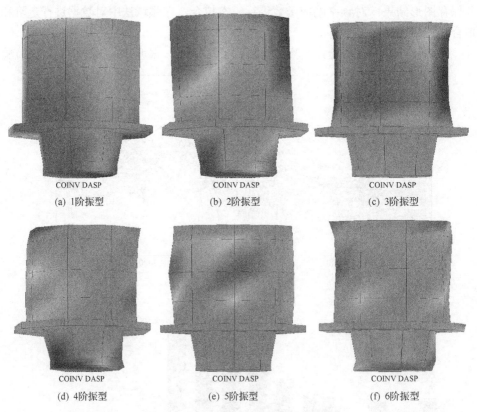

COINV DASP   COINV DASP   COINV DASP

(a) 1阶振型   (b) 2阶振型   (c) 3阶振型

COINV DASP   COINV DASP   COINV DASP

(d) 4阶振型   (e) 5阶振型   (f) 6阶振型

图 2.13   电主轴模态试验前六阶振型图

通过生成报告可以明确得到本次模态试验所测电主轴的前六阶模态参数，如表 2.4 所示。

表 2.4　电主轴前六阶模态参数

阶数	频率/Hz	阻尼/%	阵型描述
1	637.762	3.012	绕 z 轴扭转
2	760.031	13.103	平面内弯曲
3	1749.992	3.570	轴身径向伸缩
4	1946.991	2.593	平面内弯曲
5	2546.128	4.449	轴身径向伸缩
6	3385.956	3.710	平面内弯曲

在有限元分析过程中，对电主轴模型进行了一系列的简化，从而减轻了电主轴的整体质量，因此有限元分析计算出的前六阶固有频率均比模态试验得出的结果稍小。有限元分析计算出的前六阶振型和模态试验所得出的振型基本一致，验证了有限元模型简化的合理性。

2.4　基于环境激励法的电主轴模态参数识别

主轴系统动刚度测试是指通过检测装置获取不同工况运转的主轴系统在受到动态扰动时的振动信号来识别主轴系统的动刚度，是评价主轴系统运转稳定性和动态回转精度的依据，也是修正主轴系统动态特性理论计算误差的参照。高速运转工况下的主轴系统动刚度特性测试是目前主轴系统综合性能测试研究中的薄弱环节。

高速电主轴在正常工作状态下，由安装误差范围内的轴承偏心、不对中、主轴热变形或损伤引起的振动必然会导致机床振动。机床振动不但会降低加工精度，使刀具出现剧烈的磨耗或破损，而且势必会增加主轴轴承和机床导轨承受的动态载荷，降低它们的寿命和精度保持性，因此，对电主轴在工作状态下进行模态试验是必要的。对在工作状态下的电主轴进行模态试验不仅能够准确地反映电主轴的实际工况，检测电主轴运转是否正常，而且能对电主轴进行模态参数识别、安全监测及健康状况监测。

对工作状态下的电主轴无法用传统的模态试验方法识别其模态参数，因此采用环境激励法对其进行模态参数识别。环境激励法(ambient excitation technique)的激励方式为自然激励或者非刻意的人为激励，它对多个响应点进行测量，并将所测得的数据构成互相关函数，根据互相关函数的数学表达式与频率响应函数或脉冲响应函数相似的特征，运用时域或频域的模态参数识别方法对系统的模态参数进行识别。

自然激励法(natural excitation technique，NExT)以电主轴正常运转状态下的振动作为激励，不采用外加激励装置，完全满足工作状态下对机床主轴进行模态试验和参数识别的要求，具有较高的试验意义。转子振动激励可视为平稳随机信号，是目前最适合对机械尤其是旋转机械进行模态参数识别的激励方式。

环境激励法具有只需要在自然激励下对响应信号进行采集、通过响应信号进行系统模态识别的特点，因此，在对工作状态下的电主轴进行模态参数识别时，该方法具有一些传统模态试验方法没有的优点：

(1)环境激励法能准确地对工作状态下的电主轴进行模态参数识别，如结构的固有频率、振型及阻尼比等。由于电主轴在工作状态下无法对其施加人工载荷，所以不能运用传统模态试验对其进行模态分析，而环境激励法解决了这一问题。

(2)环境激励法在测试过程中无需人工激励，因而省去了激励装置及安装调试激励装置所需的人员，使试验过程更加方便并且能够节约试验成本。

(3)环境激励法能在不影响机床正常工作的情况下对主轴进行模态参数识别及在线安全监测等一系列研究。对于高速高精度加工中心，采用传统的激励法势必会对加工中心的精度造成一定的影响，甚至对电主轴内部结构造成一定的损伤，环境激励法则避免了此类情况的发生，具有很重要的实际意义。

2.4.1　环境激励法原理

在环境激励法中，系统的振动方程可表示为

$$M\ddot{x}(t) + C\dot{x}(t) + Kx(t) = F(t) \tag{2.7}$$

式中，M 为系统质量矩阵；C 为系统阻尼矩阵；K 为系统刚度矩阵。

设系统自由度为 n，当在 j 点受脉冲激励时，系统中 i 点的脉冲响应函数 $x_{ij}(t)$ 可表示为

$$x_{ij}(t) = \sum a_{ijr} \exp(-\xi_r \omega_r t)\sin(\omega_{dr} t) \tag{2.8}$$

式中，ξ_r 为系统第 r 阶阻尼比；ω_r 为系统第 r 阶固有频率；ω_{dr} 为系统第 r 阶阻尼圆频率；a_{ijr} 为系统在第 r 阶对应的常数。

当系统所受激励信号为白噪声或平稳随机激励时，有

$$M\ddot{X}(t) + C\dot{X}(t) + KX(t) = f(t) \tag{2.9}$$

式中，$X(t)$ 与 $f(t)$ 分别为 $x(t)$ 与 $F(t)$ 的广义平稳随机向量。

设响应点 i 为固定参考点，则响应点 i 的广义平稳随机响应 $X_i(s)$ 对任一点的互相关函数为

$$P_{XX_i}(t,s) = E\left[X(t)X_i(t)\right] = R_{XX_i}(t \cdot s) = R_{XX_i}(\tau) \tag{2.10}$$

式中，$E[\cdot]$ 为数学期望。

在平稳随机信号激励下，系统的两个响应点之间的脉冲响应函数与互相关函数具有类似的数学表达式，可以用互相关函数代替脉冲响应函数进行模态参数识别。

传统的参数模态识别方法需要输入的激励信号和输出的响应信号均已知，再对其进行频率响应函数计算，最后得到系统的模态参数。环境激励法的激励信号为未知信号，需要对所采集的响应信号进行一定的变换，才能得到该系统的频率响应函数。

对于输入信号为平稳随机信号的线性系统，设其输出响应信号为 $x(t)$，激励信号为 $y(t)$，则根据随机过程理论的相关知识可知，响应的自相关函数 $R_{xx}(\tau)$ 可表示为

$$R_{xx}(\tau) = E\left[x(t)x(t+\tau)\right] = \lim_{N \to \infty} \frac{1}{T} \int_{-\frac{T}{2}}^{\frac{T}{2}} x(t)x(t+\tau)\mathrm{d}t \tag{2.11}$$

式中，τ 为延迟时间。

对于各态历经的平稳随机过程，当 $\tau = 0$ 时，$R_{xx}(\tau)$ 为最大值，而当 $\tau \to \pm\infty$ 时，$R_{xx}(\tau)$ 值为零。响应的互相关函数 $R_{xy}(\tau)$ 为

$$R_{xy}(\tau) = E\left[x(t)y(t+\tau)\right] = \lim_{N \to \infty} \frac{1}{T} \int_{-\frac{T}{2}}^{\frac{T}{2}} x(t)y(t+\tau)\mathrm{d}t \tag{2.12}$$

虽然在平稳随机信号激励下，系统的互相关函数不为偶函数，且峰值出现的位置与自相关函数不同，但其仍能满足拉普拉斯变换条件。

对于线性系统，如果输入输出信号均为平稳信号，那么频率响应函数可以看成一种权函数，它是输出响应信号与输入响应信号经傅里叶变换后的比值。而通过以上推导过程可知，自功率谱函数与互功率谱函数也属于一种对系统输入信号和输出信号的数学变换。在同一平稳随机激励下的线性结构中，由于只能测得其输出响应信号，所以需要找到一种能够代替系统频率响应函数的数学表达式，从而对系统进行模态参数识别。

采集系统响应数据后，需要对响应数据进行处理以得到系统的模态参数。目

前在各个领域中应用最为广泛的数据处理方法有随机减量法(random decrement technique)、特征系统实现算法(eigen system realization algorithm，ERA)、随机子空间识别法(stochastic subspace identification，SSI)及复指数法等。试验所采用的激励方式为自然激励，即将电主轴正常运转状态下的振动作为激励，这种激励方式可认为是均值为零的平稳随机过程。对此类响应信号应用最广泛的处理方法为 ERA 和 SSI。

2.4.2　环境激励法模态试验

应用自然激励法对运转状态下的电主轴进行模态参数识别时，不用对激励信号进行测量，而只需要提取响应信号。

环境激励法模态试验的步骤如下：

(1)建立电主轴结构的模拟轮廓图，并合理布置参考点及响应点的位置。

(2)分别在转速为 2000r/min、4000r/min、8000r/min、12000r/min、15000r/min、20000r/min 及 24000r/min 下对电主轴的输出响应进行数据采集。在对每个转速下的响应数据进行采集的过程中，参考点传感器位置不变，移动响应点传感器的位置，每个位置采集一组数据，采集时间为 5s。

(3)将所测得的响应数据导入信号分析软件中进行电主轴模态参数识别。

(4)显示并导出模态试验结果。

环境激励法模态试验系统包括被测对象、数据采集系统及数据分析系统几个部分。被测对象为某加工中心高速电主轴试验台，如图 2.14 所示，其控制系统为 FANUC 系统，电主轴型号为 μ1000/460VF-31001，最高转速为 24000r/min。

本试验的主要目的是获得主轴系统在高速运行状态下的振动加速度时域信号和频域信号，通过分析软件对电主轴系统进行模态参数识别，以此检验被测电主轴试验平台的工作频率是否在共振频率内。

图 2.14　某加工中心高速主轴试验台

1）数据采集系统

数据采集系统包括加速度传感器、电荷放大器、INV3026 型数据采集分析仪及 DASP 测试分析软件。

2）建立电主轴模拟轮廓图

为了能够真实反映电主轴各阶模态振型，在被测电主轴上布置 128 个参考点，导入分析软件后，电主轴的结构如图 2.15 所示。

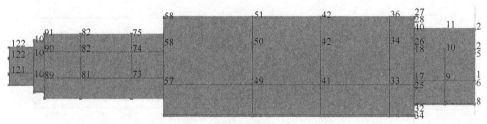

COINV_DASP

图 2.15　电主轴结构模型

应用自然激励法时，不需要对激励信号进行提取，试验采用两个加速度传感器对响应信号进行采集，其中一个传感器提取参考点信号，另一个提取响应点信号。由于本次试验不需要对结构生成的所有点进行采集，选取能够测量到的相对振动较大的 49 个点进行信号提取，其中参考点号为 27，对应结构模型中的点 49。两个加速度传感器分别经放大器连接到采集分析仪上，最后将采集仪与计算机连接，该测试系统如图 2.16 所示。

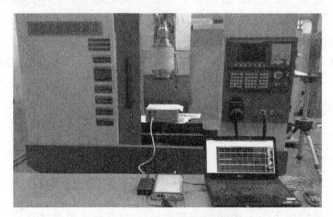

图 2.16　自然激励法测试系统

设置功率放大器的频率为 5000Hz，分别在传感器连接的通道上输入传感器的灵敏度，启动 DASP 软件，在采样参数设置中设定通道工程单位并进行滤波设置，直到显示正确的波形。首先进行预试验，设定主轴转速为 8000r/min，对所测的响应信号进行互谱分析,结果如图 2.17 所示。

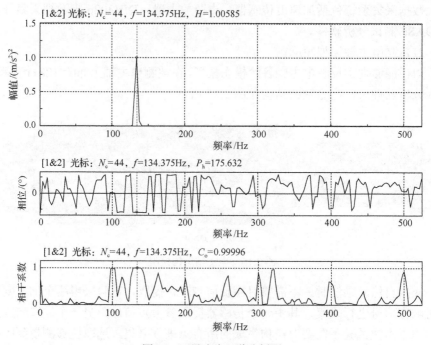

图 2.17　预试验互谱分析图

由图 2.17 可以看出,主轴系统在频率为 134.375Hz 时出现峰值,通过计算可得到主轴在转速为 8000r/min 时的振动频率为 133.33Hz,说明提取的响应信号可信。在试验过程中分别在主轴转速为 2000r/min、4000r/min、8000r/min、12000r/min、15000r/min、20000r/min 及 24000r/min 七种情况下对主轴系统进行信号提取。在每种转速情况下提取响应信号的过程中,参考点位置不变,将响应点从实测点 1 按顺序移动至点 49,每个位置采集一组数据,采样时间为 5s。完成采样后,开始对主轴系统进行模态参数识别,其流程如图 2.18 所示。

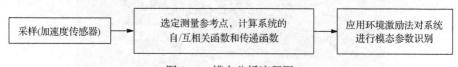

图 2.18　模态分析流程图

对每种转速情况下所采集的响应数据进行频率响应函数计算后,进入模态与动力学分析模块,用所计算的传递函数代替频率响应函数进行求解。在时域方法中,先求得系统的脉冲响应函数,然后应用环境激励法对系统进行模态参数识别,主轴系统在前四种转速情况下的稳态图如图 2.19 所示,电主轴试验台在各转速下的前三阶模态参数如表 2.5 所示。

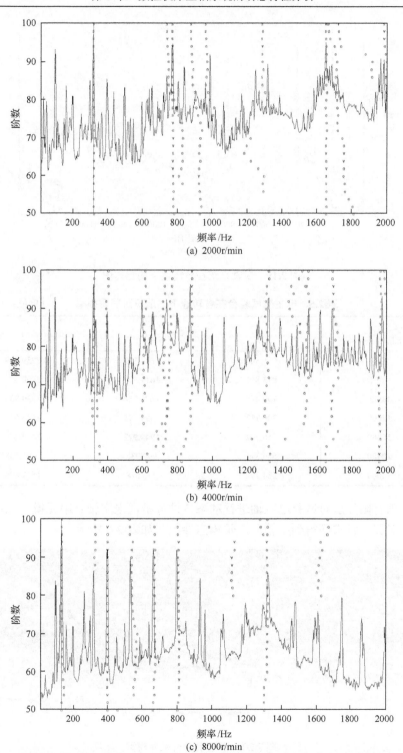

(a)　2000r/min

(b)　4000r/min

(c)　8000r/min

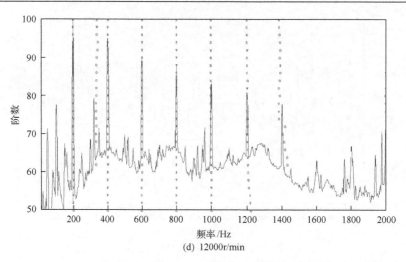

(d) 12000r/min

图 2.19　主轴系统在各转速下的稳态图

表 2.5　电主轴试验台在各转速下的前三阶固有频率　　（单位：Hz）

转速/(r/min) \ 阶数	1	2	3
2000	905.506	1649.122	2759.039
4000	873.851	1614.322	2700.633
8000	799.448	1605.768	2639.933
12000	799.713	1399.195	2623.033
15000	750.302	1249.922	2492.499
20000	666.371	999.935	2001.548
24000	584.792	776.528	1537.485

　　应用有限元法对试验电主轴进行动态特性分析，电主轴有限元模型如图 2.20 所示。对其进行求解得到主轴前三阶模态参数，如表 2.6 所示。

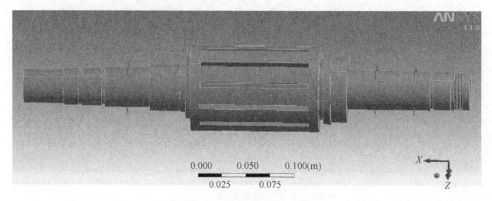

图 2.20　某电主轴有限元模型

表 2.6　主轴前三阶固有频率

阶数	固有频率/Hz
1	1035.2
2	1776.7
3	2580

结果发现，应用有限元法得到的电主轴自由模态数据与应用环境激励法对主轴 2000r/min 时测得的数据基本一致。因此，以主轴转速引起的振动作为激振力的环境激励法，能够准确对运转状态下的主轴系统进行模态参数识别，即环境激励法能够用于识别主轴工作状态下的模态参数。

试验结果表明，各阶固有频率随着转速的增大不断降低。引起此现象的原因是，在主轴高速旋转状态下，轴承刚度随着转速的增大而不断减小，从而导致主轴固有频率下降。除此之外，随着电主轴转速的增大，主轴转子的离心力也不断增大，导致主轴出现"软化"现象，主轴固有频率出现一定程度的下降。

当电主轴转速低于 12000r/min 时，主轴前三阶固有频率下降速度较为缓慢，说明本试验电主轴在转速低于 12000r/min 时，主轴"软化"现象并不明显，主轴振幅和噪声均很小。当转速超过 12000r/min 后，其前三阶固有频率下降速度较快，此时主轴"软化"现象较为明显，主轴振动幅度和噪声明显增大，并随着转速的增加不断增大。主轴在最高转速下的一阶固有频率为 584.792Hz，计算主轴在最高转速下的一阶临界转速为 35087r/min，电主轴最高转速为 24000r/min，低于最高转速下一阶临界转速的 3/4，故可避开共振区域，工作安全。

在不同转速下，用主轴运转时产生的振动作为激振力，应用环境激励法对主轴进行模态参数识别。此方法能在不影机床正常工作的情况下对主轴进行模态参数识别，不但能检测电主轴运转是否正常，也能对主轴进行安全监测及健康质量监测，具有试验设备简单、节约试验成本及不影响机床加工效率等优点。

2.5　高速电主轴热特性分析及试验研究

电主轴特殊的结构设计使得其产热、传热、散热机制更为复杂，因此需要建立合理的热特性模型，以便更加合理地分析传热机理对提高机床加工精度及产品质量的影响。数控加工精度的影响因素有很多，主要有四类：热误差、几何误差、载荷误差和切削力误差等。在这四类影响因素中，热误差对加工精度的影响最大。

在高速工作条件下，电主轴单元的热特性直接影响主轴单元的动力学性能，已经成为进一步提高切削速度和加工精度的主要制约因素,因此对电主轴单元热特性的研究至关重要。对主轴单元热特性和机床加工精度影响最大的是其温度场分布情况。在高速工作条件下,主轴的多个支承轴承和电机转子是主轴多区段的主要热源,会直接导致主轴热变形,改变轴承的预紧状况,影响主轴的加工精度,严重的甚至烧毁轴承,导致主轴损坏。

在高速工作条件下,主轴系统的微振动及其热源散热会引起主轴系统结合部的微位移和工作部件的热变形,这使得主轴系统加工精度下降。有必要在精确测试主轴系统工作时的位移和热变形的基础上,对主轴系统的加工精度实施补偿。

本节对电主轴的热源进行分析,研究传热机制,采用有限元法进行,预测主轴热变形后引起的主轴间隙变化对轴承及主轴部件性能的影响,以提高主轴单元的工作精度。

2.5.1 主轴系统温度场有限元建模与分析

电主轴把加工主轴和电动机融为一体,内部设置冷却润滑通道。下面以某型电主轴为例,对其热特性进行分析。该电主轴性能参数如下:额定功率 11kW,最大功率 15kW,额定扭矩 29N·m,最高转速 24000r/min。利用 ANSYS Workbench 14.0 建立有限元模型,并计算其瞬态、稳态温度场,总体热变形,以及轴向、径向热变形参数。

1. 温度场的分析计算

高速电主轴工作时的热源主要有电动机的损耗生热和轴承的摩擦生热。从电源吸收的电功率大部分转化为机械功率,通过主轴传递给负载,余下的一部分以动能形式储存在主轴或负载中,另一部分以热能的形式损耗,以热能形式散发的有内装式电机的电枢绕组发热和主轴的轴承发热。高速电主轴的热耦合动力学模型如图 2.21 所示。

主轴单元中主要存在的两大热源是轴承摩擦生热以及电机产生的热量,高速电主轴定子和转子中热能的产生源于其内部的电阻损耗、漏磁损耗以及部件之间的机械磨损与风阻损耗等。这部分热量的决定因素有定子和转子的材料、主轴的控制方式及主轴转速等。高速电主轴轴承的发热量更大,摩擦热的大小直接取决于润滑条件、主轴转速及轴承预紧力。

电动机所产生的热量中有 1/3 是由转子产生的,2/3 是由定子产生的,将定子和转子看成厚壁圆筒,根据生热率计算公式可以得到定子和转子的生热率。定子和转子的相关尺寸如表 2.7 所示。可求出定子的生热率为 296469.8W/m³,转子的生热率为 354582.0W/m³。

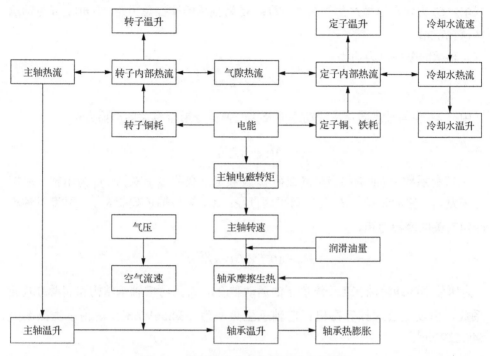

图 2.21　高速电主轴的热耦合动力学模型

表 2.7　定子、转子相关尺寸

项目	外径/mm	内径/mm	长度/mm
定子	156	100	110
转子	99.1	70	133.6

2. 轴承生热率的计算

电主轴在高速运转下发热的主要原因有轴承滚子与滚道之间的滚动摩擦、因陀螺力矩带来的滑动摩擦及轴承润滑油之间的黏性摩擦。电主轴单元采用角接触陶瓷球轴承，其部分技术参数如表 2.8 所示。

表 2.8　电主轴轴承的部分技术参数

部位	内径/mm	外径/mm	宽度/mm	接触角/(°)	润滑方式
前、后轴承	45	75	16	15	油气润滑

轴承的摩擦生热可通过 Palmgren 公式计算：

$$Q_f = 1.047 \times 10^{-4} Mn$$

式中，Q_f 为轴承摩擦产生的热量(W)；M 为轴承的摩擦总力矩(N·m)；n 为轴承转速(r/min)。

轴承的摩擦总力矩为

$$M = M_1 + M_2$$

式中，M_1 为与轴承载荷、滑动摩擦及接触弹性变形量有关的摩擦力矩，

$$M_1 = f_1 p_1 d_m$$

f_1 为载荷系数(与轴承的当量静载荷 p_0 及额定静载荷 c_0 有关)，p_1 为由轴承摩擦力矩发热计算的负荷，d_m 为轴承平均直径；M_2 为与轴承载荷大小、黏度及轴承转速有关的摩擦力矩，

$$M_2 = 10^{-7} \times f_0 (\nu n)^{2/3} d_m^3$$

ν 为所使用的润滑油在工作温度下的运动黏度，f_0 为考虑轴承结构和润滑方式的系数。由以上公式计算得出：前轴承生热率为 534.56W/m³，后轴承生热率为 549.62W/m³。

3. 传热机制

热对流发生在固体表面及其周围接触的流体之间，由于温差的存在而引起热量交换，具体包括定子冷却水套与冷却水之间的对流换热、气隙中冷却气体与转子间的对流换热、转子端部的对流换热、轴承与润滑气体之间的对流换热、电主轴外壳与周围空气的换热等。通过以上分析得出的计算公式可计算出电主轴在转速 8000r/min、初始温度 22℃、环境温度 22℃、冷却水流量 1.28L/min、供气压力 0.22MPa 时的热边界条件参数，如表 2.9 所示。

表 2.9 电主轴热边界条件参数(8000r/min)

参数名称	计算结果
电机定子生热率/(W/m³)	296469.8
电机转子生热率/(W/m³)	354582
前轴承生热率/(W/m³)	534.56
后轴承生热率/(W/m³)	549.62
轴承与油气润滑系统中压缩空气对流换热系数/(W/(m²·℃))	85.20
电机与油水热交换系统冷却油的对流换热系数/(W/(m²·℃))	525.91

续表

参数名称	计算结果
电动机定、转子之间气隙的自然对流换热系数/(W/($m^2 \cdot$℃))	155.53
电动机转子传热系数/(W/($m^2 \cdot$℃))	139.75
电主轴与外部空气之间传热系数/(W/($m^2 \cdot$℃))	9.7
主轴系统壳体与外部空气之间的传热系数/(W/($m^2 \cdot$℃))	9.7

利用 ANSYS 将以上数据加载到有限元分析模型上进行求解分析。图 2.22 为分析得到的主轴转速为 8000r/min 时的温度场分布云图。

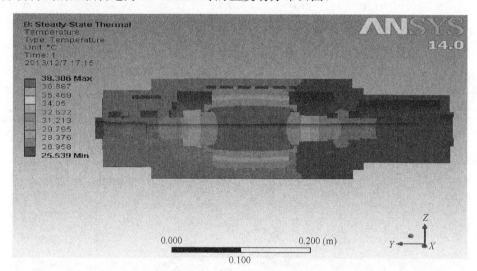

图 2.22　电主轴温度场分布云图(8000r/min)

由图 2.22 可以看出，电机定子芯部最高温度为 36.887℃，电机转子芯部最高温度为 38.306℃，轴芯部最高温度大致和转子一样。虽然电机定子的发热量是电机转子发热量的 2 倍，但是由于电机定子有冷却系统进行循环冷却，所以温度比较低。而转子只能通过主轴两端和与定子之间的气隙散热，散热条件差，温度也比较高，这说明循环冷却系统对降低电主轴的温度起到了不可忽视的作用。

电主轴达到稳态需要一个过程，设定电主轴的运行时间为 6000s，观察其温度变化。电主轴 6000s 后的最高温度为 38.295℃，接近温度场达到稳态状态下的温度，具体的温度随时间变化情况如图 2.23 所示。从图 2.23 可以看出，刚开始时电主轴温升较为明显，3000s 后温升较小，基本达到稳定状态。热平衡状态下前轴承外端和后轴承外端温度分别达到 27.639℃和 27.017℃，前 3000s 温升较快，然后趋于平缓，在 4000s 左右达到平衡。

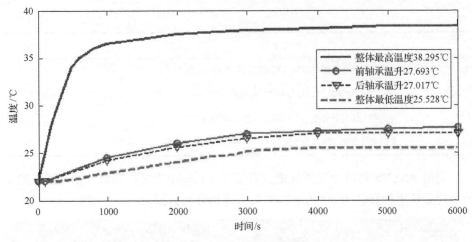

图 2.23　电主轴的温升曲线

2.5.2　电主轴的热-结构耦合分析

　　电主轴热变形主要包括两部分：轴向热变形和径向热变形。在热稳态分析基础上将热变形分析结果作为温度载荷加载到结构分析模型中，得到电主轴的总体位移变形的变形情况，如图 2.24 所示。

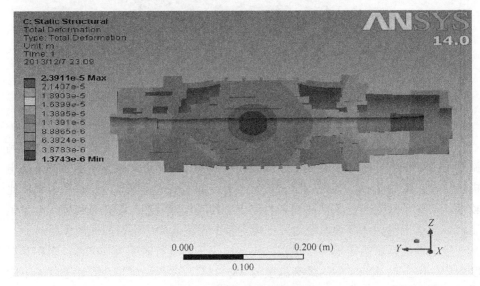

图 2.24　电主轴总体热变形

　　由图 2.24 可以看出，电主轴后端整体受热变形最大，约达到 23.9μm，主轴前端热变形约达到 18.9μm。径向热误差包括 X 方向和 Z 方向的热变形，电主轴工作受热将会变形，主轴轴线随之产生径向偏移，这是主轴产生径向热误差的主要原因。图 2.25 为电主轴三个坐标轴方向的变形情况。由图 2.25(c)可以看出，电主轴 Y 方向(轴向)热变形最大值出现在主轴的后端，最大变形值约为 23.9μm，主轴前端热变形约为 17.6μm。

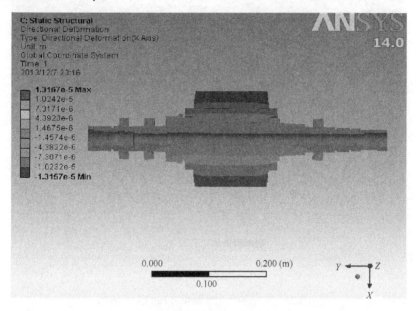

(a) X 方向(径向)热变形

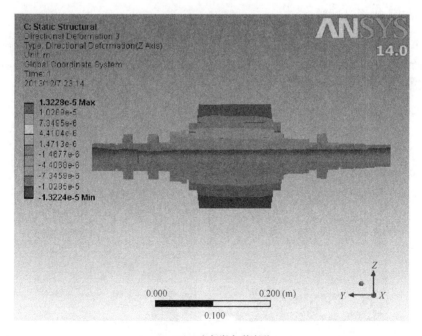

(b) Z 方向(径向)热变形

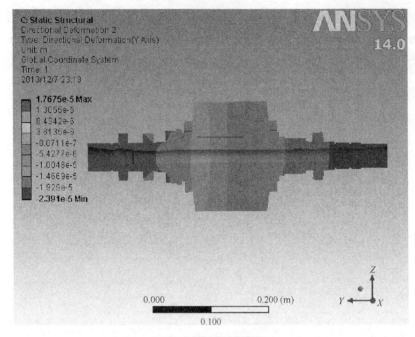

(c) *Y* 方向(轴向)热变形

图 2.25　电主轴三个坐标轴方向的变形情况

2.5.3　电主轴温升试验

运用温度传感器和热成像仪对主轴系统进行温升测试。设定电主轴的转速为 8000r/min，将温度传感器设置在前后轴承处，测试前后轴承处的温度变化，并用热成像仪测试主轴表面温度，如图 2.26 所示。

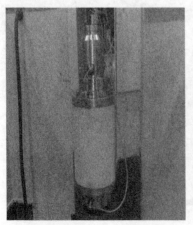

图 2.26　现场测试装置

　　测试仪器为热成像仪，测试对象为高速电主轴试验台主轴系统，测试时间为8000s，温度变化曲线如图 2.27 所示。由图 2.27 可以看出，试验测试的数据与仿真数据大致相同，说明所建模型可靠。但是试验数据稍大于仿真数据，这是由于在建立仿真模型时对一些细小结构进行了简化，并且设置仿真运行状态时忽略了一些现实试验中的环境因素，如试验环境温度稍高、主轴冷却系统运行状况发生波动等。除此之外，传感器的精度等级也会对试验结果造成一定影响，但总体而言，该仿真模型还是比较可靠的，可以利用该主轴模型对电主轴在超高速状态下的运行状况进行研究。

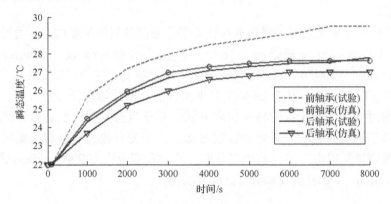

图 2.27　前后轴承温度变化曲线

　　本节对某型电主轴进行仿真温升试验，得到电主轴系统在高速状态下的稳态温度场云图，并对电主轴进行瞬态热分析，获得主轴关键部位的温升曲线；通过对不同部位的温升曲线进行比较得到主轴的温度变化规律，从而确定电主轴的预热时间，并进行试验验证；在此基础上进一步对电主轴进行热-结构耦合分析，确定热变形量，以便为在加工工件时对加工系统进行合理的误差补偿及保证加工精度提供依据。

第3章　主轴系统早期故障敏感特征提取

主轴系统是数控机床中最重要的部件之一。主轴系统的轴承类型配置、精度、安装、调整和润滑等状况都会直接影响主轴系统的工作性能。在实际生产中对主轴系统中主轴和关键部件的状态监测与故障诊断是保证数控机床加工精度的一个重要环节。

本章针对主轴系统早期微弱非线性非平稳故障的特征提取技术，通过研究适合处理非线性、非平稳信号的集合经验模态分解(ensemble empirical mode decomposition，EEMD)方法和小波包分解方法，探究流形学习算法对高维非线性数据的特征提取，提出基于 EEMD 和小波包的早期故障特征提取方法、基于流形学习的时频域统计指标的特征提取方法、基于流形学习的轴心轨迹特征提取方法、基于随机共振的微弱特征提取方法、基于变分模态分解和共振稀疏分解的早期故障特征提取方法、基于广义形态滤波和变分模态分解(variational mode decomposition，VMD)的故障特征提取方法等。

3.1　主轴故障的信号特征

3.1.1　主轴不平衡时的信号特征

轴弯曲和质量偏心都会造成主轴的不平衡，当主轴旋转时，它将与转速同步会产生周期激振力，发生同步涡动。弯曲主轴与质量偏心主轴的振动特性相似，但也存在差别，主要体现在：

(1)时域波形表现为近似的等幅正弦波。

(2)轴心轨迹为比较稳定的圆或椭圆。

(3)频谱图上转子转动频率处的振幅比较突出。

(4)在三维全息图中，转动频率的振幅椭圆较大，其他成分较小。

(5)在临界转速以下，振幅随转速的增加而增大；在临界转速以上，转速增加，振幅趋于一个较小的稳定值；当转速接近临界转速时，发生共振，振幅具有最大峰值。

3.1.2　主轴回转精度不良时的信号特征

机床最大的缺陷之一是主轴的回转精度差，它将直接影响机床的加工精度，导致生产的产品不合格。这种缺陷会带来许多对机床运行不利的动态效应，如造成主轴的弯曲变形、机床的振动、轴承的磨损、联轴器的偏转和油膜失稳等，这就是"不对中"。

据美国 Monsanto 公司统计，旋转机械故障的 60%是由转子不对中引起的。引起轴系不对中的原因有很多，如安装误差、管道应变影响、温度变化热变形、机壳变形或移位、地基不均匀下沉等。

主轴回转精度不良的动态特性主要表现为以下几个特点：

(1)时域波形表现为近似正弦曲线，且在基频正弦波上附加了 2 倍频的谐波。

(2)轴心轨迹呈香蕉形或 8 字形。

(3)频谱图上径向 2 倍频、4 倍频的振动成分明显。

(4)如果不对中出现在轴承上，那么会导致其较大的径向振动，并伴随着高次谐波，同时振动不稳定。

(5)当两个轴不对中时，振动幅度在轴向方向上较大，振动频率通常为 1 倍频，而振动的相位和幅值相对比较稳定。

3.1.3　主轴存在裂纹缺陷时的信号特征

当主轴存在制造缺陷时，其可能会出现横向裂纹，因此它的正常运行经常会受到横向裂纹的影响。带有裂纹的主轴的振动特性会受到裂纹张开与闭合的严重影响。主轴在回转过程中，其表面的裂纹可能会一直处于张开状态，或一直处于闭合状态，也有可能随着主轴变化的旋转角度或者变化的应力而比较规律地开闭，使主轴旋转时的振动特性不稳定。主轴的振动特性主要表现在以下几个方面：

(1)当主轴旋转过程中产生的旋转失衡力使其裂纹始终处于闭合状态时，主轴的振动特性与其无裂纹状态时是一样的，此时，在线检测的振动信号没有过多的变化，因此根本无法检测到裂纹的存在。

(2)当主轴旋转过程中产生的旋转失衡力使其裂纹始终处于张开状态时，主轴的振动特性与轴不对称相同。例如，卧式机床的主轴通常是水平安装的，其在旋转失衡和重力激励下，动态特性中会附加主轴转速的 2 倍频分量，同时主轴旋转速度的 1 倍频分量的临界转速会降低，当主轴旋转速度达到临界转速的一半时，2 倍频分量就会升至最大值。

3.2　主轴系统关键部件的故障信号特征

主轴系统的关键部件包括主轴、转子、定子、支承轴承等，其中轴承的性能对主轴的性能影响最大。滚动轴承性能主要包括振动、噪声、摩擦力矩、温升、运动精度等。在服役期间，滚动轴承的性能随着服役条件，如载荷、转速、润滑、环境温度等变化而不断变化，随着服役时间延长，轴承安装缺陷导致性能的变化与反复，轴承内部零件制造与装配缺陷导致性能的变化和反复；轴承内部零件会随着服役时间的增加而逐渐磨损、破损、粘连、产生裂纹等会导致轴承性能不断衰退甚至恶化。

3.2.1 滚动轴承的振动机理

在主轴系统运行时，滚动轴承在一定速度和负载之下工作，由轴承、轴承座和箱体组成的系统就会有激励产生，促使整个系统振动，这种振动是综合作用的结果，包括外部因素和内部因素。在外部，有其他部件如传动轴对轴承力的作用产生振动；在内部，就是对滚动轴承本身，产生内部振动的原因除了元件制造加工误差、装配误差，最主要的原因是工作故障。正是由于不同的故障对应的振动信号特征不同，诊断相应的故障类型才成为可能。滚动轴承的振动成分复杂，大致可以划分成三类：

(1)轴承本身结构特点和变形引起的振动。由于轴承本身是弹性变形体，当滚动体不断在载荷作用下旋转时，承载滚动体的数目和位置不断变化，带来承载刚度变化，继而发生弹性振动，但这种振动具有确定性质。

(2)轴承加工装配误差引起的振动。轴承元件在加工中出现的误差，如留下的表面波纹及形位误差、在元件装配时留下的装配误差，这些误差均会引起轴承异常振动，这类振动的实际成分十分复杂，含有多种频率成分并具有较强的随机性。

(3)轴承在异常运行时引起的振动。轴承在实际运行过程中，由于故障而产生的振动，按照振动信号的特征可以分为两大类：一类是表面损失类，如点蚀、擦伤，这类振动是本书研究的重点；另一类是磨损类，它属于渐变性故障。

典型滚动轴承的故障发展过程如图 3.1 所示。

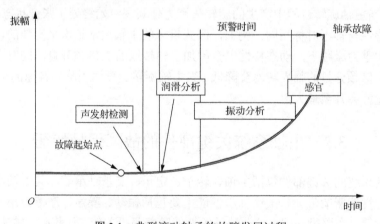

图 3.1　典型滚动轴承的故障发展过程

3.2.2　滚动轴承的固有振动频率和故障特征频率

1. 滚动轴承的固有频率

滚动轴承在正常运行过程中会产生两种振动：一种是正常振动，由轴承元件材料特性如不圆度、粗糙度和波纹度引起；另一种是由滚动体与内外圈之间产生的相互碰撞而引起的轴承元件固有振动，属于强迫振动，频率远高于故障特征频率。固有频率仅与元件本身的特性有关，如材料、结构、尺寸、质量及安装方式，与轴承转速无关。下面给出滚动体和轴承内外圈的固有频率的计算公式。

滚动体的固有频率为

$$f_{\rm b} = \frac{0.424}{\gamma}\sqrt{\frac{E}{2\rho}}$$

式中，γ 为滚动体半径；ρ 为材料密度；E 为弹性模量。

轴承内外圈的固有频率为

$$f_{\rm n} = 9.4\times10^5 \frac{hn(n^2-1)}{b^2\sqrt{n^2+1}}$$

式中，n 为固有频率的阶数，$n = 2,3,\cdots$；b 为套圈宽度 (mm)；h 为套圈厚度 (mm)。

2. 滚动轴承的故障特征频率

滚动轴承在运行过程中，其工作表面上的损伤点会反复撞击与之相接触的其他元件表面，进而产生低频振动，这种作用时间短且形状陡峭的周期性脉冲振动称为"通过振动"，该振动的频率也称为滚动轴承的故障特征频率。滚动轴承表面剥落的故障诊断通常可以通过查看振动信号中是否包含某一构件对应的故障特征频率进行判断。滚动轴承通常由四个构件组成，分别为内圈、外圈、滚动体和保持架。据统计，滚动轴承外圈和内圈的故障占所有故障的 90% 左右。其中，故障特征频率可以通过滚动轴承的结构参数和几何模型计算得到。表 3.1 中给出了滚动轴承内外圈、滚动体、保持架的故障特征频率的计算公式。

表 3.1 中，d 为滚动体直径，α 为接触角，D 为轴承节径，z 为滚动体数量，$f_{\rm a}$ 为回转频率。另外，在实际应用中，信号分析后得到的故障特征频率并不完全等于理论值，这种误差主要由轴承的几何尺寸误差、滚动体并非纯滚动等因素造成。

表 3.1　特征频率计算公式

损伤位置	特征频率
内圈	$f_i = \dfrac{z}{2} f_a \left(1 + \dfrac{d}{D}\cos\alpha\right)$
外圈	$f_o = \dfrac{z}{2} f_a \left(1 - \dfrac{d}{D}\cos\alpha\right)$
滚动体	$f_b = \dfrac{D}{2d} f_a \left(1 - \dfrac{d^2}{D^2}\cos^2\alpha\right)$
保持架	$f_c = \dfrac{f_a}{2z} \left(1 + \dfrac{d}{D}\cos\alpha\right)$ （碰内环） $f_c = \dfrac{f_a}{2z} \left(1 + \dfrac{d}{D}\cos\alpha\right)$ （碰外环）

3.2.3　齿轮的固有特性

主轴系统中的齿轮传动系统是一个弹性机械系统，由于结构和运动关系的原因，存在力和运动的非平稳性。即使主动轮传递的是一个恒转矩，在从动轮上仍然产生随时间变化的啮合力和力矩。单个齿轮可以看成变截面悬臂梁，啮合齿对的综合刚度也随啮合点的变化而变化，这就是齿轮振动的动力学分析比较复杂的原因，同时也是引起齿轮振动的原因。

从这个意义上说，齿轮传动系统的啮合振动是不可避免的。振动的频率就是啮合频率，也就是齿轮的特征频率。

(1) 齿轮的转动频率为

$$f_r = \frac{n}{60}$$

式中，n 为齿轮的转速（r/min）。

(2) 啮合频率。一对互相啮合的齿轮副，若已知小齿轮的齿数为 z_1，转速为 n_1（r/min），大齿轮的齿数为 z_2，转速为 n_2（r/min），则啮合频率的表达式为

$$f_z = \frac{1}{T_z} = \frac{n_1}{60} z_1 = \frac{n_2}{60} z_2$$

如果给齿轮施加具有周期性的冲击，那么齿轮的谐频成分为

$$X_z(t) = \sum_{m=0}^{M} A_m \cos(2\pi n f_z + \phi_m)$$

式中，$n = 1, 2, \cdots, N$，N 为最大谐波次数。

（3）齿轮副的等效质量。一对互相啮合的齿轮副，若已知大齿轮和小齿轮的质量分别为 M_1 和 M_2，则齿轮副的等效质量为

$$M = \frac{M_1 M_2}{M_1 + M_2}$$

（4）齿轮的固有振动频率。对处于啮合状态的齿轮施加周期性的冲击载荷，则齿轮会产生振动，而齿轮的固有振动频率就是在此期间产生的高频分量。无论齿轮工作在正常状态还是故障状态，都会有固有振动频率生成，其大小可由下式计算：

$$f_{n1} = \frac{1}{2\pi} \sqrt{\frac{K}{M}}$$

式中，K 为齿轮副的刚度系数；M 为齿轮副的等效质量。

3.2.4　齿轮故障的信号特征

在主轴系统工作过程中，其振动信号特征会随着齿轮啮合时产生的振动而变化，当发生故障时特征值变化更明显。由于齿轮结构和啮合过程比较复杂，振动信号中不可避免地会夹杂一些噪声干扰信号，造成信号成分比较复杂，单从时域或频域上很难识别出故障，所以最好从时域和频域同时进行分析，才有可能得到正确的故障诊断结果。

齿轮啮合过程中故障信号的频率基本上由两部分组成：一部分为齿轮啮合频率及其谐波构成的载波信号；另一部分为低频成分的幅值和相位变化构成的调制信号。从时域和频域上分析，齿轮的主要特征成分有：啮合频率及其谐波成分；调幅和调频形成的边频带；由齿轮转速频率的低次谐波构成的附加脉冲；由齿轮加工误差形成的隐含成分。

3.3　基于集合经验模态分解和小波包的早期故障特征提取方法

3.3.1　经验模态分解

经验模态分解 (empirical mode decomposition，EMD) 方法是 1998 年由美国国家航空航天局 (NASA) 的 N. E. Huang 提出的一种信号分析方法，非常适合处理非线性、非平稳信号。该方法可以逐级分解信号中存在的不同尺度的波动或趋势，同时产生一系列数据序列，该序列称为本征模函数 (intrinsic mode function，IMF)，

具有不同特征尺度。

对任意的复杂信号经验模态分解的具体步骤如下：

(1)找出信号 $x(t)$ 的所有局部极值点，利用三次样条插值将所有极大值点和极小值点连接起来，分别形成上包络线和下包络线，此时上、下包络线应该包络了全部的数据点，求取其上包络 $u_1(t)$ 和下包络 $u_2(t)$ 的局部均值：

$$m(t) = \frac{1}{2}(u_1(t) + u_2(t))$$

(2)令 $h(t) = x(t) - m(t)$ ，其中 $h(t)$ 为信号 $x(t)$ 的第 1 个 IMF 分量，如果 $h(t)$ 不满足 IMF 的条件，则视其为新的原始数据 $x(t)$ 。重复 k 次得

$$h_{1k}(t) = h_{1(k-1)}(t) - m_{1k}(t)$$

在实际情况中，过多地重复上述处理会使 IMF 变成幅度恒定的纯粹的频率调制信号，最后失去其实际意义，所以通常可采用标准差 S_D （一般取 0.2～0.3）作为筛选过程停止的准则：

$$S_D = \sum_{t=0}^{T} \left[\frac{h_{1(k-1)}(t) - h_{1k}(t)}{h_{1(k-1)}(t)} \right]^2$$

(3)计算得到该信号的第 1 个 IMF 分量 $C_1 = h_{1k}(t)$ 和分离后的余项 $r_1(t) = x(t) - C_1$ 。

(4)将 $r_1(t)$ 进行同样的"筛选"过程，依次得到 $C_2, C_3, \cdots$ ，直到 $r_i(t)$ 基本呈单调趋势或 $|r_i(t)|$ 的值非常小时停止，则原信号重构为

$$x(t) = \sum_{i=1}^{n} C_i(t) + r_n(t)$$

式中， $r_n(t)$ 为残余函数，代表信号的平均趋势。

经验模态分解在处理非线性、非平稳信号中表现出诸多优点，但在实际使用中存在模态混叠和端点效应。

3.3.2　集合经验模态分解

Z.Wu 和 N.E.Huang 提出了集合经验模态分解，将白噪声加入待分解信号来平滑异常事件，利用白噪声有频率均匀分布的统计特性，当信号加入高斯白噪声后，使信号在不同尺度上具有连续性，改变信号极值点的特性，促进抗混分解，有效避免模态混叠现象。

集合经验模态分解信号 $x(t)$ 的一般步骤如下：

(1)在原始信号 $x(t)$ 中多次加入等长度的正态分布的白噪声 $n_i(t)$，即

$$x_i(t) = x(t) + n_i(t)$$

式中，$x_i(t)$ 为第 i 次加白噪声后的信号。

(2)对 $x(t)$ 分别按 3.1.1 节所述的步骤经验模态分解，得到 IMF 分量 $c_{ij}(t)$ 和余项 $r_i(t)$，其中 $c_{ij}(t)$ 表示第 i 次加入白噪声后分解所得的第 j 个 IMF 分量。

(3)依据不相关的随机序列统计均值等于零的原理，将各分量 $c_{ij}(t)$ 进行整体平均，抵消因多次加入白噪声而导致对真实 IMF 的影响，最终集合经验模态分解的结果为

$$c_j(t) = \frac{1}{N}\sum_{i=1}^{N} c_{ij}(t)$$

式中，N 为添加白噪声序列的数目。白噪声对分析信号的影响遵循如下统计规律：

$$e = \frac{a}{\sqrt{N}} \quad 或 \quad \ln e + 0.5a\ln N = 0$$

式中，e 为标准离差，即输入信号与相应 IMF 分量重构结果的偏离程度；a 为白噪声幅值。

对信号进行集合经验模态分解最终得到了一组 IMF，一部分 IMF 是与故障紧密相关的敏感分量，而其他 IMF 则是与故障无关或者噪声干扰成分。为了将与故障密切相关的敏感 IMF 选择出来，应忽略其他不相关 IMF，消除端点振荡引发的伪 IMF，选择有效的 IMF。

由于 IMF 是对信号的一种近似正交的表达，所以真正的 IMF 和原信号具有很好的相关性，而那些端点振荡引发的伪 IMF 和原函数的相关性很差。将 IMF 和原信号间的相关系数作为一个指标，用来判断哪些 IMF 是虚假的、无意义的分量，哪些 IMF 是信号的真实分量，将虚假的 IMF 剔除，并作为残差的一部分。

为了避免误把一些幅值很小的真实 IMF 当成虚假分量剔除，先将所有的 IMF 和原信号进行归一化处理，这样各 IMF 和原信号的相关系数最大为 1。IMF 选择算法具体步骤如下：

(1)对信号 $x(t)$ 进行集合经验模态分解操作，得到一系列 IMF。

(2)将所有 IMF 和原信号 $x(t)$ 进行归一化处理。

(3)计算归一化处理后所有 IMF 与原信号的相关系数 $\mu_i(i = 1, 2, \cdots, n)$。

(4)当 $\mu_i \geq \lambda$ 时，保留第 i 个 IMF c_i；当 $\mu_i \leq \lambda$ 时，剔除第 i 个 IMF c_i，并

且令 $r_n = r_n + c_i$，最后选择出需要保留的 IMF 和需要剔除的 IMF。λ 可取一个固定阈值，通常可取为最大相关系数的一个比值，即

$$\lambda = \max(\mu_i)/\eta, \quad i = 1, 2, \cdots, n$$

式中，η 是一个大于 1 的比例系数，这里取 $\eta = 10$。

　　集合经验模态分解降噪是在 IMF 选择算法的基础上，首先设定一个选择 IMF 的比例系数，接着构造一个固定阈值，然后将小于该阈值的噪声 IMF 分量去除，最后重构剩下的 IMF 分量，具体步骤如图 3.2 所示。

图 3.2　集合经验模态分解降噪流程图

3.3.3　基于集合经验模态分解和小波包的故障特征提取模型

　　集合经验模态分解把信号分解成特征时间尺度由小到大即频率由高到低的一系列 IMF 分量，而小波包分析克服了小波分析在时间分辨率高时频率分辨率低的缺陷，它相当于用若干个带通滤波器对信号进行处理，并且能够精确刻画出信号各个频段的时间信息。

　　小波包定义如下：设 $\{h_n\}_{n \in \mathbf{Z}}$ 是正交尺度函数 $\phi(t)$ 对应的正交低通实系数滤波器，$\{g_n\}_{n \in \mathbf{Z}}$ 是正交小波函数 $\varphi(t)$ 对应的高通滤波器，则它们满足两尺度方程和小波方程，其中 $g_n = (-1)^n h_{1-n}$，

$$\begin{cases} \phi(t) = 2\sum_{k \in \mathbf{Z}} h_k \phi(2t - k) \\ \varphi(t) = 2\sum_{k \in \mathbf{Z}} g_k \phi(2t - k) \end{cases}$$

记 $\mu_0(t) = \phi(t)$，$\mu_1(t) = \varphi(t)$，则有

$$\begin{cases} u_0(t) = 2\sum_{k \in \mathbf{Z}} h_k u_0(2t - k) \\ u_1(t) = 2\sum_{k \in \mathbf{Z}} g_k u_0(2t - k) \end{cases}$$

因此小波包定义为

$$\begin{cases} u_{2n}(t) = 2\sum_{k \in \mathbf{Z}} h_k u_n(2t - k) \\ u_{2n+1}(t) = 2\sum_{k \in \mathbf{Z}} g_k u_n(2t - k) \end{cases}$$

小波包分解和重构算法为

$$\begin{cases} d_l^{2n} = \sqrt{2} \sum_{k \in \mathbf{Z}} d_l^{2n} h_{l-2k}^* \\ d_l^{2n+1} = \sqrt{2} \sum_{k \in \mathbf{Z}} d_l^{2n} g_{l-2k}^* \end{cases}$$

式中，d_l^{2n}、d_l^{2n+1} 满足以下递推关系：

$$d_l^n = \sum_{l \in \mathbf{Z}} d_l^{2n} h_{k-2l} + \sum_{l \in \mathbf{Z}} d_l^{2n+1} h_{k-2l}$$

若有信号 $S_n(n=1,2,\cdots,N)$，用小波包分解 j 层，则共有 2^j 个系数，每个包中有 2^{J-j} 个数据点，其中 $J = \log_2 N(j=1,2,\cdots,J)$。通过小波包分解的每一个包系数都对应着原信号中的某个频率成分，在同一尺度下的小波包是平移且正交的，在不同尺度上的小波包也是正交的，这样就可以对原信号进行小波包重构。

利用小波包提取故障信号，可以将故障信号精确划分，但是该分解不是自适应的。而集合经验模态分解可以实现自适应信号分解，但是在处理某些信号时精确度不高。因此，本节提出一种基于集合经验模态分解和小波包的故障特征提取方法，其流程如图3.3所示，特征提取步骤如下：

(1)对振动信号进行集合经验模态分解，该分解基于信号的局部特性，最终实现的是分离不同频率成分的特征信号，之后可以运用3.2.2节介绍的方法选出与原信号相关系数最大的 IMF，也可以选择比较感兴趣的 IMF。

(2)用小波包对 IMF 进行分解，得到各个节点的小波系数。

(3)使用希尔伯特变换和傅里叶变换提取小波包系数的包络，并计算其功率谱。

(4)如果在分析低阶的 IMF 时没有得到比较满意的结果，那么可以对高阶的 IMF 作同样的分析处理。

图 3.3　基于集合经验模态分解和小波包的故障特征提取方法流程图

当主轴系统的滚动轴承发生故障时，由故障引起的载荷变化会导致滚动轴承在滚动过程中表现出非均匀性，并同时以交变力的形式作用于滚动轴承上，进一步引发幅值调制。一个外圈固定的滚动轴承，周期脉冲序列的调制可建模为

$$S_b(t) = \sin(2\pi \times f_b t) \times \left[1 + \beta \sin(2\pi \times f_r t)\right]$$

式中，f_b 为滚动轴承中滚子通过内圈的特征频率；f_r 为旋转频率。

当主轴系统中的齿轮发生故障(如齿轮面上的点蚀)时，齿轮啮合处承载的不对称性会导致严重的齿轮啮合频率调制现象。同时，齿轮在啮合过程中也可能会剧烈地激励机械结构，造成机械共振对齿轮啮合频率更强烈的调制效应。故障齿轮的振动信号可建模为

$$S_m(t) = \sum_{k=1}^{K} A_k \cos(2\pi \times k f_m t + \phi_k)$$

式中，f_m 为啮合频率；k 为谐波成分的阶次；A_k、ϕ_k 分别为第 k 次谐波成分的幅值和相位。分别仿真构造滚动轴承和齿轮信号模型：

$$S_b(t) = \left[1 + 2\sin(2 \times 100t)\right]\sin(2\pi \times 3000t) + \left[1 + \sin(2\pi \times 240t)\right]$$
$$\cdot \sin\left[2\pi \times 3400t + 10\sin(2\pi \times 70t)\right] + n_1$$

$$S_m(t) = \cos(2\pi \times 160t + 25) + 0.55\cos(2\pi \times 320t + 60) + n_2$$

式中，$S_b(t)$ 为滚动轴承仿真信号；$S_m(t)$ 为齿轮仿真信号；n_1、n_2 为高斯白噪声。

针对滚动轴承信号模型，通过分析滚动轴承故障的振动机理可知，信号由两部分组成，一部分是 3000Hz 的载波频率，由 100Hz 信号调幅处理，引起时域信号的变化，可认为是滚动轴承发生故障所致；另一部分是 3400Hz 的载波频率，先由 70Hz 信号调频，再由 240Hz 信号调幅，根据滚动轴承故障原理可知，240Hz 即故障频率。滚动轴承多频信号时域图如图 3.4 所示。

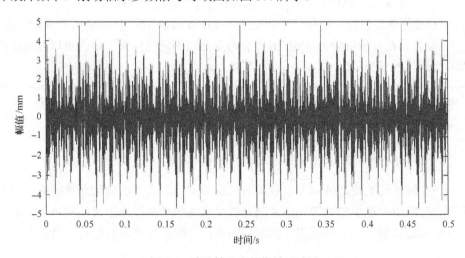

图 3.4　滚动轴承多频信号时域图

采用基于集合经验模态分解和小波包的故障特征提取方法，首先对仿真信号进行集合经验模态分解，得到 11 个 IMF 分量和 1 个残余量，其中前 10 个 IMF 分量如图 3.5 所示。

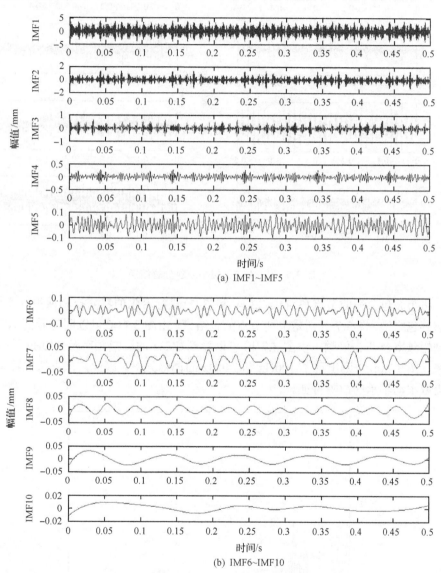

(a) IMF1~IMF5

(b) IMF6~IMF10

图 3.5　集合经验模态分解的前 10 个 IMF 分量

对 IMF1 作三层小波包分解，小波包分解结果如图 3.6 所示。

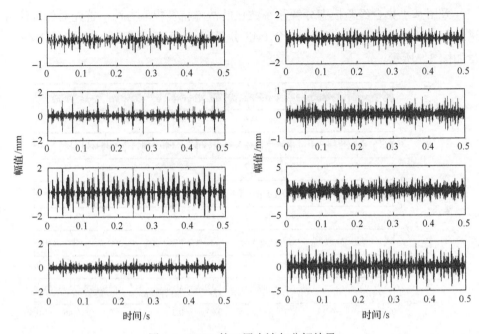

图 3.6　IMF1 的三层小波包分解结果

　　将小波包分解的节点 (3, 1)、(3, 4) 和 (3, 7) 进行希尔伯特变换和傅里叶变换，并求其包络谱，图 3.7 分别是上述节点的包络谱。由图 3.7(a) 可以明显看到 100Hz 的调幅频率及其 2 倍频，由图 3.7(b) 可以看到 70Hz 的调幅频率及 240Hz 的调幅频率，图 3.7(c) 中则出现了 100Hz 和 240Hz 的调幅频率。因此，该方法能够有效地提取滚动轴承的故障特征。

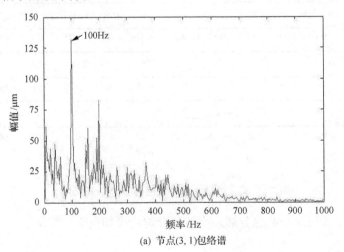

(a) 节点 (3, 1) 包络谱

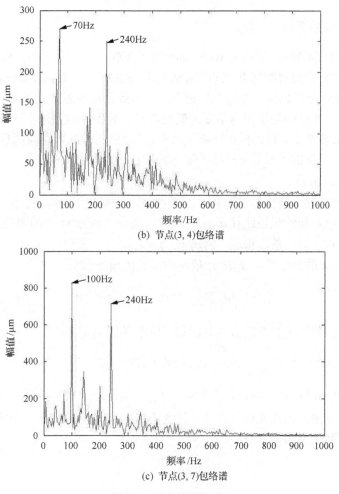

(b) 节点(3, 4)包络谱

(c) 节点(3, 7)包络谱

图 3.7　节点的包络谱

3.4　基于流形学习的早期故障特征提取方法

3.4.1　流形学习算法

　　流形学习(manifold learning)是近年发展起来的非线性机器学习算法,它能发现隐藏在数据中的内在几何结构与规律性,在医学、图像处理和语音信号处理等方面应用广泛。由于流形学习可以从高维非线性数据中找出隐藏在高维观测数据中的低维结构表示,揭示其流形分布,能有效地对高维非线性数据进行降维,所以本节提出用流形学习算法提取主轴系统早期微弱非线性非平稳的故障特征的低维流形,从而实现故障的分类。

1. 等距映射算法

等距映射(ISOMAP)算法是 Tenenbaum 等于 2000 年提出的一种全局算法, 该算法首先在几何空间上计算数据点对间的测地距离, 然后使用多维尺度(multidimensional scaling, MDS)分析算法, 将高维观测空间中的数据点映射到低维嵌入空间中, 最后获得保持样本点间测地距离不变的低维流形。等距映射算法步骤描述如下。

(1)构造邻域 G。首先根据观测空间中 i, j 点之间的欧氏距离 $d_x(i, j)$ 确定流形上的邻域, j 在 i 的半径为 ε 的邻域球内或是 i 的 K 个最近邻点之一, 连接 i 和 j, 则该边长为 $d_x(i, j)$。

(2)计算数据点间的最短路径。在邻域中, 首先利用 Dijkstra 算法或 Floyd 算法计算所有点对间的最短路径 $d_G(i, j)$, 并以此估计流形 M 上的测地距离 d_M。初始化时, 若 i、j 由一条边相连, 则 $d_G(i, j) = d_x(i, j)$, 否则 $d_G(i, j) = \infty$, 其次, 对于 $m = 1, 2, \cdots, k$ 的每个值, $d_G(i, j)$ 依次由下式的值来代替:

$$\min\{d_G(i, j), d_G(i, m) + d_G(m, j)\}$$

最后, 可得到邻域上包含所有点对间最短路径的距离矩阵:

$$D_G = \{d_G(i, j)\}$$

(3)构造 d 维嵌入空间。在距离矩阵 D_G 上运用经典的多维尺度分析算法构建能最好保持流形上内在几何性质的 d 维欧氏嵌入空间 Y, 空间 Y 中的坐标向量 y_i 由最小化下列代价函数得到:

$$E = \|\tau(D_G) - \tau(D_Y)\|^2$$

式中, D_Y 为欧氏空间距离矩阵, $\{d_Y(i, j) = y_i - y_j\}$; $\tau(D)$ 为矩阵变换算子, $\tau(D) = -HSH / 2$, 其中 S 为平方距离矩阵, $\{S_{ij} = D_{ij}^2\}$, H 为中心矩阵, $\{H_{ij} = \delta_{ij} - 1 / k\}$。

通过矩阵变换算子 $\tau(D)$ 将距离矩阵运算转变为内积运算, 从而以高效的优化方法唯一地描述数据几何结构。最小值可通过求取矩阵 $\tau(D_G)$ 的前 d 个最大特征值对应的特征向量来实现。

2. 局部线性嵌入算法

局部线性嵌入(locally linear embedding, LLE)算法是由 Roweis 和 Saul 于

2000 年提出的，该算法假设数据散落或是邻近光滑低维流形，每个数据点及其近邻在流形上的局部区域是线性的。因此，可以用线性权重系数来表示每个数据点对它邻域数据重构的贡献，反映每个数据点与它邻域点之间的几何关系。通过对数据点和它的邻域数据做缩放、旋转和平移等线性映射，并保持权重系数不变，将高维的观测空间数据映射到低维流形上，实现数据降维，同时保留了数据点之间的邻接关系与固有的几何结构。LLE 算法步骤如下：

（1）邻域的选择。对于每个 D 维数据点 X_i，在数据集中寻找其包含在以 ε 为半径的球体中的 n 个邻域点 $X_{i1}, X_{i2}, \cdots, X_{in}$，或是取欧氏距离最近的 K 个点为邻域。

（2）近似权重矩阵的构建。设 w_{ij} 为权重系数，代表由第 j 个数据点重构第 i 个数据点的贡献大小。在 X_i 邻域中计算能最好重构 X_i 的权重值 w_{ij}，通过最小化目标函数，使误差最小，即

$$\min \varphi(w) = \min \left(\sum_{i=1}^{l} \left\| X_i - \sum_{j=1}^{n} w_{ij} X_j \right\|^2 \right)$$

$$\text{s.t.} \begin{cases} w_{ij} = 0, & X_{ij} \notin V \\ \sum_j w_{ij} = 1, & X_{ij} \in V \end{cases}$$

式中，V 为半径为 ε 的 X_i 的邻域球体区域。求解上式带约束的最小二乘问题，可求得近似权重矩阵 $W = \{w_{ij}\}$。

（3）映射到低维嵌入空间 $\mathbf{R}^d (d < D)$。将高维观测空间的数据 X_i 映射到一个可以描述流形全局内在坐标的低维 d 维向量 y_i。选用 y_i 构建 d 维嵌入空间产生的嵌入代价函数为

$$\varphi(Y) = \sum_i \left| y_i - \sum_j w_{ij} y_j \right|^2$$

此代价函数与步骤 (2) 类似，均是基于局部线性重构误差。但此步 w_{ij} 值固定，使代价函数 $\varphi(Y)$ 最小，仅优化坐标值 y_i。因此，求解 Y 就是在一定约束条件下求解稀疏矩阵的特征向量问题，也就是求解矩阵 E 的特征值，E 的形式为

$$E = (1 - W)^{\mathrm{T}} (1 - W)$$

式中，$W = \{w_{ij}\}$。

3. 局部切空间排列算法

局部切空间排列(local tangent space alignment，LTSA)算法是由 Zhang 等最早于 2002 年提出的一种基于全局与局部相结合的算法，该算法的主要思想是在每个数据点的邻域中，用低维局部切空间的坐标近似表示潜在流形的局部非线性几何特征，再将各数据点邻域局部切空间坐标对齐以计算潜在流形上数据点的统一全局低维坐标，从而实现数据维数约简。LTSA 算法的描述如下。

设采样于某个潜在的 d 维流形且可能含有噪声的样本集 $X = [x_1, x_2, \cdots, x_N]$，$x_i \in \mathbf{R}^D$，由 k 个局部最近邻产生 N 个 d 维坐标 $T \in \mathbf{R}^{d \times N}$ 来构造潜在的低维流形 $(d < D)$，其具体步骤如下：

(1)局部信息的提取。对于每个 $i(i = 1, 2, \cdots, N)$ 值，用欧氏距离确定数据点 x_i 的 k 个最近邻数据组成邻域 $X_i = [x_{i1}, x_{i2}, \cdots, x_{ik}]$。

(2)局部线性拟合。在数据点 X_i 的邻域内选择一组正交基 Q_i 构造 x_i 的 d 维切空间，计算邻域中各点 $x_{ij}(j = 1, 2, \cdots, k)$ 到切空间上的正交投影 $\theta_j^i = Q_i^\mathrm{T}(x_{ij} - \bar{x}_i)$，其中，$\bar{x}_i$ 为 x_i 邻域数据的均值，则 x_i 邻域内的几何结构可由其邻域数据在切空间的正交投影所构成的局部坐标 $\Theta = [\theta_1^i, \theta_2^i, \cdots, \theta_k^i]$ 描述。

(3)局部坐标全局排列。设 x_i 邻域局部坐标 θ_i 经过局部排列矩阵 L_i 仿射转换可得全局坐标为

$$T_i = [t_{i1}, t_{i2}, \cdots, t_{ik}]$$

则局部重构误差为

$$E_i = T_i \left[I - \left(\frac{1}{k} \right) ee^\mathrm{T} \right] - L_i \theta_i$$

式中，I 为单位矩阵；e 为 1 向量；k 为数据点数。为在低维特征空间中更好地保持局部几何信息，寻找最优的 T_i 和 L_i 使重构误差最小，即

$$\sum_i E_i^2 = \sum_i T_i \left(I - \frac{1}{k} ee^\mathrm{T} \right) - L_i \theta_i^2 = \min$$

固定全局坐标矩阵 T_i，最小化局部重构误差矩阵 E_i，可得最优排列矩阵

$$L_i = T_i \left(I - \frac{1}{k} ee^\mathrm{T} \right) \theta_i^\mathrm{T}$$

因此，误差矩阵可写为

$$E_i = T_i \left(I - \frac{1}{k} ee^{\mathrm{T}} \right) \left(I - \theta_i^{\mathrm{T}} \theta_i \right)$$

式中，θ_i^{T} 是 θ_i 的广义 Moor-Penrose 逆。

记 $W_i = \left(I - \frac{1}{k} ee^{\mathrm{T}} \right) \left(I - \theta_i^{\mathrm{T}} \theta_i \right)$，并设 $T = [t_1, t_2, \cdots, t_N]$，$S_i$ 为 0-1 选择矩阵，则 $T_i = TS_i$，则所有数据点邻域坐标转换误差的总和为

$$\left\| \sum_i E_i \right\|_{\mathrm{F}}^2 = \left\| TSW \right\|_{\mathrm{F}}^2$$

式中，$S = [S_1, S_2, \cdots, S_N]$；$W = \mathrm{diag}(W_1, W_2, \cdots, W_N)$；$\| \cdot \|_{\mathrm{F}}^2$ 表示 Frobenius 范数的平方。

为了唯一地确定 T，引入约束：

$$TT^{\mathrm{T}} = I_d$$

(4)低维全局坐标映射。令

$$B = SWS^{\mathrm{T}} S^{\mathrm{T}}$$

证明全 1 向量 e 是上式矩阵的零特征值所对应的特征向量。因此，矩阵 B 的第 2 至第 $d+1$ 个最小特征值所对应的 d 个特征向量就是最优的 T，T 即高维数据集 X 中低维非线性嵌入流形的全局坐标映射。

3.4.2　基于流形学习的时频域统计指标的特征提取

对采集的振动数据进行特征提取是保证主轴系统状态识别和分类的模型有优良推广能力的前提条件。由于主轴系统比较复杂，所测得的振动信号常表现出一定的随机性、非线性、非平稳性，一般很难用确定的时间函数来描述其具体特性。主轴系统的健康状况也很难利用振动信号数据直接评估。利用特征提取技术和流形学习算法，可以把原始振动信号转换到高维特征空间，提取其中可以用于识别主轴系统健康状态的低维流形。

本节构建一种基于流形学习的时频域统计指标的特征提取方法，首先对振动信号进行归一化预处理，接着运用集合经验模态分解降噪方法对归一化预处理的信号进行降噪，同时提取信号的时域与频域的特征参数，然后构造高维特征空间，

最后使用流形学习算法提取高维特征空间的低维敏感流形，其流程如图 3.8 所示。

图 3.8　基于流形学习的时频域统计指标特征提取方法流程图

在分析主轴系统的工作状态时，由于测试系统和环境噪声等会造成严重的影响，所以为了让信号分析的结果有一个比较统一、客观的评价标准，采用均值-方差标准化方法对测量信号进行归一化预处理，首先计算所测主轴系统的振动信号 $X = \{x_1, x_2, \cdots, x_n\}$ 的均值 $\overline{x}$ 和方差 σ，然后对该离散数据样本 X 进行归一化处理，即

$$x_i' = \frac{x_i - \overline{x}}{\sqrt{\sigma}}$$

经归一化预处理后，该振动信号的均值为 0，方差为 1。为准确、全面地对主轴系统状态进行诊断，提取振动信号的时域和频域中的统计指标来对主轴系统健康状况进行综合性的评估，时域选取的统计指标包括振动信号的绝对均值、均方根值、方根幅值、最大峰值、方差、峰峰值、峭度、歪度、峰值指标、波形指标、脉冲指标、裕度指标、峭度指标等。

频域选取的统计指标包括振动信号的平均频率、谱峰稳定指数，并根据不同状态的频率特点，将频域平分成 5 个频带，分别计算每个频带的相对功率谱能量。用 20 个特征参数来表征机械振动特性，如表 3.2 所示。

由于上述特征的敏感性和规律性各不相同，很难找到能够准确表征主轴系统状态的某几个特征参数。振动信号的随机性大，不利于直接分析其稳定性。在实际测量数据中，首先截取一段长度为 t 的振动信号，利用延迟重构方法将数据均匀划分为 N 个子数据向量，然后分别计算每个子数据向量的 20 维统计指标，构成一个 $N \times 20$ 的高维特征参数矩阵，其中 N 为特征空间的样本点数，采用非线性流形学习算法提取该高维特征参数矩阵的低维矩阵，即主轴系统敏感稳定的故障特征低维流形。为了验证，构造信号模型：

$$S_b(t) = (1 + 2\sin(2 \times 100t))\sin(2\pi \times 3000t) + (1 + \sin(2\pi \times 240t))$$
$$\cdot \sin(2\pi \times 3400t + 10\sin(2\pi \times 70t)) + n_1$$

$$S_m(t) = \cos(2\pi \times 160t + 25) + 0.55\cos(2\pi \times 320t + 60) + n_2$$

式中，$S_b(t)$ 为滚动轴承仿真信号；$S_m(t)$ 为齿轮仿真信号；n_1、n_2 为高斯白噪声。

对于齿轮信号模型，齿轮仿真信号的时域图如图 3.9 所示。

表 3.2　时域与频域特征

序号	特征参数	参数定义	序号	特征参数	参数定义
1	绝对均值	$\lvert \overline{x} \rvert = \dfrac{1}{N}\sum\limits_{i=1}^{N}\lvert x_i \rvert$	11	脉冲指标	$I_f = \dfrac{x_{\max}}{x_{\text{rms}}}$
2	均方根值	$x_{\text{rms}} = \sqrt{\dfrac{1}{N}\sum\limits_{i=1}^{N}x_i^2}$	12	裕度指标	$\text{CL}_f = \dfrac{x_{\max}}{x_{\text{r}}}$
3	方根幅值	$x_{\text{r}} = \left(\dfrac{1}{N}\sum\limits_{i=1}^{N}\sqrt{\lvert x_i \rvert}\right)^2$	13	峭度指标	$K_v = \dfrac{\beta}{x_{\text{rms}}^4}$
4	最大峰值	$x_{\text{p}} = \max\lvert x_i \rvert$	14	平均频率	$f_{\text{avg}} = \dfrac{\sum\limits_{i=1}^{n/2} f_i P(f_i)}{\sum\limits_{i=1}^{n/2} P(f_i)}$
5	方差	$D_x = \dfrac{1}{N-1}\sum\limits_{i=1}^{N}(x_i - \overline{x})^2$	15	谱峰稳定指数	$S = \dfrac{\sqrt{\dfrac{\sum\limits_{i=1}^{n/2}\left\{f_i^2 P(f_i)\right\}}{\sum\limits_{i=1}^{n/2} P(f_i)}}}{\sqrt{\dfrac{\sum\limits_{i=1}^{n/2}\left\{f_i^4 P(f_i)\right\}}{\sum\limits_{i=1}^{n/2}\left\{f_i^2 P(f_i)\right\}}}}$
6	峰峰值	$x_{\text{p-p}} = \max(x_i) - \min(x_i)$	16	第一频带相对能量	$E_{\text{r1}} = \dfrac{\int_0^{B_f} S(f)\mathrm{d}f}{\int_0^{F_s} S(f)\mathrm{d}f}$
7	峭度	$\beta = \dfrac{1}{N}\sum\limits_{i=1}^{N}x_i^4$	17	第二频带相对能量	$E_{\text{r2}} = \dfrac{\int_{B_f}^{2B_f} S(f)\mathrm{d}f}{\int_0^{F_s} S(f)\mathrm{d}f}$
8	歪度	$\alpha = \dfrac{1}{N}\sum\limits_{i=1}^{N}x_i^3$	18	第三频带相对能量	$E_{\text{r3}} = \dfrac{\int_{2B_f}^{3B_f} S(f)\mathrm{d}f}{\int_0^{F_s} S(f)\mathrm{d}f}$
9	峰值指标	$C_f = \dfrac{x_{\text{p}}}{x_{\text{rms}}}$	19	第四频带相对能量	$E_{\text{r4}} = \dfrac{\int_{3B_f}^{4B_f} S(f)\mathrm{d}f}{\int_0^{F_s} S(f)\mathrm{d}f}$
10	波形指标	$S_f = \dfrac{x_{\text{rms}}}{\lvert \overline{x} \rvert}$	20	第五频带相对能量	$E_{\text{r5}} = \dfrac{\int_{4B_f}^{5B_f} S(f)\mathrm{d}f}{\int_0^{F_s} S(f)\mathrm{d}f}$

　　采用基于流形学习的时频域统计指标的特征提取方法，首先分别对齿轮和滚动轴承的时域信号进行归一化处理，并且进行集合经验模态分解降噪，然后分别提取两者归一化信号的各 20 个特征参数。20 个振动特征参数如图 3.10 所示。图

中,横坐标为样本个数,其中样本 0~64 为仿真滚动轴承故障的样本组,样本 65~128 为仿真齿轮故障的样本组。

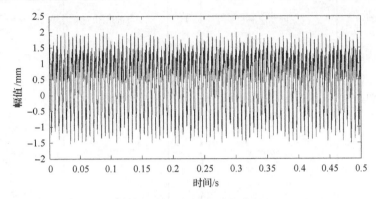

图 3.9　齿轮仿真信号的时域图

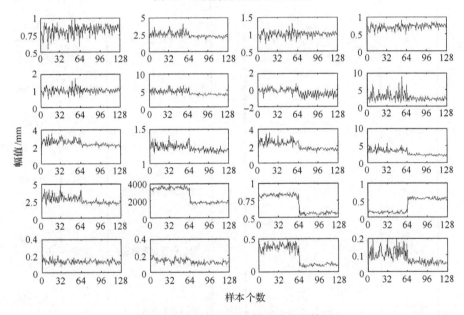

图 3.10　滚动轴承和齿轮振动信号特征

从图 3.10 中可以清晰看出,每种特征对振动的敏感性并不相同,因此很难从中选择某几个特征来准确作为区分不同故障的依据。

利用这 20 个特征参数构造其高维特征空间,最后运用 ISOMAP、LLE 和 LTSA 提取其高维空间的二维流形,分类结果如图 3.11 所示。

ISOMAP 算法能够很好地将齿轮故障仿真数据聚合在一起,但对滚动轴承故障仿真数据的聚合性比较差,因此可以清晰区分两种故障。

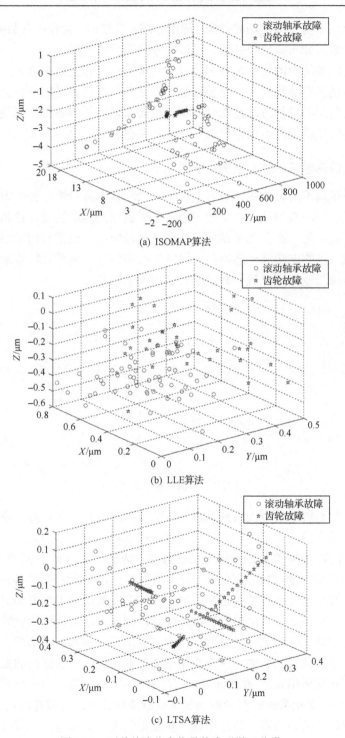

(a) ISOMAP算法

(b) LLE算法

(c) LTSA算法

图 3.11　两种故障仿真信号的流形学习分类

LLE 算法不能区分这两种故障。应用 LTSA 算法时，齿轮仿真数据呈十字形，而轴承仿真数据分布得比较分散，可以区分两种故障数据。

根据主轴系统中的滚动轴承和齿轮的结构特点及装配要求可知，在工作过程中产生的振动具有非线性、非平稳特征，同时信号在传递过程中也会被调制和衰减，因此用传统的线性方法检测轴承状态很难获得理想的效果，而使用流形学习算法提取其低维流形时可以很好地区分故障状态。

3.4.3　基于流形学习的轴心轨迹特征提取

主轴系统属于旋转机械，有时单独从时域和频域信号进行分析很难确定设备的故障原因。轴心轨迹是轴心上的一点相对于机座的运动轨迹，该轨迹是在与轴线垂直的平面内的，在主轴系统的状态监测与诊断中，通常利用轴系同一截面上两个交错成 90°的电涡流传感器同步测得的振动信号合成轴心轨迹来监测主轴运行状态和故障类型。电涡流传感器的布置如图 3.12 所示。

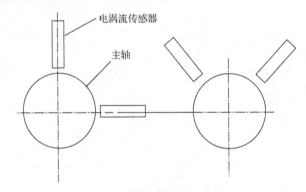

图 3.12　电涡流传感器的布置

通常，轴心轨迹是直接用测量所获得的数据绘制的，这种方式要求采样频率是主轴转动频率的几十倍，每一转采样的数据点越多，绘制的轴心轨迹越光滑。将 X、Y 两个互成 90°布置的传感器测的数据看成轴心轨迹 x、y 两个方向的投影，去掉其中的直流分量，再按照 (x, y) 坐标值进行绘制，即可得到该主轴的轴心轨迹。轴心轨迹能够反映转子在旋转过程中轴上任一点在其旋转平面内相对轴承座的运行轨迹，同时它包含了机组的各种故障信息，因此对轴心轨迹形状特征进行分析能够有效地判断主轴系统的轴系故障。本节提出了一种基于流形学习的轴心轨迹特征提取方法，该方法首先将两个交错成 90°电涡流传感器测得的振动信号标记为 X 和 Y，然后采用均值-方差标准化方法对 X、Y 信号进行归一化预处理，再对归一化后的 X、Y 信号进行集合经验模态分解降噪处理，接着提取由 X 和 Y 信号共同形成的若干轴心轨迹，将每个轴心轨迹上的离散点作为一个维度，构造高维特征空间，最后运用流形学习算法提取其高维特征空间的低维敏感流形。基于流形学习的轴心轨迹特征提取方法流程如图 3.13 所示。

图 3.13　基于流形学习的轴心轨迹特征提取方法流程图

3.4.4　早期故障特征提取方法的试验台验证

采用某研究所的 INV1612 型多功能柔性转子试验系统进行转子动平衡、油膜涡动、摩擦振动等试验。试验台主要由两部分组成，第一部分包括 INV1612 型多功能柔性转子试验台和各种传感器(1 个振动传感器、1 个光电传感器和 2 个电涡流传感器)，第二部分包括 INV306U 型采集分析系统。该转子试验台如图 3.14 所示。

图 3.14　转子试验台

采用该多功能柔性转子试验系统进行转子正常、不对中和碰摩等试验。设置采样频率为 1024Hz，转子转速为 960r/min，分别记录两个交错成 90°电涡流传感器测得的转子正常、不对中和碰摩三种情况的振动位移信号，其中长度为 1024 个点，水平和垂直方向测得的信号分别设定为 X 和 Y，设置转子不同状态的标签分别为 1、2 和 3，其中时域波形如图 3.15 所示。

1. **基于集合经验模态分解和小波包的故障特征提取试验台实证**

由于转子碰摩故障的摩擦力具有非线性，频谱图的振动频率除了工频外还存在非常丰富的高次谐波成分，摩擦严重时还会出现 1/2 倍频、1/3 倍频、1/N 倍频等精确的分频成分，单从频谱图准确判断比较困难。

采用基于集合经验模态分解和小波包的故障特征提取方法对转子不平衡故障诊断，其中仅对转子不对中情况下的 X 方向振动位移信号进行特征提取，转子的旋转频率为 16Hz。首先对该信号进行集合经验模态分解，得到 9 个 IMF 分量和 1 个残余量，然后对 IMF1 进行三层小波包分解并分析其包络谱。图 3.16 是小波包分解的部分节点包络谱，从图中可以明显看到转子在转动频率 16Hz 处的振幅突出，可以判断该转子故障为不平衡。

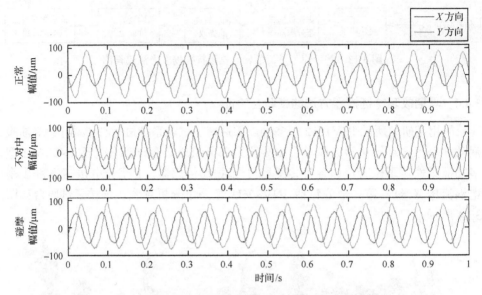

图 3.15   转子正常、不对中和碰摩状态的时域波形

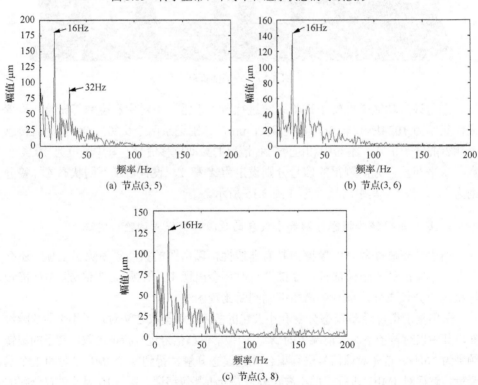

(a) 节点(3, 5)

(b) 节点(3, 6)

(c) 节点(3, 8)

图 3.16   部分节点的包络谱

2. 基于流形学习的时频域统计指标的特征提取试验台实证

采用基于流形学习的时频域统计指标的特征提取方法对转子正常、不对中和碰摩情况下 X 方向振动位移信号进行特征提取。分别运用三种流形学习算法提取三种状态的低维流形，如图 3.17 所示，其中"+"表示正常状态，"○"表示转子不对中故障，"☆"表示转子碰摩故障。从图中可以看出，LLE 算法不能很好地提取区别于其他转子状态的低维流形，ISOMAP 算法和 LTSA 算法同样也不能很好地将三种状态分别区分开，但是能够将转子碰摩与其他状态区分开，其低维流形图为倾倒的"V"字形。

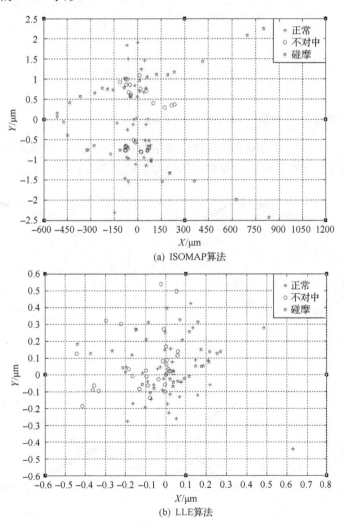

(a) ISOMAP算法

(b) LLE算法

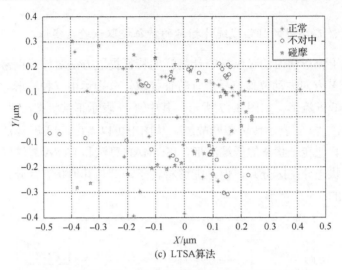

(c) LTSA算法

图 3.17　转子正常、不对中和碰摩状态的流形学习分类

3. 基于流形学习的轴心轨迹特征提取试验台实证

采用基于流形学习的轴心轨迹特征提取方法，对转子三种状态的轴心轨迹进行集合经验模态分解降噪，去噪前后的轴心轨迹如图 3.18 所示。

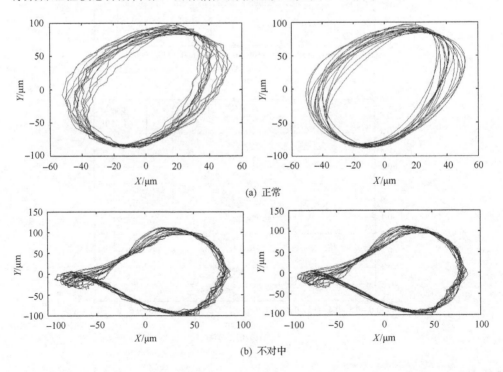

(a) 正常

(b) 不对中

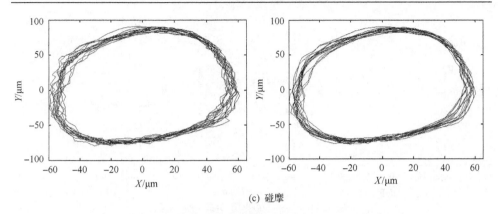

(c) 碰摩

图 3.18　集合经验模态分解去噪前后的轴心轨迹对比
(第一列为去噪前，第二列为去噪后)

　　分别将三种状态的每个轴心轨迹作为一个维度，构造其高维特征空间，分别运用三种流形学习算法提取转子三种状态的二维流形，如图 3.19 所示。对比 ISOMAP、LLE 和 LTSA 三种流形学习算法提取轴心轨迹二维流形的结果，可以

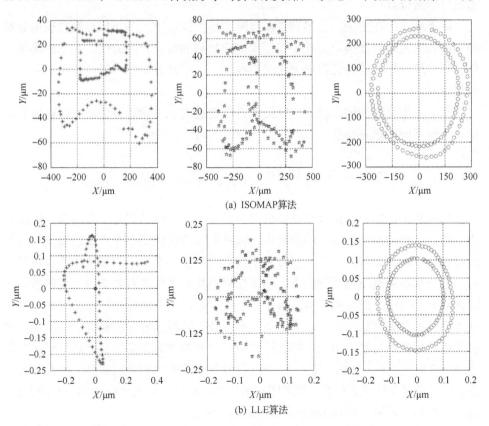

(a) ISOMAP算法

(b) LLE算法

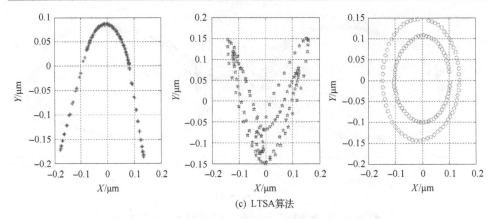

(c) LTSA算法

图 3.19　转子正常、不对中和碰摩状态的二维流形图
(第一列代表正常，第二列代表不对中，第三列代表碰摩)

明显看出 LTSA 算法提取转子正常、不对中和碰摩状态的低维流形区分度最好，LLE 算法次之，而 ISOMAP 算法最差，但是三种流形学习算法都能将转子碰摩状态很好地区分开。

综上所述，在主轴系统早期微弱故障的特征提取中，基于集合经验模态分解和小波包的故障特征提取方法主要用于提取故障的特征频率方面，基于流形学习的时频域统计指标的特征提取方法对非线性、非平稳复杂信号的特征提取和分类效果较好。

基于流形学习的轴心轨迹特征提取方法仅适用于主轴等旋转机械，能够清晰辨识主轴不同的状态特征。

3.5　基于随机共振的微弱特征提取方法

机械系统中的微弱信号是指幅值很小且被噪声淹没的信号。微弱信号检测是指，通过一定的检测手段来抑制噪声，以获得淹没在强背景噪声下的微弱信号的波形及频率。如果噪声频率与信号频率接近或重合，那么当抑制或消除噪声时，有用信号也不可避免地受到损害。非线性随机共振系统能有效解决上述问题。在随机共振系统中，部分噪声能量转化为信号能量，使系统输出信噪比得到提高。非线性随机共振系统的这一现象为强噪声背景下微弱信号的检测提供了途径。随机共振的概念最初是由 Benzi 等在研究地球气候的"冰川期"与"暖气候期"周期性变迁时提出的。Fauve 等在 Schmitt 触发器的试验中首次观察到了随机共振现象。信号通过非线性系统时，随着噪声的增加，输出的信噪比会达到一个极大值，这一现象称为随机共振(stochastic resonance，SR)。

3.5.1　随机共振基本原理

随机共振通过其特有的噪声和信号间的能量转换方式，实现对噪声的抑制和信号的增强。在一个非线性双稳系统中，当噪声强度从小到大逐渐增强时，输出信噪比非但不降低，反而大幅度增加，且存在一个最佳输入噪声强度，使系统输出信噪比达到一个峰值，此时继续增加噪声强度，信噪比又显著降低。因此，随机共振就是在一定的非线性条件下，由微弱周期信号和噪声相互作用而导致的非线性系统增强周期性输出的现象。

随机共振的数学模型包含三个不可缺少的要素，即具有双稳或多稳态的非线性系统、微弱输入信号 $s(t)$、噪声 $n(t)$，随机共振模型如图 3.20 所示。

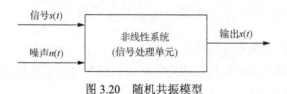

图 3.20　随机共振模型

图中，微弱输入信号 $s(t)$ 是周期信号、非周期信号等各种类型的信号；噪声 $n(t)$ 可以是系统固有噪声或外加噪声；微弱信号和噪声的混合信号作为系统输入，经非线性系统处理以后得到输出信号 $x(t)$。

随机共振现象的典型模型是受周期信号和高斯白噪声驱动的非线性双稳系统，其运动规律用朗之万（Langevin）方程描述：

$$\frac{\mathrm{d}x}{\mathrm{d}t} = ax - bx^3 + s(t) + n(t)$$

式中，a、b 为大于零的实数，是非线性系统的结构参数；$s(t)$ 为微弱输入信号；$n(t)$ 为均值为零、强度为 D 的高斯白噪声。

当系统噪声强度 D 逐渐增加到某一值时，噪声和信号的协同作用使输出信号按照微弱信号的输入频率进行周期性变化，因此微弱周期信号被检测出来。这就是信号、噪声、非线性系统通过调节达到最佳匹配时产生的随机共振现象。

3.5.2　随机共振影响因素

1. 参数归一化

根据随机共振理论，当双稳随机共振系统仅有噪声输入时，经双稳系统输出的频谱能量主要集中在低频段。当信号频率落在该频段时，噪声能量就会向信号转移，从而使该信号在频域凸显出来。因此，经典随机共振系统仅适用于低频信号检测情况。而机械系统中检测信号的频率往往很高，必须将高频信号变换为适合于随机共振系统的低频信号。

通过变量替换可将模型变换为归一化形式，令 $z = x\sqrt{b/a}$，$\tau = at$，代入 $dx/dt = ax - bx^3 + s(t) + n(t)$ 整理可得

$$a\sqrt{\frac{a}{b}}\frac{dz}{d\tau} = a\sqrt{\frac{a}{b}}z - a\sqrt{\frac{a}{b}}z^3 + s\left(\frac{\tau}{a}\right) + n\left(\frac{\tau}{a}\right)$$

运算可得

$$\frac{dz}{d\tau} = z - z^3 + \sqrt{\frac{b}{a^3}}s\left(\frac{\tau}{a}\right) + n\left(\frac{\tau}{a}\right)$$

归一化后，信号频率变为原来信号频率的 $1/a$。因此，对于高频信号，可以通过选取适当的结构参数将高频信号转化为低频信号，进而利用随机共振模型对变换后的信号进行处理。

设 $a_0 = 1$、$b_0 = 1$ 时，产生随机共振的最佳输入信号频率为 f_0，噪声均方根值为 σ_0。当实际输入信号频率为 f_1、噪声均方根值为 σ_1 时，若要构造随机共振系统，由归一化变换可知此时的系统参数 $a = \dfrac{f_1}{f_0}$，$b = \dfrac{\sigma_0^2 f_1^3}{\sigma_1^2 f_0^3}$。

2. 参数优化

系统、信号、噪声三者之间达到最佳匹配状态，系统输出信噪比最大，此时系统产生随机共振现象。根据绝热近似理论及线性响应理论，在小信号输入作用下，输出信噪比的近似表达式为

$$SNR = \frac{\sqrt{2}a^2 A^2 e^{-\Delta V/D}}{4bD^2}$$

式中，$\Delta V = a^2/(4b)$；噪声强度 $D = h\sigma^2/2$；采样步长 $h = 1/f_s$，f_s 为采样频率。

因此，上式可化为 $SNR = \dfrac{\sqrt{2}a^2 A^2 f_s e^{\frac{-a^2 f_s}{2b\sigma^2}}}{b\sigma^4}$，可以看出，影响输出信噪比的参数包括系统参数 a、b，噪声均方根值 σ，信号幅值 A 和信号采样频率 f_s。因此，产生随机共振现象的本质是以上参数达到最佳匹配状态，系统输出信噪比最大。

3.5.3　随机共振影响因素仿真试验

1. 随机共振数值仿真

以 MATLAB 软件为试验平台进行随机共振数值仿真。选取信号、噪声及非线性系统三者间达到较好匹配的一组参数 $a_0=1$、$b_0=1$、$A_0=0.3$、$f_0=0.008\text{Hz}$、$\sigma_0^2=1.68$、$f_s=8\text{Hz}$ 为基础进行大参数信号的随机共振效应分析。试验中的输入信号为一个混合了高斯白噪声的信号 $u(t)=A\sin(2\pi f_1 t)+n(t)$，其中幅值 $A=2.1\text{V}$，频率 $f_1=125\text{Hz}$，$n(t)$ 是均值为 0、噪声方差 $\sigma_1^2=85$ 的高斯白噪声，系统采样频率 $f_s=100000\text{Hz}$，采样点 $N=4000$。根据归一化方法，得到系统参数 $a=\dfrac{f_1}{f_0}=\dfrac{125}{0.008}=15625$，$b=\dfrac{\sigma_0^2 f_1^3}{\sigma_1^2 f_0^3}=\dfrac{1.68\times125^3}{85\times0.008^3}=7.54\times10^{10}$，则随机共振模型为 $\dfrac{\mathrm{d}x}{\mathrm{d}t}=15625x-7.54\times10^{10}x^3+2.1\sin(250\pi)t+n(t)$，至此，该系统达到随机共振状态的参数匹配。信号 $u(t)$ 输入随机共振系统前后的时域波形与频谱如图 3.21 所示。

由图 3.21 可以看出，在信号输入随机共振系统之前，由时域波形很难看出有周期成分存在，由频谱图也很难辨别该信号的频率；进行随机共振分析后，该微弱周期信号波形被提取出来，信号频率也凸显出来。

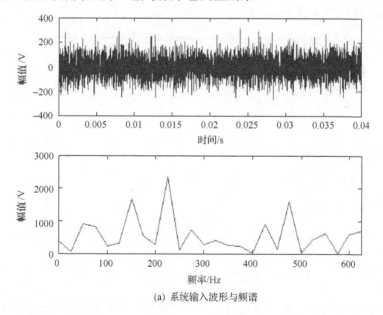

(a) 系统输入波形与频谱

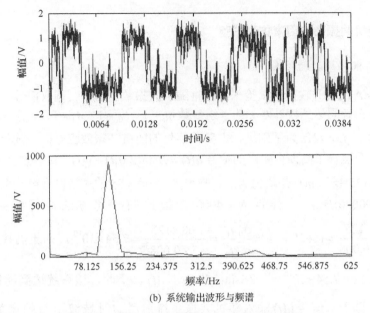

(b) 系统输出波形与频谱

图 3.21　随机共振前后信号的时域波形与频谱

2. 采样频率 f_s 对随机共振效应的影响

在大参数信号系统中，当其他参数固定、仅有采样频率变化时，系统输出信噪比变化曲线如图 3.22 所示。

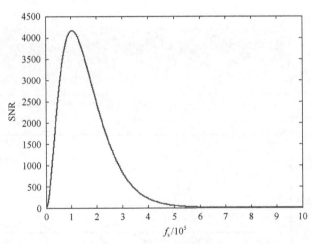

图 3.22　系统输出信噪比随采样频率变化曲线

从图 3.22 中可以看出，系统输出信噪比随采样频率的增加快速上升，到达一个峰值后又随采样频率的增加而降低，即随机共振系统存在一个最佳采样频率，使得在该采样频率下系统输出信噪比最大。由图可知，系统中信号的最佳采样频率 $f_s = 100000\text{Hz}$。当信号采样频率在最佳采样频率附近时，系统输出信噪比仍然很大，不会对随机共振效应造成影响。

例如，当信号采样频率 $f_s = 1000f_1$ 时，随机共振系统输出波形如图 3.23 所示。可以看出，信号频率仍能够被检测出来，信号波形也可被还原。

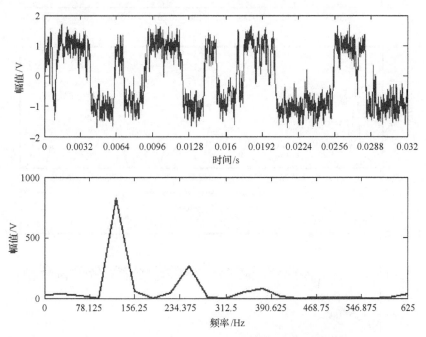

图 3.23　采样频率 $f_s = 1000f_1$ 时系统输出波形和频谱

而当采样频率 $f_s = 300f_1$ 和 $f_s = 10000f_1$ 时，系统输出信噪比非常低，此时随机共振系统输出波形如图 3.24 所示。

由图 3.24 可以看出，系统因为信号采样频率太低或太高而发散，即使在其他参数匹配的情况下，也无法将微弱信号检测出来。即使双稳系统结构参数、信号频率、信号幅值、噪声强度达到了最佳匹配，但如果采样频率选取不当，也将影响系统的随机共振效应，无法检测出微弱信号。

利用随机共振理论在信噪比较低的情况下进行微弱信号检测具有独特的优势，其关键是实现系统、信号、噪声之间的最佳匹配。此外，信号采样频率也影响随机共振效应，因此若要提高随机共振系统的微弱信号检测性能，应选取适当的采样频率。

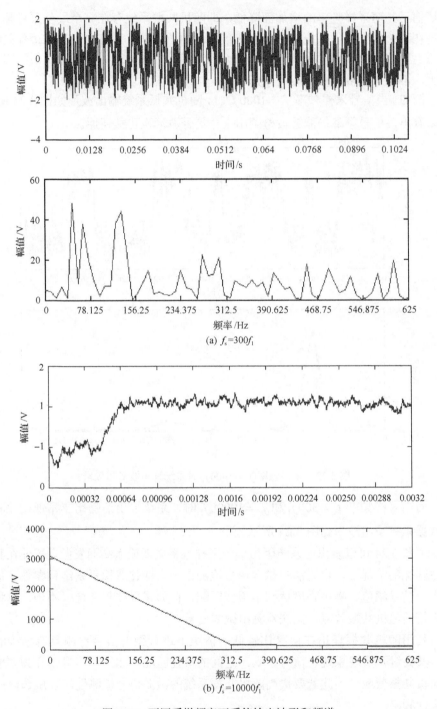

(a) $f_s=300f_1$

(b) $f_s=10000f_1$

图 3.24 不同采样频率下系统输出波形和频谱

3.5.4　基于遗传算法的自适应级联随机共振微弱特征提取

经典随机共振受绝热近似理论限制只适用于小参数信号的检测，采用二次采样的变步长随机共振虽然突破了小参数信号的限制，但其参数及压缩尺度比的选取极大地依赖于人为经验。因此，本节提出一种基于遗传算法的自适应级联随机共振算法，可实现大参数下随机共振最优输出的自适应求解。该方法中以双稳随机共振系统的输出信噪比作为遗传算法的适应度函数，同步优化随机共振的结构参数和数值计算的步长，最终可实现大参数条件下微弱信号的有效提取。

大量实践表明，微弱信号经过单个双稳系统所产生的共振效果有时并不理想，而如果将多个双稳系统串联起来组成级联双稳系统，如图 3.25 所示，信号经过随机共振系统后，输出谱能量将向低频区域转移，信号经过级联双稳系统后高频信号的能量逐级向低频区域转移，高频成分逐级被削弱从而使共振效果得到增强。表现在时域波形图上，即具有良好的降噪和"整形"效果。

图 3.25　级联双稳系统示意图

图 3.25 中，$x_i(t)$（i 为正整数）分别为各级双稳随机共振系统 $U_i(x)$ 的输出信号。设第一级随机共振系统的输入信号即原始信号为待检测信号 $s(t)$ 和噪声信号 $n(t)$ 的混合信号，则余下各级系统所对应的数学模型可描述为

$$\begin{cases} x_1' = a_1 x_1 - b_1 x_1^3 + s(t) + n(t) \\ x_2' = a_2 x_2 - b_2 x_2^3 + x_1(t) \\ x_3' = a_3 x_3 - b_3 x_3^3 + x_2(t) \\ \quad\vdots \\ x_i' = a_i x_i - b_i x_i^3 + x_{i-1}(t) \end{cases}$$

式中，a_i 和 b_i 分别对应于各级双稳系统 $U_i(x)$ 的结构参数，原始信号输入第一级随机共振系统后的输出响应作为第二级双稳系统的输入信号，依此类推，第 i 级系统的输入信号为第 $i-1$ 级系统的输出信号。

遗传算法模拟生物界的遗传机制和生物进化理论，对群体中的所有个体不断使用选择、交叉和变异三种操作，根据适应度函数值对遗传后代进行评估，使种群的进化逐渐接近特定目标，即获得问题的最优解。

遗传算法的四个基本构成要素包括染色体编码、个体适应度评价、遗传算子和基本运行参数。

1. 染色体编码

应用遗传算法处理问题时，需要将其解空间中的可行解转换成遗传算法所能处理的搜索空间中的基因型串结构数据，这种转换过程称为编码。与编码相反，从搜索空间基因型串结构数据到解空间表现型数据的转化称为解码。不同的编码方式将影响个体染色体的排列方式、解码过程和遗传算子的运算，因此良好的编码方式将使遗传算法的执行效率更高。目前，应用较多的编码方式主要有二进制编码、格雷码、浮点数编码和符号编码。

二进制编码的编码符号集为二值符号集{0,1}，编码过程简单易行，解码简单且有利于交叉和变异等遗传算子的实现。但它无法全面反映所求问题的结构特征，在处理一些多维问题时很难平衡编码长度和求解精度之间的关系，较长的编码长度能得到较高的精度，但编码长度过长，会降低算法的运算效率。

格雷码的两个整数所对应的编码值之间只有一个码位的值不同，对应于这个不同码位的参数值的差别也很微小，这样算法的局部搜索能力就得到了增强。

浮点数编码直接对待优化问题进行运算，不用进行数制转换，适用于精度要求高、搜索空间大的优化问题。

符号编码用没有实际数值意义的符号集来编码，常配合其他编码方式使用，其他编码方式还有多参数级联编码、混合编码和多参数交叉编码等。

2. 个体适应度评价

在遗传算法的搜索过程中，基本不利用外部信息，仅用适应度函数来评价个体对环境的适应能力，并以此为依据进行后续的遗传操作。经典遗传算法采用赌轮选择机制，个体适应度的大小与该个体被遗传到下一代群体中的概率成正比。由于要计算每个个体的遗传概率，所以必须保证每个个体的适应度非负。如果目标函数为负值，那么需要确定好目标函数到个体适应度之间的映射关系。

求解适应度函数一般有两种方式：一种是求解待优化问题的全局最大值；另一种是求解全局最小值。下面分别对这两种情况的目标函数 $f(x)$ 按某种映射规则获取适应度函数 $F(x)$。

(1)求解待优化问题的全局最小值：

$$F(x) = \begin{cases} c_{\max} - f(x), & f(x) < c_{\max} \\ 0, & 其他 \end{cases} \tag{3.1}$$

式中，$c_{\max}$ 为 $f(x)$ 的最大值估计。

(2)求解待优化问题的全局最大值：

$$F(x) = \begin{cases} f(x) - c_{\min}, & f(x) > c_{\min} \\ 0, & \text{其他} \end{cases} \tag{3.2}$$

式中，$c_{\min}$ 为 $f(x)$ 的最小值估计。

为了维护种群的多样性，提高种群个体之间的竞争性，在算法的不同阶段，有时需要对适应度函数进行尺度变换，常用的变换方法有线性尺度变换、乘幂尺度变换和指数尺度变换。

3. 遗传算子

遗传算子主要包括三个，即选择算子、交叉算子和变异算子。选择算子是利用个体适应度值的大小从当前种群中选出优良的个体，即以当前种群作为父代繁殖后代。常用的选择算子是比例算子(proportional model)，它按正比于个体适应度值的概率来选择相应的个体。假设某种群规模为 M，个体 i 的适应度值为 F_i，则个体 i 被选中的概率 P 为

$$P = \frac{F_i}{\sum\limits_{i=1}^{M} F_i}, \quad i = 1, 2, \cdots, M \tag{3.3}$$

其他常用的选择算子还有最优保存策略选择算子、期望值选择策略选择算子、排序选择算子和随机联赛选择算子等。

交叉算子用于组合父代个体染色体的相关基因以产生新的个体，它是遗传算法的核心并决定遗传算法的收敛性。在进行交叉运算之前需要先对个体进行配对(一般是随机配对)，个体编码串中的优良模式不能有太多的破坏并且能有效地产生出一些较好的新个体，以保证遗传算法能在解空间中进行有效搜索。常用的交叉算子有单点交叉算子、两点交叉算子和均匀交叉算子。

(1)单点交叉是在随机配对的两个个体基因中随机设置一个交叉点，然后以一定的交叉概率 P_c 交换两个个体交叉点前后两部分基因结构。假设从二进制编码的种群中选取两个个体 A、B，并取 "，" 为交叉点。经单点交叉运算后产生新个体 A'、B'，运算过程如下：

$$A = (1100, 0010), \quad A' = (1011, 0010)$$
$$B = (1011, 1101), \quad B' = (1100, 1101)$$

(2)两点交叉是在两个个体基因中随机设置两个交叉点，然后以交叉概率交换两个个体的两点之间的基因结构。

(3)均匀交叉是将种群中的个体部分按照相同的概率进行交叉变换，然后得到两个新个体。

为了避免有效基因的缺损而造成算法早熟，需要引入变异算子。个体基因串上某一个基因座上的基因以一定概率 P_m（变异概率）转化为其他等位基因，产生新个体的过程就是通过变异算子来实现的。假设有某二进制编码的个体 A_1，加下划线"_"的为变异点，经变异运算后得到新个体为 A_1'，即

$$A_1 = (1011\underline{1}001)，\qquad A_1' = (1011\underline{0}001)$$

4. 基本运行参数

基本运行参数有个体编码长度、种群规模、终止迭代代数、交叉概率和变异概率。

(1)个体编码长度 l。当使用二进制编码时，编码长度取决于求解精度；当使用浮点数编码时，编码长度与决策变量个数 n 有关。

(2)种群规模 M。种群包含的个体数目，其大小会影响算法的运行效率。种群太小不利于种群的进化，种群过大会降低算法的运行效率。种群规模通常取 $20\sim100$。

(3)终止迭代代数 T。终止迭代代数即算法的最大迭代代数，通常取 $100\sim500$，表示算法迭代到最大次数后停止，并输出最优个体。

(4)交叉概率 P_c。种群主要通过交叉运算得到新个体，所以交叉概率应取较大值，但是取值太大，会影响群体的优良模式，取值太小，群体的进化速度会很慢，通常取 $049\sim0.99$。

(5)变异概率 P_m。变异概率主要用于维护种群的多样性，提高个体竞争性，通常取 $0.0001\sim0.1$。

遗传算法的基本运算步骤如图 3.26 所示。

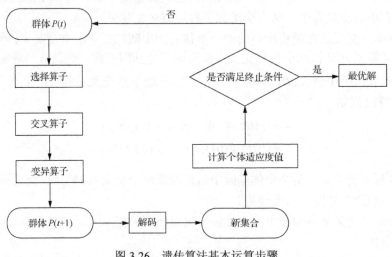

图 3.26　遗传算法基本运算步骤

（1）初始化。通过初始化从种群中随机选择 M 个个体产生初始群体，并设置进化代数计数器 I 和终止进化代数 T。

（2）计算个体适应度值。根据适应函数计算种群各个体适应度值。

（3）选择合适的选择算子。

（4）选择合适的交叉算子。

（5）种群经变异算子作用产生新的种群。

（6）终止条件：如果 $i < T$，则 $i = i + 1$，并转到（2）；如果 $i > T$，则输出进化过程中适应度值最大的个体。

在遗传算法的优化过程中需要对个体的优劣进行评价，评价指标就是适应度，以各个体的适应度大小来引导进化和优化搜索。因此，可以将适应度函数对应于目标优化函数，并选择随机共振系统的输出信噪比作为适应度函数。设适应度函数为

$$F(a,b,h) = \mathrm{SNR}_{\mathrm{out}}(\mathrm{sr}(a,b,h)) \tag{3.4}$$

式中，$\mathrm{sr}(a,b,h)$ 为自适应随机共振的输出结果；$\mathrm{SNR}_{\mathrm{out}}(\mathrm{sr}(a,b,h))$ 为随机共振的输出信噪比。

随机共振系统的输出信噪比定义为

$$\mathrm{SNR} = 10\log_2 \frac{S(F_0)}{P - S(F_0)}$$

式中，F_0 为待测信号频率；$S(F_0)$ 为信号功率；P 为包括信号功率和噪声功率的系统总功率；$P - S(F_0)$ 为噪声功率。

假设输入信号为 $A\sin(2\pi F_0 t) + n(t)$，信号的采样频率为 F_s，采样点数为 N，二次采样频率为 F_{sr}，则输出信号 $\mathrm{sr}(a,b,h)$ 中的频率分量 $F_0' = F_0 F_{\mathrm{sr}} / F_s$ 对应于待测频率 F_0。

$$F(a,b,h) = \mathrm{SNR}_{\mathrm{out}} = 10\log_2 \frac{2|X(k_0)|^2}{\sum\limits_{k=0}^{N-1}|X(k)|^2 - 2|X(k_0)|^2}$$

基于遗传算法的级联随机共振方法就是利用遗传算法依次对级联随机共振系统中各级系统的结构参数和数值计算步长进行优化，自适应地选取最佳参数，从而实现大参数信号的检测，该方法的示意图如图 3.27 所示，该方法的流程图如图 3.28 所示。

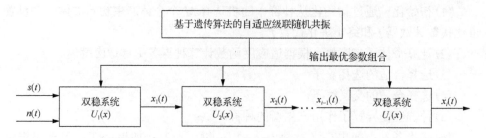

图 3.27　基于遗传算法的级联随机共振方法示意图

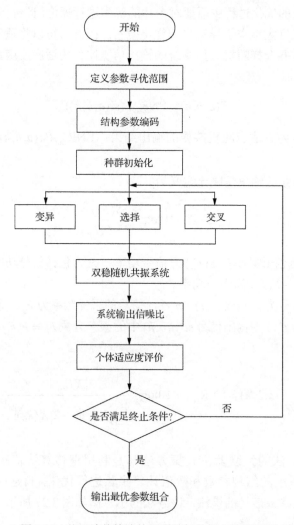

图 3.28　基于遗传算法的级联随机共振方法流程图

基于遗传算法的自适应级联随机共振方法的流程如下：

(1)设定参数搜索范围后对其进行二进制编码。

(2)初始化遗传算法，分别给遗传算法的 4 个运行参数设置恰当的值。

(3)以每个个体对应的参数作为随机共振系统参数进行数值计算，求解出输出信号的信噪比，并对其进行适应度评价。

(4)根据第(3)步计算得到的适应度值按赌轮选择机制选择优良个体，并执行交叉、选择、变异等操作，产生新的个体。

(5)判断当前的迭代代数是否达到最大进化代数或者是否满足精度要求，若满足条件，则停止迭代并输出最优的参数，否则，继续迭代直至满足迭代停止条件，输出最优参数。

(6)搜索到第一级随机共振系统的最优参数后，对原始信号进行随机共振得到第一级随机共振输出，然后以第一级系统的输出作为第二级系统的输入，重复执行第(2)步和第(3)步，依此类推，直至求出各级系统最优参数。

选用型号为 6205-2RS JEM SKF 的深沟球轴承，在其内圈上用电火花加工出单点故障，故障直径为 0.178mm，电机转速 $n=1772$r/min，数据采集采用振动加速度传感器，采样频率 $f_s=12$kHz，采样点数 $N=8192$。可以计算得出内圈的故障特征频率 $f_0=159.9$Hz，原始信号的时域波形和频谱如图 3.29 所示，图中完全无法辨识出故障频率，信噪比 SNR= − 64.6793。

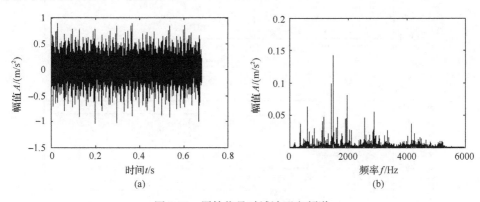

图 3.29　原始信号时域波形和频谱

对该实测信号进行级数为 3 的基于遗传算法的自适应级联随机共振处理。遗传算法参数为：个体数目 $M=10$，$p_c=0.5$，$p_m=0.01$，进化代数为 50。第一级系统参数 a、b、h 的搜索范围分别为[7, 9]、[1000, 4000]和[0.05, 0.09]，图 3.30(a)为第一级系统参数优化的迭代收敛曲线，从图中可以看出，经过 37 次迭代算法收敛，最优参数组合为 $a=8.733$，$b=3600$，$h=0.09$，此时的信噪比 SNR= −13.88。第二级系统参数 a、b、h 的搜索范围分别为[4, 8]、[8000, 10000]和[0.01, 0.09]，

图 3.30(b)为第二级系统参数优化的迭代收敛曲线，从图中可以看出，经过 19 次迭代算法收敛，输出的最优参数组合为 $a=7.733$，$b=10000$，$h=0.09$，此时的信噪比 SNR=−13.85。第三级系统参数 a、b、h 的搜索范围分别为[0.03, 0.12]、[100, 6000]和[0.01, 0.9]，图 3.30(c)为第三级系统参数优化的迭代收敛曲线，从图中可以看出，经过 28 次迭代算法收敛，输出的最优参数组合为 $a=0.12$，$b=3640$，$h=0.603$，此时的信噪比 SNR=−9.179。

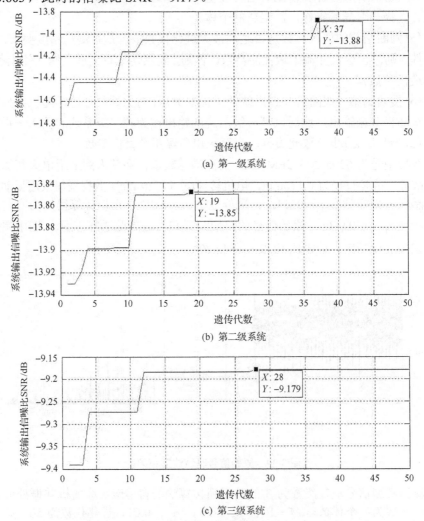

图 3.30　基于遗传算法的级联随机系统迭代收敛曲线

　　以自适应算法输出的各级系统最优参数为系统的结构参数，分别得到一级、二级、三级基于遗传算法的级联随机共振信号如图 3.31 所示。对比图可以看出，经过级联系统后，原信号中的高频噪声几乎被完全去除，低频部分得到明显的加强，尤其是在第三级系统的输出中，由于高频能量不断转向低频，特征频率已相当明显。

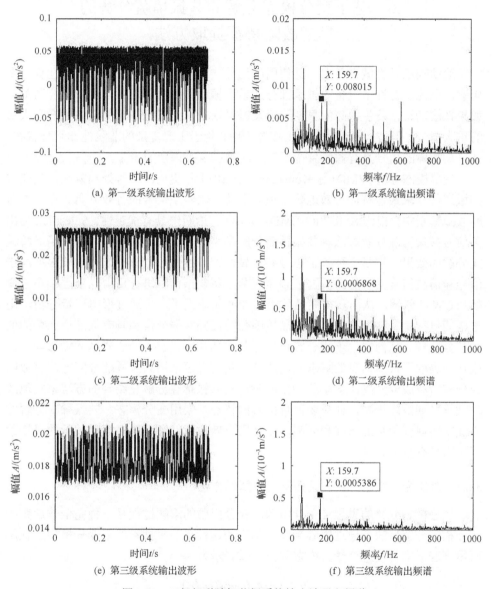

图 3.31　三级级联随机共振系统输出波形和频谱

　　本节提出的基于遗传算法的级联随机共振算法，实现了大参数下随机共振最优系统参数的自适应求解。对仿真数据和工程实测数据的系统输出结果分析表明，该方法能在一定程度上削弱高频噪声，并能快速、准确地突出低频待测信号。

3.6　基于变分模态分解和共振稀疏分解的早期故障特征提取方法

　　滚动轴承是机械设备中广泛使用的元件，对设备的运行稳定和安全性有重要影响，因此，对许多设备的轴承部分加装了振动传感器，以对其进行监控监测。如果在滚动轴承发生故障的早期阶段及时更换轴承，就可以避免造成生产和人员的重大损失。但是，滚动轴承在工作过程中，处于工况复杂的非线性非平稳状态，其早期故障的信号具有弱信息特征，造成难以及时识别的困难。

　　变分模态分解（VMD）是 Konstantin 于 2014 年提出的信号处理方法，其通过频域迭代寻求最佳解，有效地防止模态混叠，来实现信号的有效分离。在机械碰摩故障诊断中，相比 EMD 和 EEMD，VMD 在诊断中具有优越性。Selesnick 提出了信号共振稀疏分解方法。共振稀疏分解是小波变换方法的改进，考虑了经验模式分解的效果，它是一种基于信号共振属性的非线性信号分析方式，即根据冲击信号和谐波信号具有的品质因子 Q 的差别，将复杂信号进行可调品质因子小波变换（TQWT）分解，从而获得高品质因子和低品质因子，再通过形态分量分析，用拉格朗日搜索算法分离出具有高品质因数的高频共振分量和具有低品质因数的低频共振分量。陈向民、于德介等将信号共振稀疏分解引入转子碰摩故障诊断中，成功地提取了故障信息的瞬态冲击成分。张文义等采用共振稀疏分解方法将故障成分和谐波成分分离。张勇等采用 EEMD 与共振稀疏分解相结合的方法来实现滚动轴承早期故障诊断，针对弱信息信号的特点，采用变分模态和共振稀疏分解的方法来实现弱信息的增强和分离，以获取有效故障特征，这对滚动轴承的早期故障诊断具有重要意义。

3.6.1　基于变分模态分解和共振稀疏分解的方法

　　变分模态分解的思想是变分问题，变分问题的求解过程是一种完全非递归的变分模态分解算法。通过中心频率和带宽的迭代更新来搜索约束变分模型最佳解而得到若干窄带模态分量。模态函数可以表示为

$$u_k(t) = A_k(t)\cos(\varphi_k(t))$$

具体分解过程为：

　　（1）将各个 $u_k(t)$ 求希尔伯特变换，获得其边际谱。

　　（2）通过指数修正，使得各模态函数的频谱至各自估计的中心频带上。

　　（3）计算上述信号的梯度的二范数，对信号解调估算各模态函数的带宽。

　　变分约束问题可表示为

$$\min\left\{\sum_k\left\|\partial_t\left[\left(\sigma(t)+\frac{\mathrm{i}}{\pi t}\right)u_k(t)\right]\mathrm{e}^{-\mathrm{i}\omega_k t}\right\|_2^2\right\}$$

$$\text{s.t.}\quad\sum_k u_k=f$$

式中，$\{u_k\}=\{u_1,u_2,\cdots,u_k\}$ 代表 k 个模态分量；$\{\omega_k\}=\{\omega_1,\omega_2,\cdots,\omega_k\}$ 表示 k 个中心频率。

为求取(2)的最优解，引入惩罚参数 α 和拉格朗日乘子 λ。增广拉格朗日函数为

$$L\left(\{u_k\},\{\omega_k\},\lambda\right)=\alpha\sum_k\left\|\partial_t\left[\left(\sigma(t)+\frac{\mathrm{i}}{\pi t}\right)u_k(t)\right]\mathrm{e}^{-\mathrm{i}\omega_k t}\right\|_2^2$$
$$+\left\|f(t)-\sum_k u_k\right\|_2^2+\left\langle\lambda(t),(t)-\sum_k u_k\right\rangle$$

求解上述增广拉格朗日函数的极小值的过程如下：

(1)初始化 $\{u_k^1\}$、$\{\omega_k^1\}$、$\{\lambda^1\}$，且令 $n=0$；

(2)$n=n+1$，$k=k+1$ 执行整个循环；

(3)更新 u_k 和 ω_k；

$$\hat{u}_k^{n+1}(\omega)=\frac{\hat{f}(\omega)-\sum_{i\neq k}\hat{u}_i(\omega)+\dfrac{\hat{\lambda}(\omega)}{2}}{1+2\alpha(\omega-\omega_k)^2}$$

$$\omega_k^{n+1}=\frac{\displaystyle\int_0^\infty\omega\left|\hat{u}_k(\omega)\right|^2\mathrm{d}\omega}{\displaystyle\int_0^\infty\left|\hat{u}_k(\omega)\right|^2\mathrm{d}\omega}$$

(4)更新 λ，即

$$\hat{\lambda}^{n+1}(\omega)\leftarrow\hat{\lambda}^n(\omega)+\tau\left(\hat{f}(\omega)-\sum_k\hat{u}_k^{n+1}(\omega)\right)$$

(5)返回(2)重复上述算法，直到达到

$$\sum_k\hat{u}_k^{n+1}-\left\|\hat{u}_k^n\right\|_2^2\Big/\left\|\hat{u}_k^n\right\|_2^2<\varepsilon$$

信号的共振属性用品质因子 Q 表示，其定义为 $Q=\dfrac{f_c}{\text{BW}}$，其中 f_c 为信号频率，BW 为带宽。

由传感器采集的信号主要由以下部分组成：机械系统本身振动产生的谐波信

号和噪声成分，其具有较大的品质因子、较高的频率聚集性；故障产生的瞬态冲击信号，其具有较小的品质因数、较高的时间聚集性。

品质因子可调小波变换具有完全离散、完美重构、适度完备等特征，由两通道滤波器组实现，如图 3.32 所示。

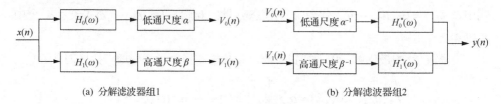

(a) 分解滤波器组1　　　　　　　　　　　(b) 分解滤波器组2

图 3.32　两通道滤波器组

图 3.32 中，α 为低通滤波器尺度因子，$\alpha = 1 - \beta/r$，r 为冗余度；β 为高通滤波器尺度因子，$\beta = 2/(Q+1)$。L 层共振稀疏分解如图 3.33 所示，V_h^L 为信号经过第 L 层分解获得的高频系数；V_1^L 为信号经过第 L 层分解获得的低频系数，其中 $j = 1, 2, \cdots, L$。

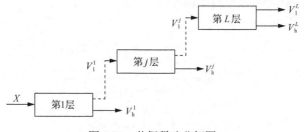

图 3.33　共振稀疏分解图

假定观测信号 x 由具有高品质因子的信号 x_1 和具有低品质因子的信号 x_2 构成，即

$$x = x_1 + x_2, \quad x, x_1, x_2 \in \mathbf{R}^N$$

利用形态分量分析将信号按照共振属性进行稀疏分解，假设 x_1 和 x_2 分别用基函数库 S_1 和 S_2 表示，建立的目标函数为

$$J(\omega_1, \omega_2) = \|x - S_1 W_1 - S_2 W_2\|_2^2 + \lambda_1 \|W_1\|_1 + \lambda_2 \|W_2\|_1$$

式中，W_1、W_2 分别为基函数库 S_1 和 S_2 下的变换系数；λ_1、λ_2 为归一化参数，λ_1 和 λ_2 的大小会对所对应的高品质因子和低品质因子的能量分配产生影响。

对于具有相同共振属性的小波，分解级数不同，对应的小波能量也不同，为了使分解更加稀疏，可以将目标函数改写为

$$J(\omega_1,\omega_2)=\left\|x-S_1W_1-S_2W_2\right\|_2^2+\sum_{j=1}^{J_1+1}\lambda_{1,j}\left\|W_{1,j}\right\|_1+\sum_{j=1}^{J_2+1}\lambda_{2,j}\left\|W_{2,j}\right\|_1$$

一般采取分裂增广拉格朗日搜索算法(SALSA)，通过不断更新迭代系数矩阵 W_1、W_2 来使 J 最小。

3.6.2　基于变分模态分解和共振稀疏分解的故障特征提取模型

由于滚动轴承早期故障信息微弱，同时轴承在运行中处于强噪声环境，所以难以提取故障早期信息。基于变分模态分解和共振稀疏分解的故障特征提取流程如下：

(1)采集轴承部位振动信号，对原始振动信号进行变分模态分解获得一系列模态分量。

(2)计算模态分量的峭度，按照峭度最大准则选取模态分量进行共振稀疏分解。

(3)根据模态分量，分别选取高品质因子 Q_1、低品质因子 Q_2(一般取 $Q_2=1$)，以及与之对应的冗余度 r_1、冗余度 r_2(一般取 3 或 4)和分解层数 J_1、分解层数 J_2。获得包括谐波成分的高品质因子分量和冲击成分的低品质因子分量。

(4)对包含冲击成分的低频共振分量进行 Teager 能量幅值谱分析，获得故障的特征频率。

故障特征提取步骤如图 3.34 所示。

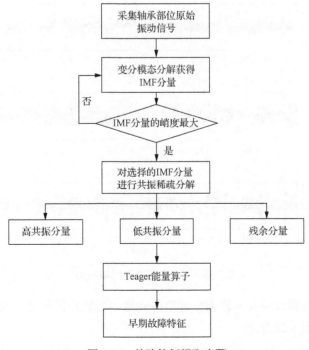

图 3.34　故障特征提取步骤

3.6.3 故障特征提取方法在滚动轴承上的试验验证

采集来自于美国凯斯西储大学滚动轴承故障数据，滚动轴承的型号为 SKF6205，其尺寸参数如表 3.3 所示。在无负载情况下，转子速度为 1797r/min，采样频率为 12000Hz。采用针对内圈故障、外圈故障和滚动体故障的驱动端数据，分别截取长度为 4096 的信号，并设置故障的标签分别为 1、2 和 3。滚动轴承故障时域波形如图 3.35 所示。

$$f_{IR} = f_r \times \frac{z}{2}\left(1 + \frac{d}{D}\cos\alpha\right), \quad f_{OR} = f_r \times \frac{z}{2}\left(1 - \frac{d}{D}\cos\alpha\right)$$

由上式计算得到滚动轴承的内圈、外圈故障频率分别为 162.19Hz、107.3Hz。

表 3.3　深沟球轴承参数

内圈直径/mm	外圈直径/mm	滚动体直径/mm	个数	接触角度/(°)
25.0012	51.99888	8.1818	9	0

滚动轴承故障的时域波形中由于噪声和谐波成分的存在，难以提取有效的信息。

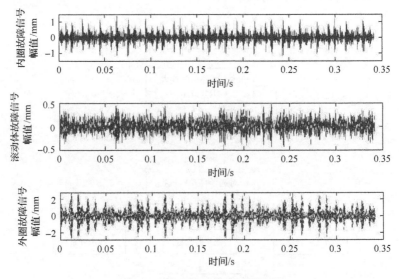

图 3.35　滚动轴承故障时域波形

滚动轴承内圈故障变分模态分解模态分量、高频共振分量和低频共振分量分别如图 3.36～图 3.38 所示。

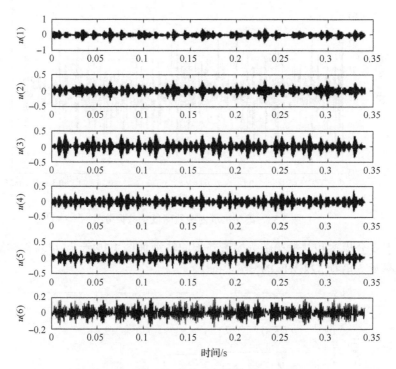

图 3.36　滚动轴承内圈故障变分模态分解模态分量

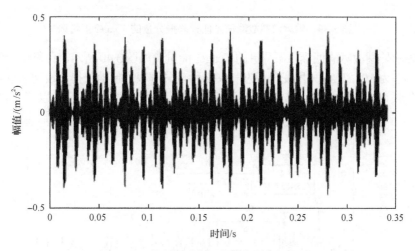

图 3.37　滚动轴承内圈故障高频共振分量

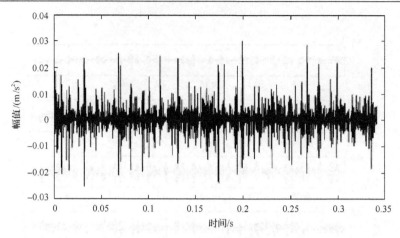

图 3.38　滚动轴承内圈故障低频共振分量

基于变分模态和共振稀疏分解所获得的特征如图 3.39 所示,可获得转动频率、故障频率及 2 倍频 322.3Hz 的信号特征。

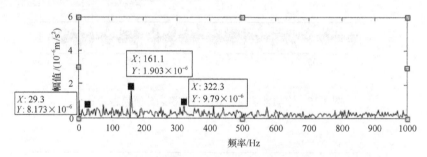

图 3.39　轴承内圈故障信号低频共振分量的 Teager 能量谱

轴承外圈故障的低频共振分量的 Teager 能量谱如图 3.40 所示,计算得到外圈的故障频率为 107.3Hz,采用变分模态和共振稀疏分解很方便地获得了滚动轴承外圈故障 1 倍频 108.4Hz、二倍频 213.9Hz 的信号特征,解决了弱信息特征难以获取的难题。

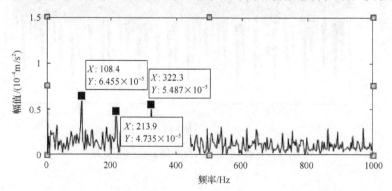

图 3.40　轴承外圈故障信号低频共振分量的 Teager 能量谱

滚动轴承早期故障特征具有微弱信息的特点，故障特征信息难以有效地提取影响了早期故障诊断的有效性。本节应用变分模态和共振稀疏分解的故障特征提取方法，采集来自于故障部位的振动信号，进行变分模态分解，计算模态分量的峭度，按照峭度最大原则选择模态分量进行稀疏共振分解，计算其低频共振分量的 Teager 能量幅值谱，快速方便地获得故障的特征频率，为滚动轴承的早期故障诊断提供了思路。

3.7　基于广义形态滤波和变分模态分解的故障特征提取

在对滚动轴承的初期故障信号进行处理分析时，现场获取到的信号常常夹杂着许多噪声，微弱的故障特征被噪声信息覆盖，为了降低噪声对变分模态分解结果的影响，本节采用广义形态滤波和变分模态分解相结合的方法获取故障特征。首先选取广义形态滤波对初始信号进行消噪预处理，去除噪声的影响；然后对消噪后的信号进行变分模态分解，获取一系列模态分量，按照峭度准则和相关系数选取故障信息最为丰富的模态分量进行包络分析，获取其包络谱，由包络谱获得滚动轴承故障信号的特征频率及其倍频。分析结果表明，此方法可以有效降低噪声对故障信号特征提取的影响，得到明显的故障特征信息。

数学形态学通过预先选定结构元素的方式对信号进行预处理，从而消除信号中的噪声部分，有效完整地保留了待处理信号。膨胀、腐蚀、开运算及闭运算四种基础算法是数学形态学的理论基础，通过对四种运算进行不同组合可以形成全新的形态学方法。

设输入时间序列 $f(n)$ 为定义在 $F=(0,1,\cdots,N-1)$ 上的离散函数，结构元素 $g(n)$ 为定义在 $G=(0,1,\cdots,M-1)$ 上的离散函数，其中 $N \geqslant M$，那么 $f(n)$ 对于 $g(n)$ 的腐蚀、膨胀运算[51,52]可以分别用下面的公式表达：

$$(f \ominus g)(n) = \min(f(n+m)-g(m))$$

$$(f \oplus g)(n) = \max(f(n-m)+g(n))$$

式中，$n=0,1,\cdots,N-1$，$m=0,1,\cdots,M-1$。

根据腐蚀、膨胀运算可以获取 $f(n)$ 对于 $g(n)$ 的开、闭运算，分别为

$$(f \circ g)(n) = [(f\ominus g)\oplus g](n)$$

$$(f \bullet g)(n) = [(f \oplus g)\ominus g](n)$$

式中，$\ominus$、$\oplus$、$\circ$、$\bullet$ 分别代表腐蚀运算、膨胀运算、开运算和闭运算。

四种运算方式对噪声的处理都有一定的效果，然而由于运算方式的不同，处理的效果也有所区别。例如，开运算主要用来过滤掉噪声的波峰部分，同时能消除一些孤立点和毛刺；由对称性可知，闭运算滤除的是噪声的波谷部分。可以用表 3.4 说明四种方法的去噪特点。

表 3.4　四种运算的去噪对比

运算	正冲击	负冲击
膨胀	平滑	抑制
腐蚀	抑制	平滑
开运算	抑制，平滑	保留
闭运算	保留	抑制，平滑

传统形态滤波器对噪声的去除效果并不十分彻底，由于运用了相同尺寸的结构元素，滤波器的输出结果也会出现输出偏移的问题。为了解决上述问题，利用不同尺寸的结构元素相结合(三角形和圆形两种结构元素)形成的开闭和闭开的广义形态滤波器不但解决了输出偏移的问题，而且有着更为显著的降噪效果。

设输入时间序列 $f(n)$ 为定义在 $F=(0,1,\cdots,N-1)$ 上的离散信号，$g_1(n)$ 和 $g_2(n)$ 分别为两种不同类型的结构元素，则广义形态滤波器的开闭和闭开可以表示如下：

$$\text{GOC}(f(n))=f(n)\circ g_1(n)\cdot g_2(n)$$

$$\text{GCO}(f(n))=f(n)\cdot g_1(n)\circ g_2(n)$$

对于广义形态滤波器，仍然运用了传统形态滤波器中的开、闭两种运算性质，所以两式中的滤波器依旧会出现输出偏移的问题，其中广义形态开闭滤波器会使输出偏小，而广义形态闭开滤波器会导致输出偏大。因此，对上面两种广义形态滤波器采取先加权后均值的处理方法，从而实现抑制输出偏移的现象，即

$$z(n)=\frac{\text{GOC}(f(n))+\text{GCO}(f(n))}{2}$$

尽管滤波得到的结果和形态学算法中的各种变换有缜密的联系，但是结构元素的差别对滤波最终结果也有着不同程度的影响。因此，如何选取合适的结构元素常常能够确定滤波的最终结果，也是本书着重分析处理的目标。在选取结构元素时，主要考虑的是结构元素的形状和尺寸，其中直线形、三角形、半圆形三种结构元素应用相对普遍。不同类型的结构元素对噪声的去噪效果也有很大差别，直线形和圆形结构元素在处理白噪声时可以得到很好的去噪效果，三角形结构元

素在对脉冲噪声去噪时有着强大的能力。对结构元素的长度也有一定的要求，结构元素的长度应该介于噪声长度和信号长度之间才能有效实现去噪效果，得到需要的有用信号。针对噪声干扰滚动轴承的振动信号，运用三角形和圆形结构元素组合在一起的方法进行滤波。

3.7.1 基于广义形态滤波和变分模态分解的故障特征提取模型

基于广义形态滤波和变分模态分解的滚动轴承故障诊断方法的具体步骤如下：

(1)利用广义形态滤波对初始信号进行消噪处理；

(2)对消噪的信号进行变分模态分解，获取一系列模态分量；

(3)通过计算各个模态分量的峭度值和相关系数来选取所需要的模态分量；

(4)对步骤(3)的模态分量进行包络谱分析，获取其频谱；

(5)把所得频谱和故障频率相比较，识别出故障的类型。

该方法的详细流程图如图 3.41 所示。

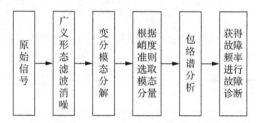

图 3.41 基于广义形态滤波和变分模态分解的滚动轴承故障诊断方法流程图

针对滚动轴承故障特征的特点，构造如下仿真函数来验证本书提出方法的有效性：

$$x(t) = x_1(t) + x_2(t) + x_3(t)$$

式中，$x_1(t)$ 为每周期冲击成分为 $2\mathrm{e}^{-800t}\sin(1000\pi t)$ 的周期信号，冲击周期为 0.00625s；$x_2(t)$ 为 $0.8\sin(150\pi t)\sin(2000\pi t)$ 的低频信号；$x_3(t)$ 为信噪比为 0.5dB 的白噪声；t=0～0.05s。冲击信号时域波形、故障仿真信号时域波形及其包络谱如图 3.42 所示。

经测试验证得到分解层数 K=7 时能有效分解该仿真函数，未出现过分解与欠分解的情况，分解得到的各模态分量的时域波形及对应的频谱图如图 3.43(a)所示。对该仿真函数进行经验模态分解并和变分模态分解进行比较分析，结果如图 3.43(b)所示。从图中可以明显分辨出变分模态分解在各中心频率处处理效果更好，没有出现经验模态分解的模态混叠效应。

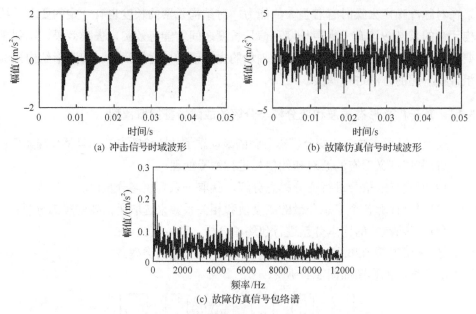

(a) 冲击信号时域波形　　　　　　　　(b) 故障仿真信号时域波形

(c) 故障仿真信号包络谱

图 3.42　仿真信号时域波形及其包络谱图

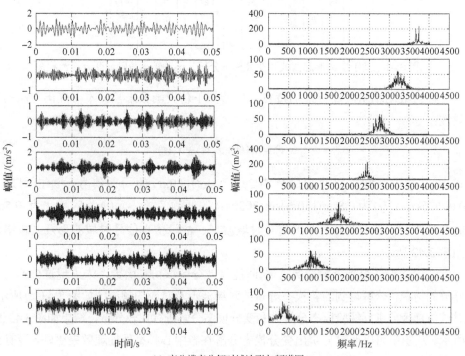

(a) 变分模态分解时域波形与频谱图

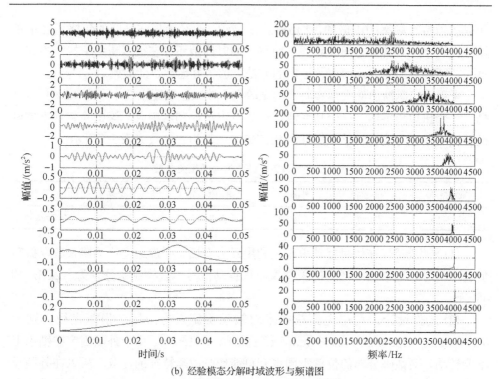

(b) 经验模态分解时域波形与频谱图

图 3.43　仿真信号各模态分量的时域波形与频谱

　　利用提出的方法，首先运用广义形态滤波对仿真信号进行消噪处理，其次对消噪处理后的信号进行变分模态分解，按照峭度值及相关系数最大原则选取第四个模态分量进行包络谱分析，得到的包络谱如图 3.44(a) 所示，经验模态分解的包络谱如图 3.44(b) 所示。从变分模态分解得到的模态包络谱图中能够显著地

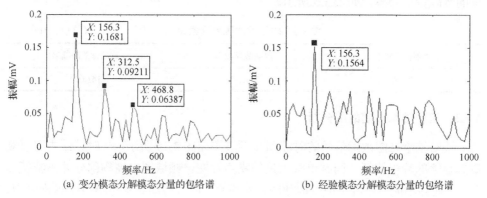

(a) 变分模态分解模态分量的包络谱　　　　　(b) 经验模态分解模态分量的包络谱

图 3.44　仿真信号包络谱对比分析

获取故障特征频率的 1 倍频、2 倍频及 3 倍频；而经验模态分解的包络谱图中故障特征频率与其倍频之间关系并不明显，同时周围还存在很多噪声干扰，不利于故障特征频率的提取。而本节提出的方法能够很好地解决此问题。

采用美国凯斯西储大学实验室的试验台，该试验装置主要由一个 1.5kW 电动机、一个扭矩传感器、一个功率测试计以及电子控制器构成，该试验装置支撑电机转轴的轴承为滚动轴承，型号为 SKF6205，其相关参数如表 3.5 所示。

表 3.5 SKF6205 轴承型号的相关参数

轴承型号	内圈直径	外圈直径	滚动体直径	滚动体个数	节径
SKF6205	25mm	52mm	8.18mm	9	44.2mm

(1)采集装置。在该目标轴承座上利用磁力安插一个加速度传感器来获取振动加速度信号；选取 16 通道的采集仪获取振动信号，采样频率分别为 12kHz 和 48kHz。

(2)试验设计。利用电火花技术对轴承实施人为损坏，损坏直径分别为 0.1778mm、0.3556mm、0.5334mm、1.016mm、1.016mm。由于外圈固定在轴承上不能转动，而故障分布的位置不同也有可能影响故障特征的提取，所以在外圈设置了 3 个不同的故障方位作为对照，分别为时钟的 3、6、12 点钟。电机的转速分别设置为 1797r/min、1772r/min、1750r/min、1730r/min，相应的对电机添加外界载荷分别为 0W、746W、1492W、2238W。

(3)数据选择。在采样频率为 12kHz、电机转速为 1797r/min、故障直径为 0.1778mm、电机载荷为 0W 的情况下，由第 2 章的内容可以得到内外圈以及滚动体的故障特征频率，如表 3.6 所示。

表 3.6 轴承的故障特征频率 （单位：Hz）

外圈故障频率	内圈故障频率	滚动体故障频率
107.305	162.185	141.090

3.7.2 滚动轴承外圈故障分析

滚动轴承外圈故障信号的时域图和频域图如图 3.45 所示，从时域图中可以观察到显著的冲击特征，同时也有大量的噪声存在，频域图中高频部分冲击特征显著，然而并不能得到各个成分的故障特征频率，而且转动频率也覆盖于噪声之中，不能分辨出故障类型。

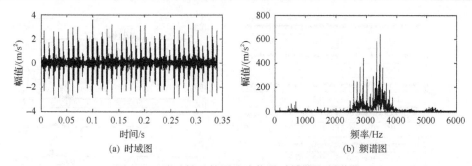

(a) 时域图　　　　　　　　　　(b) 频谱图

图 3.45　滚动轴承外圈故障信号时域图和频谱图

　　运用提出的方法对外圈故障信号进行去噪处理分析，去噪后的信号进行变分模态分解得到各模态分量如图 3.46 所示，根据峭度值及相关系数最大原则选取第五分量作为主分量，该分量不仅消噪效果显著，而且没有削弱信号的幅值部分以及冲击成分。对该分量进行包络谱分析结果如图 3.46(a) 所示。作为对照，对该信号进行经验模态分解，选取满足需求的分量进行包络谱分析，结果如图 3.46(b)所示。从包络谱中可以观察出经验模态分解的包络谱中只有 1 倍频没有转动频率而且幅值较小，说明本节提出的方法在消噪方面有显著的效果，几乎没有模态混叠的现象，能够轻易地找出转动频率为 29.3Hz，故障特征频率为 108.4Hz，与理论计算得到的 107.305Hz 基本相符，在误差范围以内，符合要求，表明该轴承外圈发生了故障。

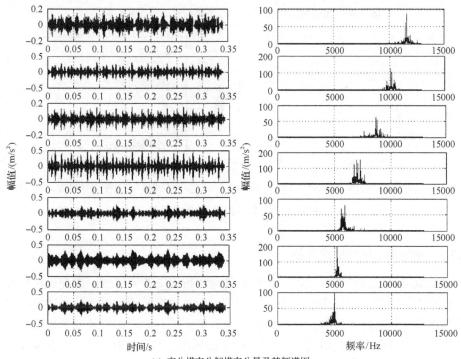

(a) 变分模态分解模态分量及其频谱图

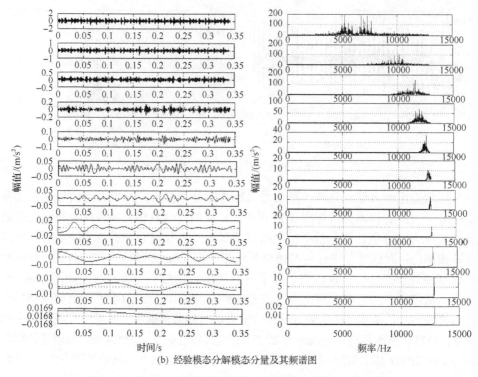

(b) 经验模态分解模态分量及其频谱图

图 3.46 滚动轴承外圈故障信号分解的模态分量和对应频谱

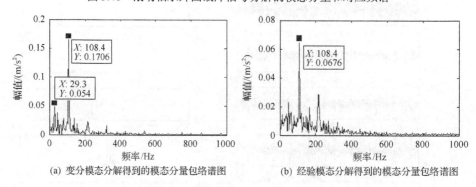

(a) 变分模态分解得到的模态分量包络谱图　　　　(b) 经验模态分解得到的模态分量包络谱图

图 3.47 外圈故障信号诊断结果对比

3.7.3 滚动轴承内圈故障分析

当滚动轴承内圈出现故障时，滚动体每运转一周就会出现一次冲击，故障点在轴承内部的载荷以周期性分布，因此信号会发生以转动频率为调制频率的幅值调制现象。获取到的内圈故障信号的时域图和频域图如图 3.48 所示。依旧运用本节提出的方法获取其包络谱图，如图 3.48(a)所示。作为对照，仍然做经验模态分解处理，其包络谱如图 3.48(b)所示。从图 3.48(a)中能够轻易地识别出转动频率的 2 倍频为 58.59Hz，故障特征频率为 161.1Hz，与理论计算得到的 162.185Hz 基本相符，在误差范围以内，符合要求，噪声成分也十分微弱，可以判断出该轴承是内圈发生了故障。由经验模态分解后的包络谱虽然也能得到故障特征频率的 1 倍频，但是仍有模态混叠的现象，而且消噪效果不明显，幅值也比本节提出的方法稍小。

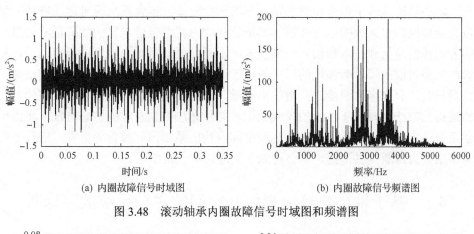

(a) 内圈故障信号时域图　　　　　　　　　(b) 内圈故障信号频谱图

图 3.48　滚动轴承内圈故障信号时域图和频谱图

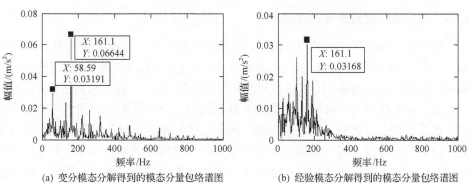

(a) 变分模态分解得到的模态分量包络谱图　　　(b) 经验模态分解得到的模态分量包络谱图

图 3.49　内圈故障信号诊断结果对比

第4章 基于流形学习的主轴故障诊断与状态识别

轴心轨迹是转子轴心相对于轴承座的运行轨迹，包含系统瞬时运动特征，可以直接体现机电系统的运行特征，其形状和动态特性包含丰富的故障征兆信息。随着现代信号处理技术和模式识别技术的不断发展，对轴心轨迹进行自动识别和诊断成为目前故障诊断领域的研究热点。许多科研人员对轴心轨迹提纯方法做了大量研究，有数字滤波器法、数学形态学、谐波小波变换和小波包等。这些轴心轨迹提纯方法需要转子故障的先验知识，并且无法得到直观的敏感特征。将流形学习方法应用于轴心轨迹在高维观测空间内找出系统内部蕴含的信息，进行分类和识别，为诊断提供依据，则会得到更加理想的识别结果。

4.1 基于轴心轨迹流形拓扑空间的主轴系统故障诊断

4.1.1 流形拓扑空间的基本原理

流形学习的主要目标是发现嵌入在高维数据空间中观测数据的低维光滑流形，主要有等距映射(ISOMAP)、局部线性嵌套(LLE)、海赛局部线性嵌套(Hessian locally linear embedding，HLLE)和局部切空间排列(LTSA)等。ISOMAP 在原始数据点上，用欧氏距离和邻域点之间的关联构造出一个有权图，再用这个有权图来估计出所有数据点之间测地线的距离，构造出的低维坐标仅仅是保持测地距离不变。LLE 则是寻找出每个数据点与其邻域点的线性组合关系，并且在低维空间中也保持低维嵌入坐标之间的这个线性组合关系不变。LTSA 将每个数据点所有的邻域点都投影到数据点在流形上局部的切空间，并且把所有局部坐标重新排列得到其在低维空间中的全局坐标。LTSA 通过逼近每一样本点的切空间来构建低维流形的局部几何空间，然后利用局部切空间排列求出整体低维嵌入坐标，得到小样本数据，其降维步骤如下：

(1)假设一个高维数据集为 $X = [x_1, x_2, \cdots, x_N]$，$x_i \in \mathbf{R}^m$，从中提取出一个 d 维（$m > d$）的主流形(即目标数据维数)，N 为样本点数，x_i 是样本 X 第 i 列的向量，$\mathbf{R}^m$ 是 m 维空间。首先采用 k 近邻分类器标准找出每个样本点 x_i $(i = 1, 2, \cdots, N)$ 的邻近点，选取包含该样本点 x_i 自身在内的 k 个最小距离近邻点作为邻域，并将该样本点 x_i 的近邻点组成一个邻域矩阵 $X_{Ni} = (x_{i1}, x_{i2}, \cdots, x_{ij})$ $(i = 1, 2, \cdots, N; j = 1, 2, \cdots, M)$，进而用邻域中低维切空间的坐标近似表示局部的非线性几何特征。

(2)通过变换矩阵 X 将各样本点邻域切空间的局部坐标映射到统一的全局坐标上进行局部线性拟合。计算每个样本点 x_i 处 d 维切空间的正交基 Q_i，根据正交基 Q_i 得到邻域矩阵 X_{Ni} 中每一个点 x_{ij} 在切空间的正交投影 $\theta_j^i = Q_i^{\mathrm{T}}(x_{ij} - \bar{x}_i)$，进而得到邻域矩阵 X_{Ni} 的局部坐标矩阵为 $\Theta_i = [\theta_1^i, \theta_2^i, \cdots, \theta_k^i]$ $(i = 1, 2, \cdots, N)$，则 x_i 邻域内的几何结构可由其邻域数据在切空间的正交投影所构成的局部坐标 $\Theta_i = [\theta_1^i, \theta_2^i, \cdots, \theta_k^i]$ 描述；其中，$\bar{x}_i = k^{-1} \sum\limits_{j=1}^{k} x_{ij}$ 为 k 个邻域的均值，正交基 Q_i 取 $X_{Ni} - \overline{x_i l_k}$ 前 d 个最大的左奇异矢量，l_k 表示在 i 点邻域内的局部排列矩阵。

(3)进行局部坐标整合，根据 N 个局部坐标矩阵 $\Theta_i = [\theta_1^i, \theta_2^i, \cdots, \theta_k^i]$，计算得到全局坐标矩阵 $\{\tau_i\}_{i-1}^n$，对于全部局部排列矩阵 $L_i \in \mathbf{R}^{d \times d}$ 和全局坐标矩阵 $T = [\tau_1, \tau_2, \cdots, \tau_n]$，全局坐标向量 $\tau_i = [\tau_{i1}, \tau_{i2}, \cdots, \tau_{ik}]$，通过优化全局坐标矩阵和局部坐标矩阵使全局重构误差最小，其误差总和为

$$\sum_i \|E_i\|_2^2 = \sum_i \left\| T\left(I - \frac{1}{k_i}ee^{\mathrm{T}}\right) - L_i\theta_i \right\|_2^2 \tag{4.1}$$

式中，I 为单位矩阵；e 为全 1 向量；L_i 为全部局部排列矩阵；k_i 为数据点数；E_i 为局部重构误差矩阵。

(4)进行低维全局坐标映射，将求解整体嵌入坐标问题转换为求解矩阵的特征值问题，从而实现高维数据的维数约简。令 $W_i = \left[I - (1/k)ee^{\mathrm{T}}\right](I - \theta_i^{\mathrm{T}}\theta_i)$，全局坐标 $T = [\tau_1, \tau_2, \cdots, \tau_n]$，并设 S_i 为 0-1 选择矩阵，则 $T_i = TS_i$，所有数据点邻域坐标转换误差总和为

$$\sum_i \|E_i\|_F^2 = \|TSW\|_F^2 \tag{4.2}$$

式中，$S = [S_1, S_2, \cdots, S_N]$，$W = \mathrm{diag}[W_1, W_2, \cdots, W_N]$，$\|\cdot\|_F^2$ 表示 Frobenius 范数的平方，θ_i^{T} 是 θ_i 的广义 Moor-Penrose 逆。为唯一地确定全局坐标 T，引入约束 $TT^{\mathrm{T}} = I_d$，令矩阵 $B = SWW^{\mathrm{T}}S^{\mathrm{T}}$，进行低维全局坐标映射；可以证明 e 是 $B = SWW^{\mathrm{T}}S^{\mathrm{T}}$ 矩阵的零特征值所对应的特征向量，即矩阵 B 的第 $2 \sim d+1$ 个最小特征值所对应的 d 个特征向量就是最优的 T，即高维数据集 X 中低维非线性嵌入流形的全局坐标映射。

1995 年，Cortes 和 Vapnik 以统计学习理论为基础，首先提出了支持向量机（support vector machine，SVM）算法。该算法是一种基于结构风险最小化原则的机

器学习方法，其基本思想为首先通过非线性变换，将原始空间中的所有数据映射到一个高维特征空间，然后在这个高维空间中寻找一个满足分类要求的最优分类超平面，使得该超平面两侧的空白区域最大化。

4.1.2　支持向量机

假定 n 个样本的训练集 $D = \{(x_i, y_i) \mid i = 1, 2, \cdots, n\}$，$x_i \in \mathbf{R}^n$，$y_i \in \{+1, -1\}$ 能被一个超平面 $H : w \cdot x + b = 0$ 没有错误地分开，并且离超平面最近的向量与超平面之间的距离是最大的，该超平面称为最优超平面，如图 4.1 所示，其中"□"和"○"分别表示两类训练样本。

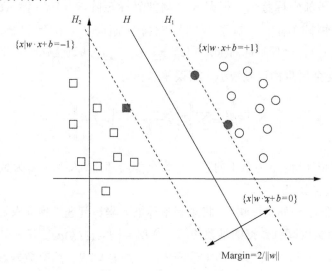

图 4.1　SVM 最优超平面

定义两个标准超平面 $H_1 : w \cdot x + b = +1$ 和 $H_2 : w \cdot x + b = -1$，其中，两个标准超平面之间的距离为分类间隔 Margin。因为点 (x_0, y_0) 到直线 $Ax + By + C = 0$ 距离的计算公式为 $\dfrac{|Ax_0 + By_0 + C|}{\sqrt{A^2 + B^2}}$，则 H_1 到分类超平面 $H : w \cdot x + b = 0$ 的距离为 $\dfrac{|wx + b|}{\|w\|} = \dfrac{1}{\|w\|}$。

为了保证最大化超平面的分类间隔，应该最小化 $\|w\|^2 = w^{\mathrm{T}} w$，并且保证 H_1 和 H_2 之间没有样本存在，即训练集 D 中所有的 n 个样本 (x_i, y_i) 都应该满足下列条件：

$$y_i\big[(w \cdot x_i) + b\big] - 1 \geqslant 0, \quad i = 1, 2, \cdots, n \tag{4.3}$$

因此，构造最优分类超平面的问题就转化为在约束式中求

$$\min_{w,b} \frac{1}{2} \|w\|^2 = \min_{w,b} \frac{1}{2}(w^T w) \tag{4.4}$$

$$\text{s.t.} \quad y_i\big[(wx_i) + b\big] - 1 \geqslant 0, \quad i = 1,2,\cdots,n \tag{4.5}$$

考虑到实际中会有噪声的影响，因此两类数据一般不能线性可分。在约束条件中引入非负松弛变量 $\zeta_i \geqslant 0$ 和误差惩罚参数 C，所以求解最优分类超平面可以转化为下列优化问题：

$$\min_{w,b} \frac{1}{2}(w^T w) + C \sum_{i=1}^{n} \zeta_i \tag{4.6}$$

$$\text{s.t.} \quad \begin{cases} y_i\big[(wx_i) + b\big] \geqslant 1 - \zeta_i \\ \zeta_i \end{cases}, \quad i = 1,2,\cdots,n \tag{4.7}$$

式中，松弛变量 ζ_i 为被错分的样本 x_i 与边界分类超平面之间的距离。

根据 Karush-Kuhn-Tucker(KKT) 条件，上述优化问题可以简化为等值拉格朗日对偶问题：

$$\min_{w,b} L(w,b,\alpha) = \frac{1}{2} w^T w - \sum_{i=1}^{n} \alpha_i y_i (wx_i + b) + \sum_{i=1}^{n} \alpha_i \tag{4.8}$$

式中，$\alpha_i \geqslant 0$ 为拉格朗日乘子。KKT 条件为

$$\alpha_i^*\big[y_i(w^* x_i + b^*) - 1\big] = 0, \quad i = 1,2,\cdots,n \tag{4.9}$$

分别对式 (4.8) 中的 w 和 b 求偏导数，并令它们等于 0，有

$$\begin{cases} \dfrac{\partial L(w,b,\alpha)}{\partial w} = 0 \Rightarrow w = \sum_{i=1}^{n} \alpha_i y_i x_i \\ \dfrac{\partial L(w,b,\alpha)}{\partial b} = 0 \Rightarrow \sum_{i=1}^{n} \alpha_i y_i = 0 \end{cases} \tag{4.10}$$

将式 (4.10) 代入式 (4.8)，有

$$\min_{w,b} L(\alpha) = \sum_{i=1}^{n} \alpha_i - \frac{1}{2} \sum_{i,j=1}^{n} \alpha_i \alpha_j y_i y_j (x_i x_j) \tag{4.11}$$

$$\text{s.t.} \begin{cases} \sum_{i=1}^{n} \alpha_i y_i = 0 \\ \alpha_i \geqslant 0 \end{cases}, \quad i = 1, 2, \cdots, n \tag{4.12}$$

用 α_i 表示 w，代入式(4.6)中，最终可以得到线性数据分类决策函数为

$$f(x) = \text{sgn}((w^* x) + b^*) = \text{sgn}\left(\sum_{i=1}^{n} \alpha_i^* y_i (x_i x) + b^*\right) \tag{4.13}$$

为了在非线性情况下实现 SVM，必须利用核特征空间的非线性映射算法。其基本思想为通过一个非线性映射把输入映射到一个新的高维特征空间，然后在此高维空间中使用线性 SVM 进行分类。

假设有一个 n 维非线性输入向量 x，选择非线性映射函数 $\Phi(x) = (\phi_1(x), \phi_2(x), \cdots, \phi_l(x))$，将 n 维输入向量映射到 l 维特征空间，在该特征空间中寻找一个具有最大边界的最优分类超平面，用这个超平面逼近分类函数。所以，非线性数据的分类决策函数为

$$f(x) = \text{sgn}\left(\sum_{i,j=1}^{M} \alpha_i y_i (\phi^{\mathrm{T}}(x_i)) + b\right) \tag{4.14}$$

由于将输入数据映射到特征空间需要利用非线性映射函数 $\Phi(x)$，所以数据维数增加，将会导致高维向量计算，最终决策函数求解的计算难度变大。因此，通常将映射函数用核函数 $K(x_i, x_j) = \Phi(x_i)\Phi(x_j)$ 取代，引入核函数后决策函数变为

$$f(x) = \text{sgn}\left(\sum_{i,j=1}^{M} \alpha_i y_i K(x_i, x_j) + b\right) \tag{4.15}$$

由于核函数的引入，特征空间中的高维向量计算变成点乘计算，所以不用计算映射函数 $\Phi(x)$ 的具体值。将训练样本映射到特征空间中主要是由核函数决定的，式(4.15)中的核函数 $K(x_i, x_j)$ 必须满足 Mercer 定理，并且是正定和连续的。常用的核函数包括线性核函数、多项式核函数和高斯径向基核函数，分别描述如下。

(1)线性核函数：

$$K(x_i, x_j) = x_i^{\mathrm{T}} x_j \tag{4.16}$$

(2) 多项式核函数:

$$K(x_i, x_j) = (x_i^{\mathrm{T}} x_j + r)^d, \quad r > 0 \tag{4.17}$$

式中, d 为多项式核函数的阶数。

(3) 高斯径向基核函数:

$$K(x_i, x_j) = \exp\left(-\left\|x_i - x_j\right\|^2 / \gamma^2\right) \tag{4.18}$$

式中, $\gamma > 0$ 为核参数。

4.1.3 基于流形学习和支持向量机的故障诊断模型

1. 基于轴心轨迹流形拓扑空间的故障诊断模型

基于轴心轨迹流形拓扑空间的故障诊断方法的流程如图 4.2 所示,传感器的布置如图 4.3 所示。

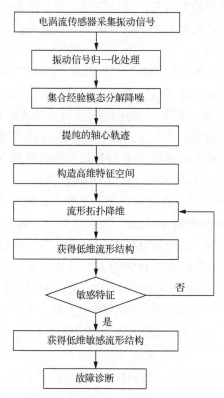

图 4.2 基于轴心轨迹流形拓扑空间的故障诊断方法流程图

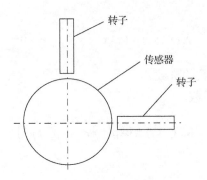

图 4.3　传感器的布置

1) 信号的采集与集合经验模态分解降噪

将两个交错成 90° 电涡流传感器测得的振动信号标为 X 和 Y，采集所测系统的振动信号，将采集到的原始振动信号 $y(t)$ 进行集合经验模态分解，并利用白噪声的零均值特性抑制噪声的影响得到 IMF 分量 $c_j(t)$，即在原始振动信号中加入白噪声，利用白噪声具有频率均匀分布的统计特性，使原始振动信号在不同尺度上具有连续性，进而改变原始振动信号极值点的特性，促进抗混分解，有效地避免模式混叠现象。

选择与故障密切相关的敏感 IMF 分量 $c_j(t)$，忽略其他不相关的 IMF 分量，以消除端点振荡引发的伪 IMF 分量。由于对原始振动信号进行集合经验模态分解最终得到的一组 IMF 分量，其中一部分 IMF 分量是与故障紧密相关的敏感分量，而其他分量与故障无关或者是噪声干扰成分。IMF 分量是对原始振动信号的一种近似正交的表达，因此真正的 IMF 分量与原始振动信号具有很好的相关性，而端点振荡引发的伪 IMF 分量和原 IMF 分量的相关性很差，需要消除伪 IMF 分量。将 IMF 分量和原始振动信号 $y(t)$ 之间的相关系数作为判断指标，为了避免误把一些幅值很小的真实 IMF 分量当成虚假分量剔除，先将所有的 IMF 分量和原始振动信号 $y(t)$ 进行归一化处理，这样各 IMF 分量和原始振动信号 $y(t)$ 的相关系数最大为 1。选择与故障密切相关的敏感 IMF 分量的具体步骤如下。

（1）将集合经验模态分解得到的所有 IMF 分量和原始振动信号 $y(t)$ 进行归一化处理，得到原始振动信号归一化处理后的信号 X_i、归一化处理后的 IMF 分量值 X_i'、原始振动信号归一化处理后的均值 $\overline{X}$ 和归一化处理后得到的 IMF 分量的均值 $\overline{X'}$。

（2）计算归一化处理后的所有 IMF 分量与原始振动信号 $y(t)$ 的相关系数 $\mu_i(i = 1, 2, \cdots, n)$：

$$\mu_i = \frac{\sum_{i=1}^{N}(X_i - \overline{X})(X'_i - \overline{X'})}{\sqrt{\sum_{i=1}^{N}(X_i - \overline{X})^2}\sqrt{\sum_{i=1}^{N}(X'_i - \overline{X'})^2}}$$

式中，N 为振动信号的采样点数。

当相关系数 $\mu_i \geqslant \lambda$ 时，保留第 i 个 IMF 分量 $c_i(t)$；当 $\mu_i \leqslant \lambda$ 时，剔除第 i 个 IMF 分量 $c_i(t)$，并且令 $r_n = r_{n-1} + c_i$，其中 r_n 为分解余项，n 为余项阶数；λ 为一个固定阈值，通常取最大相关系数的一个比值，即

$$\lambda = \max(\mu_i) / \eta，\quad i = 1, 2, \cdots, n$$

式中，η 是一个大于 1 的比例系数，取 $\eta = 10$。

2) 高维特征构建

将所获得的IMF 分量进行信号还原重构，提取由 X 和 Y 信号形成的轴心轨迹，将每个轴心轨迹上的离散点作为一个维度，构造流形空间高维特征。

3) 轴心轨迹流形敏感特征提取

采用 LTSA 流形学习算法进行高维降维，应用网格搜索算法进行 LTSA 参数 (d,k) 寻优，d 为数据维数，k 为邻域点数。得到所有数据维数 d 和邻域点数 k 的小样本数据排列组合，以克服在进行 LTSA 降维处理时数据维数 d 和邻域点数 k 主要依靠经验选取，不能提取用于故障识别的敏感低维流形特征。

选择 70%的小样本数据作为训练集，剩下的作为测试集，其中参数 d 网格搜索寻优范围小于数据维数且大于等于 1，参数 k 寻优范围不小于数据维数，寻优步长为 1。提取其高维特征空间的低维敏感流形，进行故障诊断，否则，重复进行，不断优化。

2. 基于流形学习算法和 SVM 的故障诊断

基于流形学习算法和 SVM 的故障诊断方法的流程如图 4.4 所示，具体设计步骤如下。

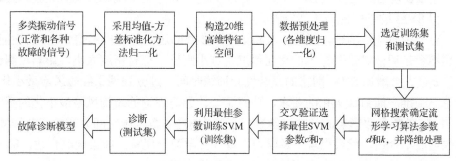

图 4.4　基于流形学习算法和 SVM 的故障诊断方法流程图

1) 数据预处理

为了减少噪声和干扰,首先采用均值-方差标准化方法将所测得的振动信号进行归一化预处理,得到具有零均值和单位方差的振动信号。计算相应的 20 个特征,构成高维特征空间。由于在高维特征空间中每一个维度的数据数量级不同,所以对每一个维度归一化。将归一化后的高维数据进行降维,选择 70%的降维数据作为训练集,剩下的作为测试集。

2) 参数寻优及模型训练

为了保证交叉验证准确率、训练准确率和测试准确率最高,通过网格搜索遍历确定流形的目标维数和邻域点数。同时对指定范围的惩罚参数和核函数参数网格搜索寻优、粒子群寻优或遗传算法寻优,训练和测试 SVM 模型,最终得到最佳的惩罚参数和核函数参数。

3) 模型构造

利用寻优的最佳参数训练 SVM 并进行故障诊断,得到最终的故障诊断模型。

4.2　基于流形和支持向量机故障诊断模型参数的选择

在流形学习方法降维处理中,邻域点数和目标维数的选取是主要问题。k 值过大,会使局部线性化的程度不够好,损失了局部的几何结构;k 值过小,会使切空间出现非满秩的情况,进而导致计算结果出错。目前流形学习降维处理的参数邻域点数和目标维数主要依靠经验决定,因此不能根据降维后的结果有效提取出主轴系统最适合故障识别的低维流形,需要选择一种寻优算法对流形学习算法进行参数寻优。

构造具有良好性能的 SVM,模型选择是关键。模型选择就是针对所给的训练样本,确定一个比较合适的核函数及相关参数。模型选择包括:①训练集的选择;②核函数类型及其参数的选择;③惩罚参数的选取;④损失函数及其参数的选取。如果选择的某个量不合适,SVM 就会出现"过学习"或"欠学习"现象。"欠学习"现象表现为经验风险较大,推广能力较差;"过学习"现象表现为经验风险较小,但 SVM 的推广能力仍然较差。

对于径向基核函数,惩罚参数和核函数参数的选取将直接影响 SVM 的性能。惩罚参数是调节对错分样本的惩罚程度,过小则样本拟合精度太小,影响预测误差;c 过大会增加 SVM 网格的复杂性和训练时间,过分强调了经验风险最小化,而忽略了推广能力最大化的要求,违背了统计学习理论的结构风险最小化的基本思想。核函数参数影响的是映射函数,进而影响样本数据子空间分布的复杂程度,如果选取不合适,就会出现"过学习"或"欠学习"现象;如果选取合适,SVM 的个数会明显减少,具有很好的学习能力和推广能力。

对于训练集的选取，原则上应该满足的条件为样本点数不能太多，但是要足够多，所包含的特征数目不能太多也不能太少。主要通过流形学习算法提取高维数据样本中最适合故障识别的低维流形作为 SVM 的训练集。

目前常用的寻优方法有交叉验证选择法、网格搜索算法、粒子群优化算法和遗传算法等，具体介绍如下。

4.2.1　基于交叉验证选择法的参数寻优

交叉验证(cross validation，CV)是一种评估方法，在训练过程开始之前，将一部分数据予以保留，利用这部分数据对训练后的模型进行验证。交叉验证主要是用来验证分类器性能的一种统计分析方法，其基本思想为在某种意义下将原始数据进行分组，一部分作为训练集，另一部分作为测试集，先用训练集对分类器进行训练，再利用测试集测试训练得到的模型的好坏，以此作为评价分类器的性能指标。

常见的交叉验证方法有以下两种：

(1) K 折交叉验证(K-fold cross validation，K-CV)。K-CV 的具体步骤为：将原始数据分成 K 个互不相交的子集，每个子集的大小大致相等，将每个子集数据分别做一次验证集，其余的 $K-1$ 个子集数据作为训练集，这样会得到 K 个模型，用这 K 个模型最终验证集的分类准确率的平均数作为此 K-CV 下分类器的性能指标。

一般从 3 开始取，只有在原始数据集合数据量小时才会尝试取 2。用来做交叉验证的数据组数对参数的选择影响并不太大。交叉验证在计算代价和可靠的参数估计之间提供了最好的折中方案。由于 K-CV 可以有效避免"过学习"及"欠学习"状态的发生，所以最后得到的结果比较有说服性。

(2) 留一法交叉验证(leave-one-out cross validation，LOO-CV)。LOO-CV 的具体步骤为：设原始数据有 N 个样本，那么 LOO-CV 就是 N-CV，即每个样本单独作为验证集，其余的 $N-1$ 个样本作为训练集，所以 LOO-CV 会得到 N 个模型，用这个模型最终的验证集分类准确率的平均数作为此 LOO-CV 分类器的性能指标。该方法的缺点为受其选择的参数范围的限制，只能找到局部最优点，未必能找到全局最优点，并且计算成本比较高。

4.2.2　基于网格搜索算法的参数寻优

网格搜索(grid search，GS)算法是一种实用的数据搜索算法，适合同时从不同的增长方向并行搜索多维数组。网格搜索算法是在搜索范围内遍历所有的参数组合，可搜索到最优参数，因此对于较小样本的数据预测比较有优势。

　　基于网格搜索的参数确定方法具体实现如下：设定邻域点数 k 和目标维数 d 的选择范围及搜索步长，同时设定惩罚参数 c 和核函数参数 γ 的选择范围及搜索步长，这样在 (k,d) 和 (c,γ) 坐标系上分别构成二维网格 P 和 Q。首先选择网格 P 上每一组 (k,d) 的值，然后分别对应网格 Q 上每一组 (c,γ) 的值，按照交叉验证方法计算在不同 (k,d) 组合下遍历组合 (c,γ) 后的训练准确率和测试准确率，最后在保证训练和测试准确率最大的前提下，确定最佳参数组合 (k,d) 和 (c,γ)，同时将各组 (k,d) 和 (c,γ) 值对应的准确率用等高线绘出，分别得到其参数寻优等高线图。

　　网格搜索算法的优点为可以同时搜索多个参数值，对于相互独立的参数对，易于并行搜索；当寻优的参数较少时，网格搜索耗费的时间较少等。网格搜索算法最后获得的是使判决函数分类准确率达到最优的参数组合，便于并行计算，所以在实际应用中网格搜索算法能使流形学习和 SVM 取得较好的分类效果。

4.2.3　基于粒子群优化算法的参数寻优

　　粒子群优化(particle swarm optimization，PSO)算法是一种基于群集智能(swarm intelligence)的演化计算技术，其基于迭代优化方法，由于算法收敛速度快，设置参数少，近年来受到学术界的广泛重视。

　　假设在一个 D 维的搜索空间中，由 n 个粒子组成的种群 $X = (X_1, X_2, \cdots, X_n)$，其中第 i 个粒子表示为一个 D 维的向量 $X_i = (x_{i1}, x_{i2}, \cdots, x_{iD})^{\mathrm{T}}$，代表第 i 个粒子在 D 维搜索空间中的位置，也代表问题的一个潜在解。根据目标函数即可计算出每个粒子位置 X_i 对应的适应度值。第 i 个粒子的速度为 $V_i = (V_{i1}, V_{i2}, \cdots, V_{iD})^{\mathrm{T}}$，其个体极值为 $P_i = (P_{i1}, P_{i2}, \cdots, P_{iD})^{\mathrm{T}}$，种群的群体极值为 $P_g = (P_{g1}, P_{g2}, \cdots, P_{gD})^{\mathrm{T}}$。

　　在每次迭代过程中，粒子通过个体极值和群体极值更新自身的速度和位置，即

$$V_{id}^{k+1} = wV_{id}^k + c_1r_1(P_{id}^k - X_{id}^k) + c_2r_2(P_{gd}^k - X_{id}^k) \tag{4.19}$$

$$X_{id}^{k+1} = X_{id}^k + V_{k+1id} \tag{4.20}$$

式中，w 为惯性权重；$d = 1, 2, \cdots, D$；$i = 1, 2, \cdots, n$；k 为当前迭代次数；V_{id} 为粒子的速度；c_1 和 c_2 是非负的常数，称为加速度因子；r_1 和 r_2 是分布于[0,1]区间的随机数。为了防止粒子的盲目搜索，一般建议将其位置和速度限制在一定的区间 $[-X_{\max}, X_{\max}]$。

结合交叉验证方法、基本粒子群算法，本节提出基于粒子群优化算法的 SVM 参数寻优方法。该算法也是基于高斯核函数进行描述的，这时参数包括有核函数参数 σ 和惩罚参数 c。该算法的参数寻优步骤如图 4.5 所示。

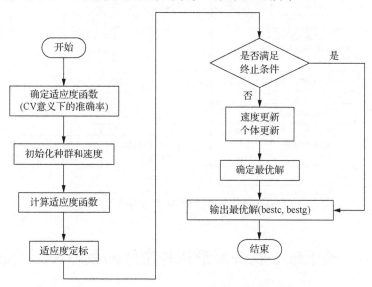

图 4.5　基于粒子群优化算法的 SVM 参数寻优算法流程图

4.2.4　基于遗传算法的参数寻优

利用遗传算法进行 SVM 分类模型的参数优化，其基本思想为：首先对 SVM 分类模型惩罚参数 c 和核函数参数 σ 进行二进制编码，并随机产生初始化种群，然后对种群中的各染色体解码，获取 c 及核函数值，运用一部分训练样本集数据训练 SVM 分类器，并用训练好的 SVM 分类器计算测试样本集数据的识别率（recognition rate，RR）：

$$RR = \frac{测试集中分类正确的样本数目}{测试集中总的样本数目}$$

根据交叉验证原理，识别率 RR 在一定程度上反映了 SVM 模型的推广能力和分类能力，因此可以依此构造各基因串的适应度 Fitness = RR，然后判断遗传算法的停止准则是否满足，如果满足则停止计算，输出最优参数，否则执行选择、交叉和变异等操作以产生新一代种群，并开始新一代的遗传。结合交叉验证方法和遗传算法，提出基于遗传算法的 SVM 参数寻优方法。该算法也基于高斯核函数进行描述，参数包括有核函数参数 σ、惩罚参数 c。该算法的参数寻优步骤如图 4.6 所示。

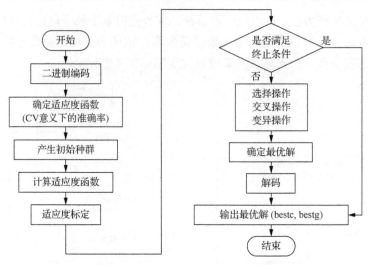

图 4.6　基于遗传算法的 SVM 参数寻优算法流程图

4.3　基于轴心轨迹流形拓扑空间的故障诊断验证

4.3.1　滚动轴承故障诊断

滚动轴承振动信号的数据来源于美国凯斯西储大学电气工程实验室的滚动轴承故障模拟试验台，该试验台主要由一个负载为 2.33kW 的电动机、一个扭矩传感器/译码器、一个测试计及电子控制器组成，如图 4.7 所示。

图 4.7　滚动轴承故障模拟试验台

待检测的轴承支撑着电动机转轴，风扇端轴承为 SKF6205 深沟球轴承，其具体规格如表 4.1 所示。轴承旋转速度为 1797r/min，即旋转频率为 29.95Hz，采样频率为 12000Hz，其故障频率如表 4.2 所示。滚动轴承的局部损伤是采用电火花加工的单点损伤，损伤直径为 0.1778mm，深度为 0.2794mm。在无载荷情况下，截取内圈故障、外圈故障和滚动体故障的驱动端数据，其中样本数为 4096，设置故障的标签分别为 1、2 和 3，时域波形如图 4.8 所示。

表 4.1　深沟球轴承的规格信息

内圈直径	外圈直径	滚动体直径	接触角	滚动体数目
25.00122mm	51.99888mm	8.1818mm	0°	9

表 4.2　深沟球轴承的故障频率　　　　　（单位：Hz）

内圈故障频率	外圈故障频率	保持架故障频率	滚动体故障频率
162.19	107.36	11.93	141.17

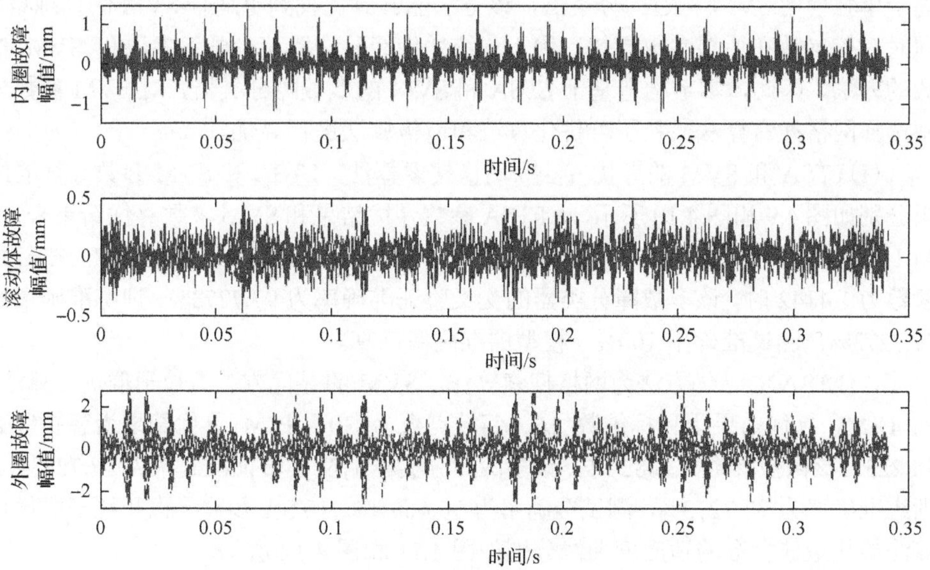

图 4.8　滚动轴承内圈故障、滚动体故障和外圈故障的时域图

1. 基于流形学习和支持向量机的滚动轴承故障诊断

网格搜索算法可以遍历参数范围内的所有组合，并确定最佳流形学习算法的参数，更好地构造训练集中对故障更敏感的低维流形。运用网格搜索算法分别对 SVM 参数 (c,γ) 和三种流形学习算法参数 (d,k) 寻优，其中约束条件为训练准确率和测试准确率最大，(d,k) 参数寻优范围分别为 1~19 和 20~30，搜索步长为 1，参数 (c,γ) 寻优范围为 $2^{-8} \sim 2^{8}$，搜索步长为 0.5。分别将三种流形学习算法与 SVM 组合和单独采用 SVM 构建多故障分类器，其交叉验证准确率、训练准确率和测试准确率对比结果如表 4.3 所示。

表 4.3　四种故障诊断模型的诊断精度对比　　　　　　（单位：%）

诊断模型	交叉验证准确率	训练准确率	测试准确率
ISOMAP+SVM	83.3333	97.7273	51.6667
LLE+SVM	81.0606	100	83.3333
LTSA+SVM	97.7273	97.7273	100
SVM	93.9394	98.4848	95

从表 4.3 中可以看出，ISOMAP 与 SVM 构造的多故障分类器存在严重的"过学习"现象，泛化能力比较差；LLE 与 SVM 构造的多故障分类器也存在"过学习"现象，学习机器过于复杂，虽然训练准确率很高，但是测试准确率不理想；LTSA 提取低维故障特征的效果好；LTSA 与 SVM 构造的多故障分类器综合性能高于单独使用 SVM 构造的分类器，该方法能够寻优找到更适合 SVM 的训练集，同时对核参数和惩罚参数寻优，优于传统凭借经验选取流形学习参数和 SVM 参数的方法。因此，本节构造基于 LTSA 和 SVM 的多故障分类器，对 SVM 参数分别选择网格搜索算法、粒子群优化算法和遗传算法进行寻优。

（1）LTSA 和 SVM 的寻优方法为网格搜索算法，LTSA 和 SVM 参数寻优的结果分别如图 4.9 和图 4.10 所示。从 LTSA 参数寻优结果和 SVM 参数寻优结果来看，当 LTSA 的目标维数为 17、邻域点数为 25、SVM 的惩罚参数为 1.4142、核函数参数为 1.4142 时，该多故障分类器的交叉验证准确率为 97.7273%，训练准确率为 97.7273%，测试准确率 100%，模型的准确率最高。

（2）LTSA 的寻优方法为网格搜索算法，SVM 的寻优方法为粒子群优化算法。当 LTSA 寻优结果为目标维数 16、邻域点数为 30，SVM 寻优结果为惩罚参数 1.8223、核函数参数 1.2882 时，该多故障分类器的交叉验证准确率为 97.7273%，训练准确率为 97.7273%，测试准确率为 96.6667%。LTSA 参数寻优和粒子群优化算法寻找最佳参数的适应度曲线分别如图 4.11 和图 4.12 所示。

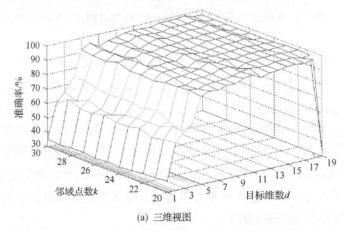

(a) 三维视图

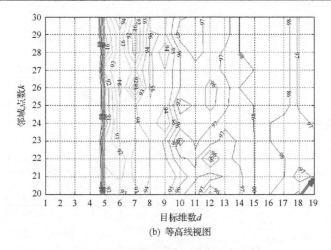

(b) 等高线视图

图 4.9　LTSA 参数 d 和 k 网格搜索寻优结果

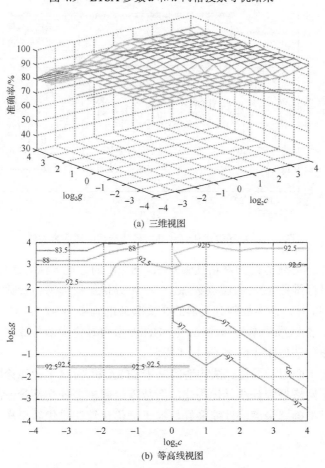

(a) 三维视图

(b) 等高线视图

图 4.10　SVM 参数 c 和 γ 网格搜索寻优结果

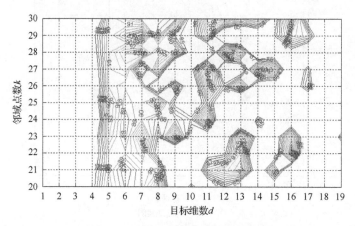

图 4.11　LTSA 参数寻优的等高线图

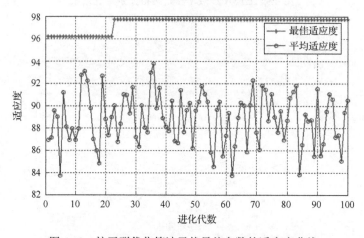

图 4.12　粒子群优化算法寻找最佳参数的适应度曲线

　　(3)LTSA 的寻优方法为网格搜索算法，SVM 的寻优方法为遗传算法。LTSA 寻优结果为目标维数 10、邻域点数 30，SVM 寻优结果为惩罚参数 3.0115、核函数参数 0.34943 时，该多故障分类器的交叉验证准确率为 97.7273%，训练准确率为 96.9697%，测试准确率为 96.6667%。LTSA 参数寻优和遗传算法寻找最佳参数的适应度曲线分别如图 4.13 和图 4.14 所示。

　　通过对比上面三种寻优算法构造的基于LTSA 和 SVM 多故障诊断模型可以明显看出，使用网格搜索算法寻优构建的多故障诊断模型的交叉验证准确率、训练准确率和测试准确率最高，性能最好，粒子群优化算法寻优结果次之，遗传算法寻优结果较差。

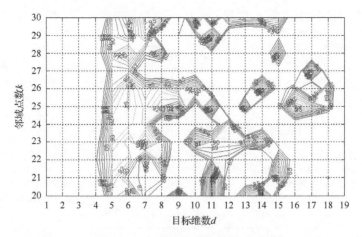

图 4.13　LTSA 参数寻优的等高线图

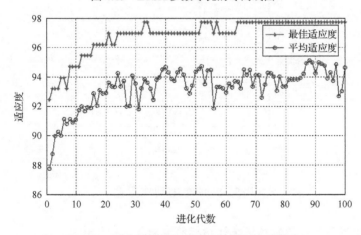

图 4.14　遗传算法寻找最佳参数的适应度曲线

2. 基于集合经验模态分解和小波包的滚动轴承故障诊断

这里基于集合经验模态分解和小波包的故障特征提取方法对滚动轴承内圈进行故障诊断，该滚动轴承的内圈故障频率为 162.19Hz。首先对该信号进行集合经验模态分解，得到 11 个 IMF 分量(IMF1~IMF11)和 1 个残余量，然后对 IMF1 作三层小波包分解并分析其包络谱。图 4.15 是小波包分解的部分节点包络谱。从图中可以明显看到，转子在频率 164.1Hz 处的振幅突出，并且会伴随其 2 倍频 322.3Hz，滚动轴承的实际故障频率和内圈理论故障频率十分接近，可以判断该滚动轴承故障发生在内圈。

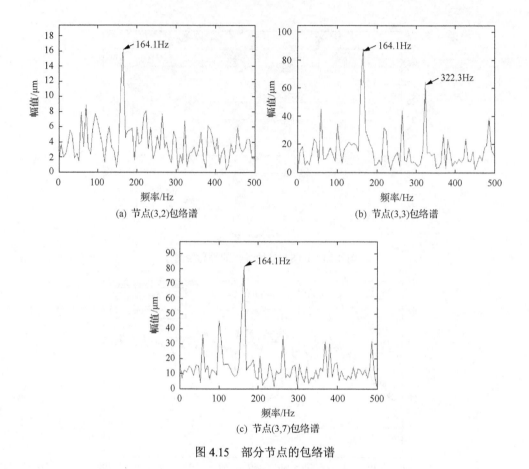

图 4.15　部分节点的包络谱

3. 基于流形学习的时频域统计指标的滚动轴承故障诊断

运用基于流形学习的时频域统计指标的故障特征提取方法对滚动轴承内圈、外圈和滚动体进行故障诊断。分别运用三种流形学习算法提取滚动轴承三种故障的二维流形,如图 4.16 所示,其中"∗"表示内圈故障,"☆"表示外圈故障,"○"表示滚动体故障。由图 4.16(a)可以清晰看出,ISOMAP 提取的二维流形不能区分滚动轴承的内圈和滚动体故障,但是可以将外圈故障区分开,其中内圈和滚动体的二维流形呈 V 字形,而外圈的二维流形呈拱形。图 4.16(b)中滚动轴承内圈、外圈故障的二维流形重叠在一起,而滚动体故障的二维流形明显与之分离。图 4.16(c)中滚动轴承外圈、滚动体故障的二维流形呈线性分布,且斜率大小相差较大,容易区分,而内圈故障的二维流形比较分散。因此,该算法能够根据图形区分滚动轴承的这三种故障。

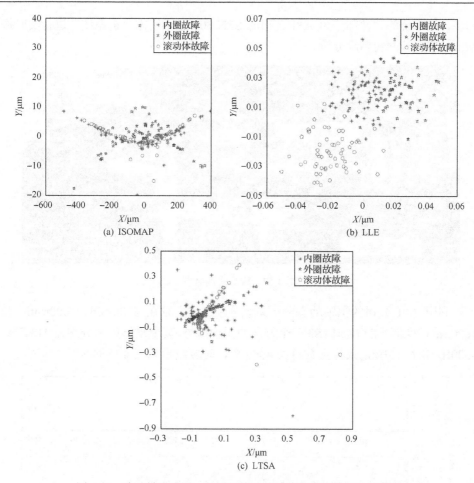

图 4.16　滚动轴承内圈、外圈和滚动体故障的流形学习分类结果

　　因此,采用本节提出的基于 LTSA 和 SVM 的故障诊断方法能够对 LTSA 参数和 SVM 参数寻优,该方法具有较好的泛化能力,适合非线性小样本的设备异常状态识别,能较好地解决高维数据和局部极小点等实际问题,操作简单,分类的准确率高,有利于进一步建立智能化故障诊断系统。

4.3.2　主轴振动信号分析

　　美国自动精密工程公司(API 公司)的主轴动态测试系统采用专门设计的先进电容式传感器,主要用来测量主轴转动误差。该系统在主轴转速为 60000r/min 时分辨率可达 0.1μm。运用该系统对数控机床的主轴进行回转精度测试,现场实测装置如图 4.17 所示,其硬件主要组成部分包括一个精密测试球、三个相互正交布置的电容式位移传感器、传感器支架、通用串行总线(universal serial bus, USB)电缆、控制盒和计算机等,主轴每旋转一周,索引传感器发送一个脉冲,数据采集和转速同步。该系统的软件部分为 API 公司的 SPN-300 主轴动态分析系统，进行实时振动信号采集和回转精度分析。

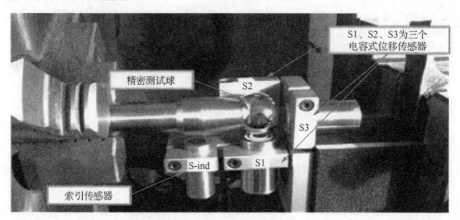

图 4.17　现场实测装置

利用 API 公司的主轴动态分析系统分别测试主轴在 500r/min、1000r/min 和 1600r/min 转速下 S1、S2 和 S3 三个方向的振动信号，其中采样频率分别为 2137Hz、4300Hz 和 6839Hz，采样点数目为 4096 个，时域波形如图 4.18 所示。

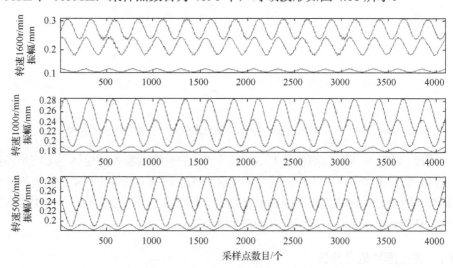

图 4.18　主轴不同转速的时域波形(各图中从上到下波形分别为 S2、S1、S3)

1. 基于 LTSA 和 SVM 的主轴状态诊断

由上面结论可知，LTSA 和 SVM 结合的分类器效果最好，因此运用基于 LTSA 和 SVM 的故障诊断方法，其中参数寻优算法选择网格搜索算法，LTSA 参数 (d,k)

寻优范围分别为 1~19 和 20~30,搜索步长为 1,SVM 参数 (c,γ) 寻优范围为 $2^{-4} \sim 2^4$,搜索步长为 0.5。

　　LTSA 和 SVM 参数寻优的结果如图 4.19 和图 4.20 所示。从 LTSA 参数寻优结果和 SVM 参数寻优结果来看,当 LTSA 的目标维数为 14、邻域点数为 30 和 SVM 的惩罚参数为 0.0625、核函数参数为 0.0625 时,模型和交叉验证的准确率最高。

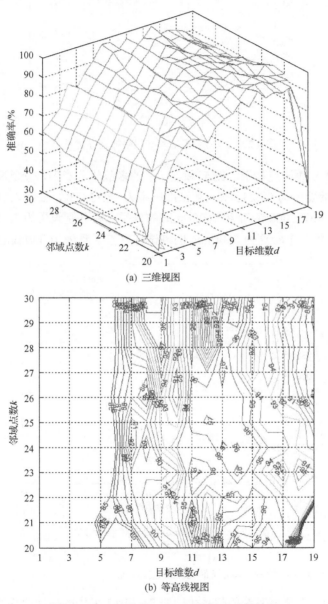

图 4.19　SVM 参数 d 和 k 网格搜索寻优结果

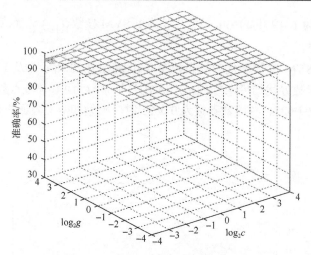

图 4.20　SVM 参数 c 和 γ 网格搜索寻优结果

根据寻优参数构造基于 LTSA 和 SVM 的多故障分类器，交叉验证准确率为 100%，训练准确率为 99.2424%，测试准确率为 98.3333%，如图 4.21 所示，其中转速为 500r/min、1000r/min 和 1600r/min 的分类标签分别设置为 1、2 和 3。从图中可以看出，仅一个转速为 500r/min 的测试样本被误判为 1600r/min 的状态样本。

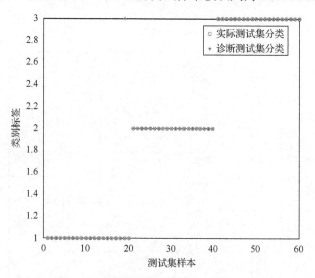

图 4.21　测试集的实际分类和诊断分类图

2. 基于流形学习的轴心轨迹的主轴状态诊断

利用主轴动态测试系统的位移传感器 S1 和 S2 采集的振动位移信号，其中原始信号轴心轨迹如图 4.22 所示。基于流形学习的轴心轨迹特征提取方法，首先对轴心轨迹进行集合模态经验分解降噪，然后将主轴三种不同转速状态的每个轴心轨迹作为一个维度，构造其高维特征空间；最后分别运用三种流形学习算法提取该三种状态的二维流形，结果如图 4.23 所示。

　　对比 ISOMAP、LLE 和 LTSA 三种流形学习算法提取轴心轨迹二维流形的结果可以明显看出，LLE 和 LTSA 提取主轴不同转速情况的二维流形相似度很高，不能用来对主轴不同转速状态分类，ISOMAP 提取的二维流形区分度比较好，能够根据图形将主轴三种不同转速状态区分开。

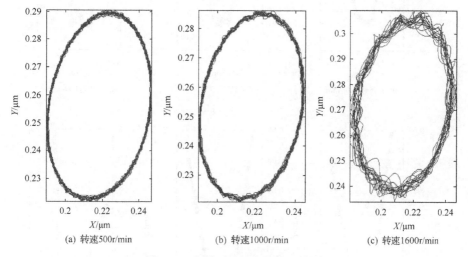

(a) 转速500r/min　　　　(b) 转速1000r/min　　　　(c) 转速1600r/min

图 4.22　主轴不同转速的轴心轨迹

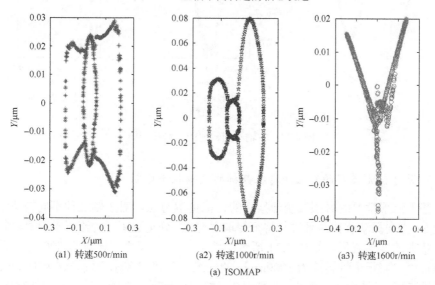

(a1) 转速500r/min　　　　(a2) 转速1000r/min　　　　(a3) 转速1600r/min

(a) ISOMAP

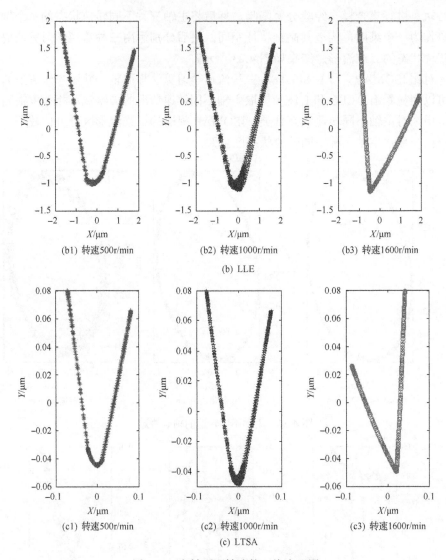

图 4.23　主轴不同转速的二维流形图

3. 基于流形学习的时频域特征指标的主轴状态诊断

基于流形学习的时频域统计指标的特征提取方法，对主轴三种不同转速情况下的 S1 方向振动位移信号进行特征提取并分类。分别运用三种流形学习算法提取三种状态的低维流形，如图 4.24 所示，其中 "∗" 表示主轴转速为 500r/min 的低维流形，"○" 表示主轴转速为 1000r/min 的低维流形，"☆" 表示主轴转速为 1600r/min 的低维流形。从图中可以看出，ISOMAP 不能很好地区分主轴三种状态的低维流形，LLE 提取的二维流形相互混叠在一起，完全不能区分主轴的三种状态。LTSA 提取的二维流形区分度非常好，主轴转速 500r/min 和 1600r/min 的二维流形垂直且相互平行，横坐标分别为 0 和 0.18，而主轴转速 1000r/min 的二维流形呈"二"字形。

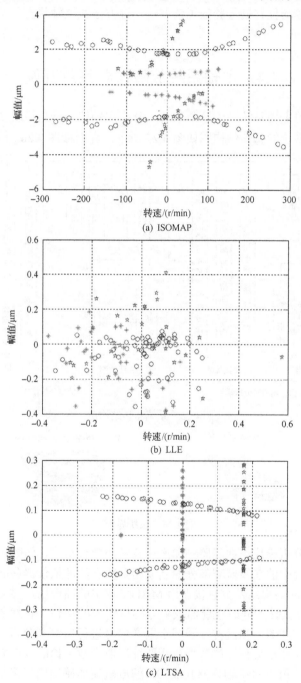

(a) ISOMAP

(b) LLE

(c) LTSA

图 4.24　主轴不同转速的流形学习分类

本节提出了基于流形学习和 SVM 的故障诊断方法，发现其多故障分类器的分类效果最好、精度最高，利用 API 公司的主轴动态分析系统采集的数控机床主轴不同转速的振动位移信号验证了该方法，该方法在主轴状态分类方面的效果也很好。

4.4　主轴系统故障诊断系统开发

作者开发的主轴系统故障诊断系统，分为主轴信号分析模块及轴承和齿轮信号分析模块。系统的总体结构图如图 4.25 所示，界面如图 4.26 所示。

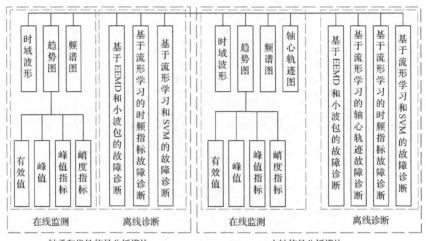

图 4.25　系统总体结构图

主轴信号分析系统　　　　　　　　　　轴承与齿轮信号分析系统

图 4.26　系统界面

主轴信号分析模块由在线监测和离线诊断两部分组成，如图 4.27 所示。在该模块中，将系统中的在线监测部分编制成相互独立的虚拟仪器(virtual instrument，VI)文件，而对应的离线部分直接调用 MATLAB 中的图形用户界面(graphical user interface，GUI)文件，同时在前面板上分别有对应的按钮。在线监测部分主要是对两路交错成 90°的电涡流传感器同步采样信号进行监测和分析，离线诊断部分主要是对在线监测部分保存的数据进行特征提取和故障诊断。在该系统中单击"数据采集"按钮，可以对主轴径向互成 90°的电涡流传感器同步采集振动信号并实时显示时域和频域波形；单击"轴心轨迹"按钮，可以实时显示主轴轴心轨迹的状态。单击"趋势分析"按钮，可以实时显示主轴振动信号的有效值、峰值、峰值指标和峭度指标。图 4.28 为主轴系统离线故障诊断界面。

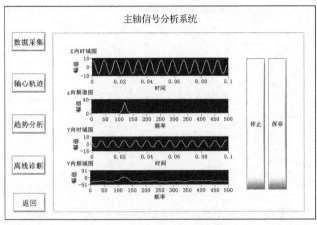

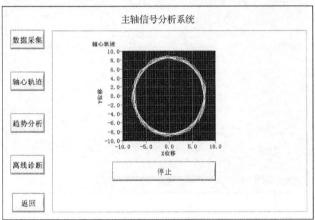

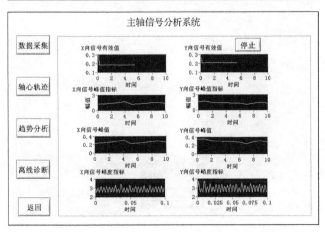

图 4.27　主轴信号分析模块

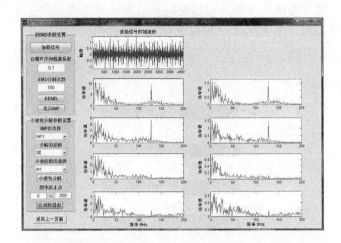

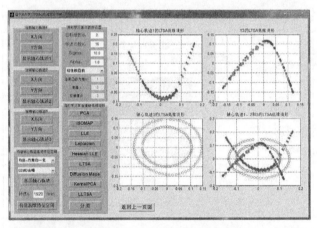

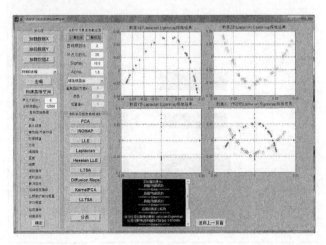

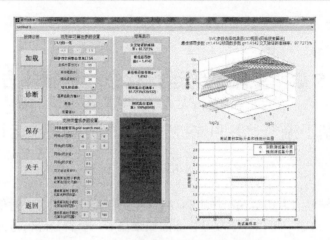

图 4.28　主轴系统离线故障诊断界面

第 5 章   主轴系统运行状态趋势预测方法

5.1   基于流形学习和支持向量机的主轴系统运行状态预测方法

SVM 方法具有专门解决小样本和局部极值问题的优势,可以对信号进行回归预测分析,流形学习可以提取故障特征的低维流形,获得故障信号的内在规律,本节选择流形学习作为 SVM 预测模型的支持向量,建立一种基于流形学习与 SVM 的故障回归预测模型。

5.1.1   基于流形学习和支持向量机的主轴系统运行状态预测模型

对主轴系统进行评估往往通过信号采集的方法,将其运行状态转化为曲线、波形的形式,然后运用信号处理技术反映主轴系统的运行状态,而在信号时频域指标中均方根值是最常用于反映设备运行状态的重要指标,该指标描述振动信号的能量,稳定性和重复性都较好,当该指标出现异常时,可以预判设备出现故障或隐含故障。因此,预测主轴系统运行状态,选择均方根值作为反映主轴运行状态的指标,选取其他时频指标作为支持向量对均方根值进行预测。其具体步骤如下:

(1)对主轴系统运行状态信号进行归一化和信号降噪预处理,运用绝对均值、方差、幅值、峰峰值等 20 个时频域指标,选取除均方根值以外的 19 个指标构造高维特征空间,对每个维度的数据进行归一化处理。

(2)运用基于网格搜索的流形学习和 SVM 参数寻优方法确定目标维数和邻域点数,使用海赛局部线性嵌套(HLLE)和线性嵌套(linear embeding,LE)算法提取 19 维数据的低维流形。

(3)选取主轴系统信号的均方根值指标作为预测指标,并以低维流形作为 SVM 预测模型的支持向量,利用寻优方法选择最佳惩罚参数和核函数参数,建立主轴系统运行状态信号的预测模型,最后运用均方误差和平方相关系数对预测模型的精度进行评价,其详细流程如图 5.1 所示。

5.1.2   基于流形学习和支持向量机的主轴系统运行状态预测方法验证

采用车铣复合加工中心的数据采集试验台采集主轴系统运行状态数据。该试验台主要由车铣复合加工中心、数据采集系统、主机、传感器、采集卡、位移测量仪等器材与设备组成。数据采集的对象处于正常运行状态下，主轴的转速为 500r/min，采样频率为 1024Hz。

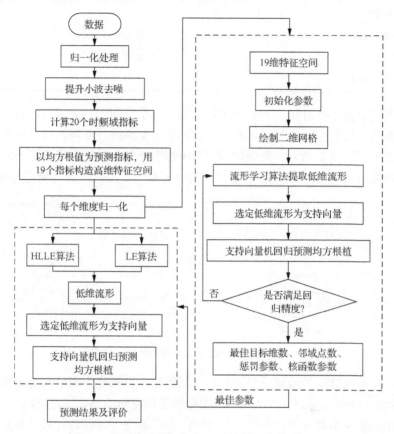

图 5.1　基于流形学习与 SVM 的回归预测方法流程

　　选择主轴系统运行状态信号的采样长度为 1024，首先进行主轴运行状态信号预处理，将所测得的振动信号进行归一化预处理，得到归一化后的振动信号。运用提升小波变换对信号进行去噪处理，得到较为纯净的信号。然后计算振动信号的 20 个时频域的统计指标，构成高维特征空间，选取均方根值作为主轴系统运行状态信号的预测指标，其余指标的低维流形作为预测的支持向量。运用基于网格搜索的流形学习与 SVM 参数寻优方法得到最佳的目标维数 d、邻域点数 k、惩罚因子 c 和核函数参数 λ，运用 HLLE 和 LE 算法对高维数据提取低维流形，通过寻优的最佳参数 c、λ 训练 SVM 并对均方根值进行回归预测，建立预测模型，得到均方误差和平方相关系数等相关参数值。另外，参数 d、k 与 c、λ 寻优设置如表 5.1 所示。

表 5.1　基于网格寻优算法的参数设置

参数	最小值	最大值	步长
目标维数 d	1	18	1
邻域点数 k	18	30	1
惩罚参数 c	2^{-8}	2^8	0.5
核函数参数 λ	2^{-8}	2^8	0.5

运用基于流形学习和 SVM 的主轴系统运行状态回归预测方法,对主轴系统运行状态信号进行归一化处理,并运用提升小波变换进行降噪,对比降噪前后的信号,结果如图 5.2 所示,降噪后的图形中每个点处的特征表现更明显,计算提升小波降噪的信噪比为 24.4171,参考其他相似研究结果,此方法降噪效果较好。

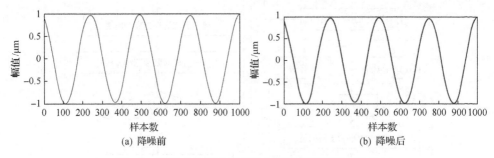

(a) 降噪前　　　　　　　　　　　　　(b) 降噪后

图 5.2　提升小波降噪前后的主轴系统运行状态信号

对提升小波降噪的数据分别计算时频域指标,选择均方根值作为反映主轴系统运行状态的指标,其余 19 个时频域指标用于构建新的高维特征空间。

使用基于网格搜索的流形学习与 SVM 的参数寻优方法选择最佳参数,最后确定 LE 算法的目标维数为 3,邻域点数为 18,SVM 的最优惩罚参数为 15.7946,最优核函数参数为 1.5823。HLLE 算法的目标维数为 3,邻域点数为 21,最优惩罚参数为 2.8284,最优核函数参数为 11.3137。最佳参数的寻优结果如图 5.3 所示。

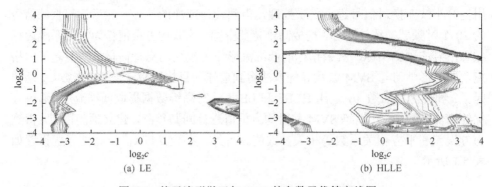

(a) LE　　　　　　　　　　　　　(b) HLLE

图 5.3　基于流形学习与 SVM 的参数寻优等高线图

　　分别采用 LE 和 HLLE 算法提取 19 个特征指标构成高维特征空间的低维流形，结果如图 5.4 所示。

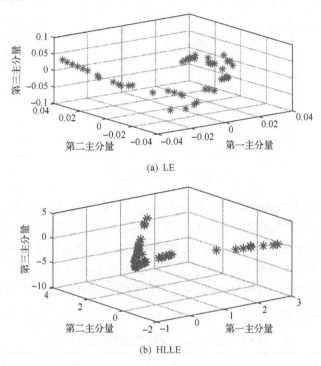

(a) LE

(b) HLLE

图 5.4　采用流形学习算法提取高维特征空间的低维流形

　　对比 LE 和 HLLE 两种流形学习算法提取的低维流形图，可以得出 LE 流形学习算法的聚合能力较好，聚合范围控制在 2~10，而 HLLE 算法的聚合能力较差。结论说明，LE 算法在主轴运行状态识别方面比 HLLE 算法效果好。

　　通过寻优的最佳参数 (c, λ) 训练 SVM，并对主轴系统运行状态信号的均方根值进行回归预测，其回归预测结果如图 5.5 所示。

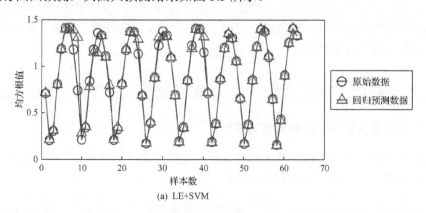

(a) LE+SVM

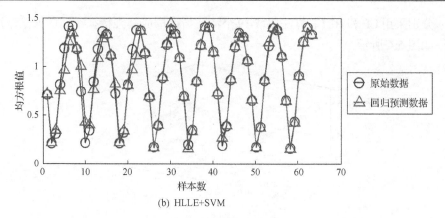

(b) HLLE+SVM

图 5.5　预测结果图

由图 5.5 所示的回归预测结果可知，LE+SVM 和 HLLE+SVM 两个模型在样本数 30 位置之前的预测效果都不是很理想，存在较大误差，而 HLLE+SVM 的误差更为明显，其余的预测数据与原始数据相差较小，但由两个预测模型的整体进行比较，预测效果基本相似。另外，可以根据运用 LE+SVM 和 HLLE+SVM 的回归预测指标进行验证，回归预测模型选择的模型评价指标为均方误差和平方相关系数，如表 5.2 所示。

表 5.2　三种故障预测模型的预测结果对比

回归预测模型	均方误差	平方相关系数
LE+SVM	0.00328885	95.8304%
HLLE+SVM	0.00022665	96.9817%
SVM	0.034859	72.1252%

LE+SVM 和 HLLE+SVM 两个模型对均方根指标的回归预测效果基本相似，HLLE+SVM 的回归预测精度略高。

针对主轴运行状态信号，运用基于流形学习与 SVM 的故障趋势预测方法对主轴系统运行状态的均方根值进行回归预测，验证了 LE 和 HLLE 算法和 SVM 在回归预测方面的有效性。

5.2　基于流形学习和三角形模糊粒子状态趋势预测方法

5.2.1　主轴系统运行状态趋势预测模型

本节提出一种基于流形学习和三角形模糊粒子的主轴系统运行状态趋势预测方法，如图 5.6 所示，其具体步骤如下：

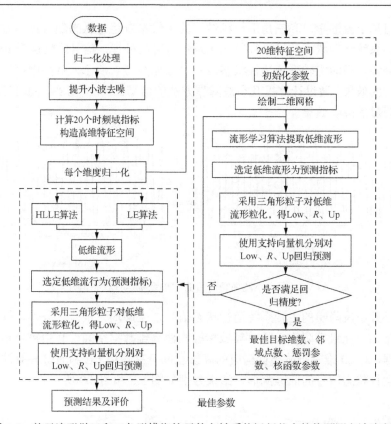

图 5.6　基于流形学习和三角形模糊粒子的主轴系统运行状态趋势预测方法流程图

(1) 对数据进行预处理，包括归一化和提升小波去噪，得到较为纯净的信号。计算绝对均值、方差、幅值、峰峰值等 20 个时频域指标，构建高维特征空间，并对每个维度进行归一化处理，以获得相同的量纲。

(2) 提取低维流形。运用基于网格搜索的流形学习和 SVM 参数寻优方法确定目标维数和邻域点数，使用 HLLE 和 LE 算法提取高维数据的低维流形。以主轴系统运行状态信号的低维流形作为预测指标，运用三角形模糊粒子对低维流形进行数据粒化，得到 Low、R、Up 三个参数。利用寻优方法选择最佳惩罚参数和核函数参数，对于 Low、R、Up 三个参数进行 SVM 回归预测。其中，Low 为粒化数据的最小值，R 为粒化数据的平均值，Up 为粒化数据的最大值。

5.2.2　主轴系统运行状态趋势预测方法验证

针对车铣复合加工中心正常运行状态的数据对该方法进行验证。样本数据共包含 4096 个样本点，选取样本数据的 4096 个样本点作为训练集，运用 SVM 对模糊信息粒化的训练集数据进行故障趋势预测。选取样本数据的 25 个点作为故障验证样本点，检验该预测方法的预测效果。

　　运用基于流形学习和三角形模糊粒子的主轴系统运行状态趋势预测方法,首先对主轴系统运行状态信号进行归一化及信号降噪处理,信号降噪选择 db2 小波函数,降噪前后的主轴系统运行状态信号对比如图 5.7 所示,从图中可以明显看到降噪后的效果,通过计算提升小波降噪方法的信噪比为 24.3783,同时证明了该算法有明显的降噪效果。

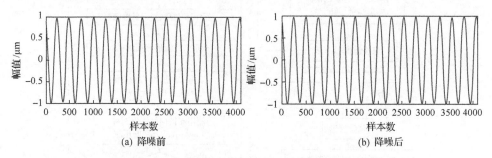

(a) 降噪前　　　　　　　　　　　　　　(b) 降噪后

图 5.7　提升小波降噪前后的主轴系统运行状态信号

　　对提升小波降噪的主轴系统运行状态信号,采用均方根值、方差、峰峰值、第一频带相对能量等降维后的时频域指标构建高维数据空间,其中每个指标作为一维数据。对 20 维时频域指标构成的高维空间分别运用 LE 和 HLLE 算法提取主轴系统运行状态信号的低维流形,结果分别如图 5.8 和图 5.9 所示。

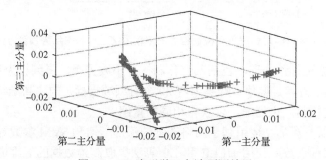

图 5.8　LE 流形学习方法预测结果

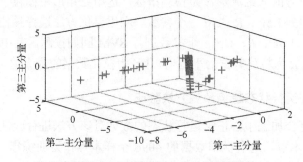

图 5.9　HLLE 流形学习方法预测结果

　　将 LE 和 HLLE 算法提取的低维流形作为代表主轴系统运行状态的指标，运用三角形模糊粒子对其进行趋势预测，用三角形模糊粒子以 25 个样本点为一个窗口将低维流形粒化，得到粒化后的参数 Low、R 和 Up，然后对参数进行回归预测，预测结果如表 5.3 所示。表中，Low 是描述低维流形变化的最小值，R 是描述低维流形变化的平均水平，Up 描述的是低维流形变化的最大值，LE 结合三角形模糊粒子记为 LE+FIG_SVM，HLLE 结合三角形模糊粒子记为 HLLE+FIG_SVM。

表 5.3　主轴系统运行状态预测模型信息粒化结果

预测模型	粒化参数	平方相关系数	均方误差
	Low	99.7389%	0.00998
LE+FIG_SVM	R	56.4462%	0.38612
	Up	97.9626%	0.033273
	Low	99.8911%	0.0099846
HLLE+FIG_SVM	R	90.3218%	1.10574
	Up	99.389%	0.01002

　　在运用三角形模糊粒子得到粒化参数 Low、R、Up 并进行预测的过程中，预测未来 25 个粒化窗口的最大、最小和平均水平值，其结果如表 5.4 所示。使用未来的 25 个低维流形样本点对两种模型的预测效果进行验证，结果如表 5.5 所示。

表 5.4　两种预测模型下的低维流形趋势变化范围

预测模型	预测 Low	预测 R	预测 Up
LE+FIG_SVM	−0.021341	-5.6992×10^{-5}	0.0201
HLLE+FIG_SVM	−0.6822	0.2182	0.4271

表 5.5　未来 25 组低维流形样本点

LE+FIG_SVM 模型			HLLE+FIG_SVM 模型		
第一主分量	第二主分量	第三主分量	第一主分量	第二主分量	第三主分量
−0.0160	−0.0119	−0.0097	0.2031	0.1400	−1.2597
−0.0127	−0.0010	−0.0124	0.2024	0.2165	0.1470
−0.0082	0.0097	−0.0206	0.2022	0.2352	0.4509
0.0006	0.0194	0.0004	0.2022	0.2403	0.5249
0.0074	0.0145	0.0164	0.2022	0.2381	0.4899
0.0134	−0.0006	0.0108	0.2021	0.2357	0.4254
0.0175	−0.0157	0.0105	0.2013	0.2329	0.4179
0.0177	−0.0165	0.0117	−1.6268	0.1436	0.2238
0.0168	−0.0131	0.0065	0.2020	0.2343	0.4331
0.0120	0.0032	−0.0132	0.2022	0.2366	0.4661
0.0057	0.0168	−0.0138	0.2022	0.2390	0.5045
−0.0006	0.0193	0.0037	0.2022	0.2408	0.5359

LE+FIG_SVM 模型			HLLE+FIG_SVM 模型		
第一主分量	第二主分量	第三主分量	第一主分量	第二主分量	第三主分量
−0.0093	0.0077	0.0211	0.2023	0.2035	0.3765
−0.0140	−0.0047	0.0068	0.2025	0.2013	−0.1233
−0.0163	−0.0130	−0.0126	0.2035	0.1008	−1.9827
−0.0169	−0.0153	−0.0189	0.2120	−6.2006	0.5816
−0.0157	−0.0108	−0.0071	0.2030	0.1583	−0.9380
−0.0126	−0.0008	0.0126	0.2024	0.2165	0.1535
−0.0082	0.0097	0.0206	0.2022	0.2355	0.4155
0.0009	0.0193	−0.0003	0.2022	0.2402	0.5237
0.0076	0.0141	−0.0163	0.2022	0.2378	0.4851
0.0138	−0.0019	−0.0091	0.2021	0.2354	0.4065
0.0175	−0.0157	0.0105	0.2013	0.2321	0.4036
0.0177	−0.0165	0.0177	−1.3540	0.1530	0.1915
0.0161	−0.0105	0.0027	0.2019	0.2345	0.4353

由表 5.5 可知,LE+FIG_SVM 模型在最大值和最小值预测上的精度较为理想,平均水平的预测精度有所差距,样本点基本都落在预测的变化范围内,HLLE+FIG_SVM 模型的平均水平预测结果较为准确。

5.3　基于支持向量机的主轴系统运行状态趋势预测

采用远程主轴系统振动数据采集系统,以某公司高端数控加工中心 VMC600 的主轴为对象,其机床结构刚性好,切削扭矩大。X、Y、Z 轴快进速度可以达到 20m/min,主轴电机功率为 7.5kW。

在信号采集之前,在采集现场布置好传感器测点(图 5.10),围绕主轴系统的径向布置了三个信号测点,各信号测点之间呈 90°布置且各传感器在同一横截面内,利用容知在线监测系统(图 5.11)进行在线监测。

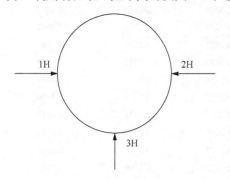

图 5.10　传感器测点布置图

图 5.11　容知在线监测系统

通过磁性座将振动传感器粘贴在 VMC600 主轴系统的外壳上，而实际振动信号采集由距采集现场 200m 的采集控制系统完成，采集系统主要由在线监测服务器、无线信号采集通信站和无线采集命令发射器三部分组成，如图 5.12 所示。设定机床主轴转速为 1500r/min，旋转频率为 15Hz，让其在空载下运转一段时间采集一段时间内的数据，一天采集一次，一共采集 54 天的数据，其振动烈度数据样本如表 5.6 所示。为了更好地预测主轴系统的运行状态，机床同样保持 1500r/min 的转速，采集主轴在负载状态下的振动数据，因此给机床主轴装夹上球头铣刀，对铝合金板料进行平面铣削。在主轴切削状态下采集其振动信号，采集 54 个振动烈度样本数据。

图 5.12　主轴系统振动信号采集现场

表 5.6　主轴系统在空载下的各预测序列值

序号	a3	d1	d2	d3
1	0.11675	-8.4×10^{-5}	-0.001323	-0.000595
2	0.1161	-9.5×10^{-4}	0.000782	-0.001785
3	0.11691	-0.0011	-0.000723	-0.000205
4	0.11655	-5.3×10^{-5}	0.001102	0.000706
5	0.11697	2.7×10^{-4}	0.00027	-0.000287
6	0.11628	-0.0006	-9.36×10^{-5}	-0.001580
7	0.11699	0.0011	0.001033	-0.000349
8	0.11703	-0.00088	6.63×10^{-5}	0.000778
9	0.11668	-0.00052	0.001227	-0.000238
10	0.11613	0.00109	0.001098	-0.00091
11	0.11682	0.00167	0.001106	-0.000288
12	0.11689	0.00182	0.001106	2.512×10^{-5}

通过采集的数据发现，在负载状态下的数据较自由空转相比，其振动烈度值有明显增大的趋势。在信号采集的过程，通过多次试验，取得了主轴系统在两种状态下振动烈度信号样本 54 个，每个样本数据都是机床主轴运行时间间隔为 1h 的数据，而在实际采集的过程，是每间隔 5min 的数据，将每小时得到的 12 个数据进行 3 次累积平均得到主轴振动数据。一般在确定预测步长时，其不能超过训练样本的 1/3，而本节总共采集了 54 个数据，同时，还要将 54 个样本数据分为两部分，一部分为训练样本，另一部分为测试样本。根据以上信息，粗略确定预测步长为 12，因为过大的预测步长会导致预测精度严重下降，失去对主轴系统状态趋势预测的作用。设计训练样本为前 40 个数据，测试样本为后 12 个数据，与预测数据进行对比，判断预测模型的准确度。对训练样本进行小波三层分解并重构后，得到振动信号的高低频时间序列值，将这四组值分别代入自回归模型中，得到 12 步预测值。主轴系统在空载下和切削状态下的各预测序列分别如表 5.6 和表 5.7 所示。

表 5.7　主轴系统在切削状态下的各预测序列值

序号	a3	d1	d2	d3
1	0.18637	0.000347	−0.002073	−0.003296
2	0.18629	−0.001537	−0.002888	−0.003244
3	0.1864	−0.00036	−0.004819	−0.002538
4	0.18637	−0.003021	0.00687	−0.002312
5	0.18637	−0.003959	−0.005882	−0.003151
6	0.18637	−0.005584	0.008458	−0.004615
7	0.18637	−0.005629	−0.003207	−0.002035
8	0.18637	−0.008278	0.011536	0.001683
9	0.18637	−0.007691	0.007655	−0.002615
10	0.18637	−0.009986	0.012826	−0.002316
11	0.18637	−0.010395	0.004884	−0.001017
12	0.18637	−0.009995	0.010483	−0.005388

5.4　基于流形学习空间的主轴系统运行状态趋势预测系统设计

采用 Visual C++6.0、MATLAB 2010b、Access 2003 数据库开发了主轴系统趋势预测系统，运行环境为 Windows XP 系统。该系统分为五个部分，包括系统登录、视频监控、信号采集、数据显示与保存、故障诊断、趋势预测等。系统整体框架如图 5.13 所示，特征提取界面主要包括提升小波去噪、提取低维流形和低维流形图显示。

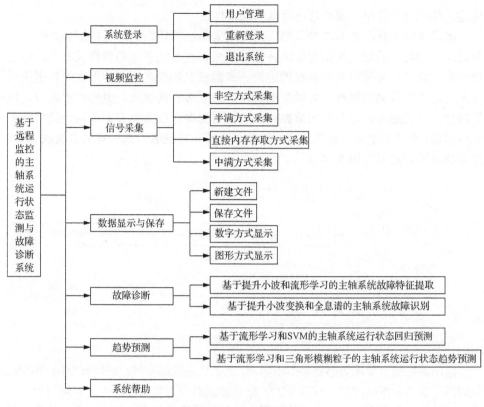

图 5.13　系统整体框架

5.5　主轴系统流形空间融合运行状态趋势预测

高端数控机床是高速加工技术得以实现的重要制造装备，其核心部件主轴系统在运行过程中受多个因素影响，准确预测主轴的运行状态需要考虑主轴运行过程的多个因素。

5.5.1　主轴系统多源信息

主轴系统多源信息融合是指利用电流互感器、加速度传感器、温度传感器等采集主轴驱动电机电流、振动、主轴外部或内部温度等多源信号，采用计算机技术，通过构建合适的融合结构和融合算法，获取对研究对象的准确描述和解释，为进一步决策和判断提供依据，目的是使系统的输出信息比各组成部分更准确、更完整。主轴系统多源信息在时间和空间上存在冗余和互补性，其基本融合原理是充分利用主轴系统不同类别的信息数据资源，在一定的准则下，对机床主轴的不同类别信息资源进行分析、综合等处理，从而使系统获取准确、有效的一次性描述，降低或消除单一或少数传感器的局限性。

实现主轴系统状态的趋势预测，需要对采集的原始数据进行特征参量的计算和处理，即特征提取，再把提取的特征转换成描述系统状态的参数或者支持命题的证据，也可作为支持某种假设的决策。多源信息融合在对多种形式的数据进行处理时，按照预测的过程，可以实现三种层次或级别的融合：原始数据融合、特征融合、决策融合。进行原始数据融合时，首先要保证数据来源于同一类型的多个传感器，不同类型的传感器所测得的数据需要在特征融合或决策融合层次进行。原始数据融合过程如图 5.14 所示。

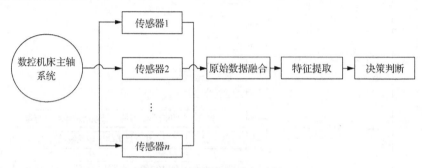

图 5.14　原始数据融合过程

原始数据融合要求传感器类型相同，保证了数据能够实现在时间和空间的配准，从而满足信号数据的时空一致性要求。原始数据融合对数据进行了最初始的处理，因而可以保证在数据处理过程中能够保存信号的最原始信息，使信息不易丢失。但该层次的融合要求传感器类型单一，传递的信号种类相同，有可能存在信息的不完整性和不稳定性。另外，融合需要处理的数据量较大，对计算机提出了较高的要求。

特征融合没有传感器类型一致的要求，其先对不同传感器采集的数据进行特征量的提取，再进行数据的关联融合，降低了原始数据的维数，在很大程度上减少了数据量，但由于不是对原始数据的直接处理，有可能丢失系统的部分特征信息，降低数据的精度。特征融合过程如图 5.15 所示。

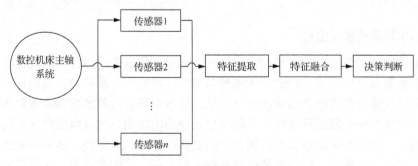

图 5.15　特征融合过程

　　在决策融合过程中，每个传感器需要独立完成对数据的采集和特征参量的提取，在此基础上分别进行特征识别和决策判断，得出相关结果后，对各决策进行融合。因此，决策融合也是层次最高的融合，该融合也没有传感器类型的限制，处理的数据量少，实时性和容错性较好，但由于经过多次数据的处理，有可能丢失相关信息，稳定性和融合的准确性较差。决策融合过程如图 5.16 所示。

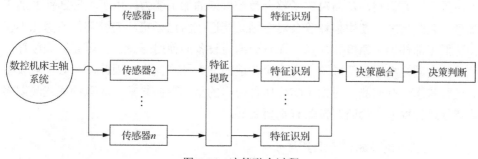

图 5.16　决策融合过程

　　针对主轴系统多源信息融合，采用加速度传感器和电流传感器分别采集主轴系统轴端振动信号和主轴驱动电机的电流信号，不对数据进行原始数据融合。为了保证数据融合的稳定性和准确性，选择在特征层进行主轴系统多源信息融合。

　　主轴系统多源信息融合在不同的层次上对主轴系统的振动、驱动电机电流等多种类型信号进行处理，对原始数据进行不同程度的抽象。在综合振动、电流等多种类型传感器的优势后，从多方位获取机床主轴的不同属性信息。主轴系统多源信息融合的主要特点如下：

　　(1) 增强了对主轴运行状态信息处理的容错性。在对机床主轴振动、电流等多源信息进行监测时，若存在某个传感器不能使用、信源受较大干扰、测量信号微弱等不利情况时，还有其他信源继续提供信息，使得对主轴的监测和信息处理能够正常进行。

　　(2) 扩大了对主轴的测量范围。不同类型的传感器对测量位置有不同的要求，振动传感器、电流互感器、温度传感器等在机床主轴上的布置客观上增加了测量的范围。

　　(3) 增加了对主轴信息处理的准确度。振动、电流、温度等多类型信源表征了机床主轴的不同属性信息，从多角度、多方位反映了主轴系统运行状态的特征信息。单信源信号对主轴运行状态的描述可能存在较大偏差和不稳定性，多源信息融合能更全面、丰富地描述主轴运行状态的信息且稳定性较强。

5.5.2　主轴系统多源特征流形空间融合

机床的主轴系统按不同传动类型可分为皮带传动主轴、齿轮传动主轴、直接驱动主轴、电主轴等，主轴系统中的主要部件有转轴、轴承、电机及驱动系统、冷却润滑系统、箱体等。主轴系统的旋转精度、速度适应性、刚度等对主轴的加工质量有重要影响，从而决定了整台数控机床的加工能力。由于主轴部件的加工质量、装配精度、使用损耗等会对主轴系统造成劣化影响，关键部件的劣化不仅会降低零部件加工精度和质量，而且会缩短设备的使用寿命，甚至会造成废件，严重的会破坏机床甚至威胁人身安全，造成重大经济损失。因此，有必要对设备的运行状态进行监测，对由于劣化所体现出的早期微弱异常、故障特征或晚期劣化特征进行提取、诊断及预测有重要意义。

1. 主轴系统多源信号采集与分析

高端数控机床主轴运行状态监测是保证机床加工质量、延长机床使用寿命、科学维护机床的重要内容，主要通过对加工过程中主轴系统的各种信号进行监控来实现。主轴系统加工过程中的信号一般包括振动、主轴驱动电机电流、伺服电机电流、温度、噪声等。考虑主轴状态监测与信号监测系统的成本、传感器布局和安装对主轴运行环境要求等因素，伺服电机电流常包含大量机床本体信息，数据处理也较主轴电机电流复杂，因此常采用主轴电机电流信号与振动信号进行主轴运行状态监测。

主轴系统在运行过程中产生的振动信号包含主轴设备在运行状态中的动特性信息，反映了主轴由旋转、变速、加载等情况下内部各种激振力的综合作用。在主轴切削加工过程中，加工环境及条件或设备本身状态的变化对激振力产生影响，从而导致振动信号发生相应的变化。振动信号通过振动传感器来采集，并通过加速度、速度、位移等形式表现出来，经分析处理后对主轴运行状态进行一定的判断。一般在安装振动传感器时，通常选择在主轴轴承附近或其他主轴外壳合适的部位。与振动信号的采集相比，电流信号的监测不受位置的影响，对主轴的运行加工过程没有直接的影响，数据采集方便。尽管主轴电机电流信号一般被认为有灵敏度低、频带窄等局限性，但由于其具备较强的可操作性，且能够反映主轴的运行状态情况，所以主轴电机电流越来越多地用于对主轴系统运行状态进行监测和判断。为了方便操作，通常采用开合式电流互感器分别对主轴驱动电机三相线进行电流信号的采集。

在信号的监测采集过程中，其基础部分为传感器的正确选择和布置，再将传感器与信号调理电路或功率放大器连接，对经由传感器转换的信号进行滤波放大等处理。信号经处理后由数据采集卡进行模数转换，并传送到计算机内部缓存区，通过计算机的处理显示波形，保存数据，从而方便对数据做进一步的分析处理。

2. 主轴电流信号多空间域分析

主轴电机三相电流能够表征主轴系统的运行状态，主轴电流信号相对于振动信号，其灵敏度较低且相对滞后，三相电流存在一定的量化关系，为了最大限度地保持电流信息的完整性和稳定性，选择在原始级对三相电流进行融合。

设电流互感器检测的三相电流分别为 R、S、T，则根据三相电流关系令

$$R = I \sin \theta$$

$$S = I \sin \left(\theta + \frac{2}{3} \pi \right)$$

$$T = I \sin \left(\theta - \frac{2}{3} \pi \right)$$

式中，I 为定子电流幅值；θ 为转子旋转角度。

将三相交流电等效为直流电，完成原始三相电流数据融合，其计算公式为

$$I_{\mathrm{RMS}} = \sqrt{\frac{R^2 + S^2 + T^2}{3}}$$

融合后的信号为随时间变化的等效直流信号。

主轴时域信号为在不同时刻测量到的状态参数，在进行信号分析时显得直观、易于理解和实现。但仅仅做时域分析，所获得的主轴工作状态信息是有限的，常常只能判断主轴运行状态的正常与异常，对于异常状态的类别、发生位置及原因很难给出有效的判断。因此，还需要对主轴电机电流信号进行频域分析。频域分析需要对时域信号进行傅里叶变换完成从时域到频域的转化。频域信息包含频率、幅值及相位等内容，为进行主轴运行状态的判断提供了更为丰富的依据。时域和频域分析描述了信号在时域及频域中的全局性质，但实测电流信号常具有时变非平稳特性，而信号的时频局部性质是非平稳信号最关键的性质。本节引入小波分析方法对主轴电流信号进行时频局部分析。主轴系统电流信号的小波分析以 Morlet 小波为母小波，提取不同空间域的特征，构成特征融合基础。主轴电流信号多空间域分析从不同角度对信号包含的主轴运行状态信息研究判断，弥补单空间域分析的不足。信号分析流程如图 5.17 所示。

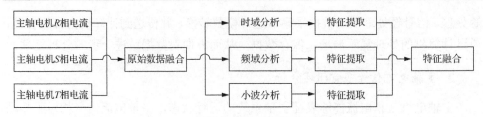

图 5.17　主轴电机电流信号分析流程

3. 主轴振动信号多空间域分析

主轴的运行状态可以通过内部各激振力的综合作用表现为振动信号，根据传感器类型的不同，振动又通过加速度、速度、位移等值被采集和分析。在进行主轴运行状态振动信号的采集时，由于振动传感器的布置和安装位置存在差异，所受的噪声和其他环境干扰不同，各传感器监测采集的信号间不存在确定的量化关系，所以一般不选择在原始级进行振动信号的融合。这就要求在对振动信号进行处理时，需要分别对不同传感器测得的信号进行分析处理，判断主轴的运行状态。在进行主轴振动信号分析时，同样需要了解信号的时域、频域的全局性质以及时频域的局部性质，因而选择与电流信号分析一致的方法。振动信号分析流程如图 5.18 所示。

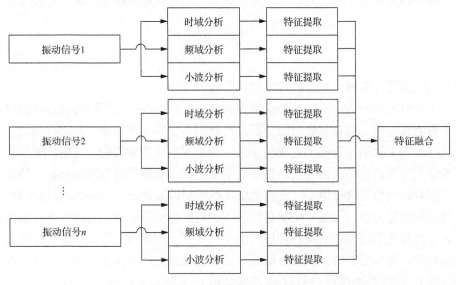

图 5.18　振动信号分析流程图

4. 主轴多源信号多空间域特征提取

特征提取是进行信号分析的重要部分，多空间域特征提取是主轴信号多空间域分析的阶段目标，选取的特征如图 5.19 所示。

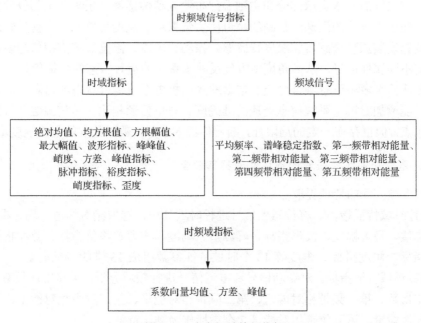

图 5.19　多空间域特征指标

5.5.3　数控装备多源信息融合状态识别模型

为了对高端数控装备的运行状态进行实时监测和有效感知，进而对状态进行有效识别和判断，本节提出基于运行状态多源多域空间信息融合状态识别模型，采用增值流形相似度进行状态的识别。对高端装备的电流信号和振动信号进行信息融合；对融合信号的时域、频域、时频域信息进行特征提取，重构初始特征的多域高维相空间，采用局部线性嵌入结构进行降维，优化本征维数，采用距离判据获得低维敏感特征，构建低维流形特征的增值相似度，实现对不同状态的识别。

1. 数控装备的多源传感器信息融合

高端数控装备主要包括主轴系统、进给系统、数控系统、刀库、液压系统、工作台等十多个组成部分，其中主轴及进给轴的状态和精度是关键，直接影响零件的加工精度。主轴系统在运行过程中产生的振动信号包含主轴设备在运行状态中的动态特性信息，反映主轴在旋转、变速、加载等情况下内部各种激振力的综合作用。主轴电机电流信号一般存在灵敏度低、频带窄等局限性，但由于其具备较强的可操作性，且能够反映主轴的运行状态情况，所以主轴电机电流越来越多地用于对主轴系统运行状态进行监测和判断。通常采用电流互感器采集电机的电流，通过工业标准 OPC（OLE for process control）协议采集来自数控系统的电流和功率，在主轴的轴承支承部分和主轴端部布置振动传感器，采集各个部位的振动信息。在进给系统的滚珠丝杠副的螺母座安装振动和温度传感器，在前后轴承的支承位置安装振动传感器和温度传感器。振动、电流、温度等多类型信源表征了系统的不同属性信息，从多角度多方位反映了系统的运行状态的特征信息。

传感器级多源信息融合可全面丰富地描述机电系统运行状态的信息，稳定性较强，能增加对机电系统信息处理的准确度。与单信源相比，多信源融合虽然有较多优点，但也存在一定的局限性，随着信源的增加，数据处理的复杂程度增加。

2. 基于局部线性嵌入的多域空间特征融合

1) 多域空间的特征提取

(1)时域特征指标。将传感器信号进行时域处理，选取绝对均值、均方根值、方根幅值、最大幅度、波形指标、峰峰值、峭度、方差、峰值指标、脉冲指标、裕度指标、峭度指标、歪度等 13 个时域特征参数组成 13 维的特征向量。

(2)频域特征指标。对振动信号和电流信号进行频域分析，采集平均频率、谱峰稳定指数、第一频带相对能量、第二频带相对能量、第三频带相对能量、第四频带相对能量、第五频带相对能量 7 个指标作为频域特征。

(3)小波变换特征指标。对振动信号和电流信号进行基于 Morlet 小波为母小波的小波变换，提取小波系数向量均值、方差和峰值三个指标作为小波变换域的特征。

采用加速度传感器和电流传感器分别采集主轴系统轴端振动信号和主轴驱动电机的电流信号。采用三个电流互感器采集三相电流信号，并进行信号级多源信息融合，确保信息的完整性和稳定性。设电流互感器检测的三相电流分别为 R、S、T，则根据三相电流关系，令 $R = I\sin\theta$，$S = I\sin\left(\theta + \dfrac{2}{3}\pi\right)$，$T = I\sin\left(\theta - \dfrac{2}{3}\pi\right)$，其中 I 为定子电流幅值，θ 为转子旋转角度。获得随时间变化的等效直流电信号为

$$I_{\mathrm{RMS}} = \sqrt{\frac{R^2 + S^2 + T^2}{3}}$$

多传感器所测信号类型不同且数量有限，为保证样本量，选择一段振动信号或三相电流信号，并对电流信号进行原始数据融合。在时域和频域空间，先将信号分段。假设信号 x_i 长度为 n，可将信号均分为 k 段，对每段信号提取时域 13 个、频域 7 个共计 20 个特征。在小波分析的时频域，先将信号 x_i 进行一维小波变换，得出小波变换平面图，根据平面图确定关心的尺度，提取尺度系数向量，将系数向量分为 k 段，计算每段的均值、方差和峰值。

构建多源多域数据特征融合空间时，由于信号数据量纲不同，所以需对信号进行归一化处理：

$$x_i^* = \frac{x_i - \bar{x}}{\sqrt{\sigma}}$$

式中，$\bar{x}$ 为样本集均值；σ 为样本集方差。将单段信号作为一个 23 维的样本点 N_i，样本点总数记为 N，构建 23 维特征矩阵。

2) 局部线性嵌入的算法原理

对于高维非线性数据集，能够挖掘出嵌入在高维数据集中的低维流形，并给出有效的低维表示。给定一个高维数据集 $X = \{X_1, X_2, \cdots, X_L\} \in \mathbf{R}^N$，构造高维特征空间。假设 $S_{n \times v}$ 为高维特征矩阵空间，其中 n 为样本数，v 为每个样本的维数，求解 $Y = \{Y_1, Y_2, \cdots, Y_L\} \in \mathbf{R}^d$，使得 $Y_i = h(X_i)(i = 1, 2, \cdots, L)$。其中，$X_i$ 为 N 维向量，Y_i 为 d 维向量。低维流形矩阵为 $M_{n \times k}$，其中 k 为降维后每个样本的维数，并且满足 $k < v$。

局部线性嵌入算法的计算步骤如下：

(1) 计算近邻点。

(2) 求解权值矩阵 W，若 X_i 和 X_j 不是近邻点，则 $w_{ij} = 0$ 且 $\sum w_{ij} = 1$。重构成本函数 $g(w) = \sum_i (X_i - \sum w_{ij} X_j)^2$ 最小，$w_{ij} = \dfrac{\sum_k (C_{jk}^i)^{-1}}{\sum_{lm} (C_{lm}^i)^{-1}}$，其中 C^i 是 X_i 的局部协方差矩阵，元素 $C_{jk}^i = (X_i - X_j)^{\mathrm{T}}(X_i - X_k)$。$X_j$ 和 X_k 是数据点 X_i 的邻域点。

(3) 保持权值矩阵 $W = (w_{ij})$ 不变，最小化嵌入成本函数 $\phi(Y) = \sum_i (Y_i - \sum w_{ij} Y_j)^2$，使低维重构误差最小。定义矩阵 $M = (I - W)^{\mathrm{T}}(I - W)$，其中 I 为 L 阶单位阵，计算矩阵 M 的非零特征值对应的特征向量构建矩阵 Y（每个特征向量对应 Y 的一列）。

(4) 输出 $l \times d$ 矩阵 Y。

3) 本征维数估计

将每个数据样本 $x_i(i \in \mathbf{R})$ 看成 D 维向量，则样本集可以表示为 $X = \{x_1, x_2, \cdots, x_N\}$，其中 N 表示样本的个数。构建 $x_i \in X$ 的 k 邻域，并记为 $U_x(i, k)$。对应 x_i 的 k 邻域 $U_x(i, k)$。设一个权重向量 $w_i = (w_{i1}, w_{i2}, \cdots, w_{ik})$ 满足 $G(w_i) = \min \left\| x_i - \sum_{j=1}^{k} w_{ij} x_j^{(i)} \right\|^2$，且 $\sum_{j=1}^{k} w_{ij} = 1$。

因 $k < N$，故为了构建 N 维权重向量，需将 w_i 相应位置补零，构成 N 维权重向量 W_i，样本数为 N，N 个这样的 N 维权重向量构成 $N \times N$ 阶方阵，记为 W。令

$$E = (I - W^{\mathrm{T}})^{\mathrm{T}} (I - W^{\mathrm{T}})$$

式中，I 为 $N \times N$ 的单位矩阵。

进行本征维数估计时，需定义自逼近度和可分离度两个概念。

对于选定的 k 值，E 唯一确定，d 值任意，定义 $Q(Y) = \min \mathrm{tr}(YEY^{\mathrm{T}})$ 为 Y 在 k、d 下的自逼近度，其中 Y 为 X 在 d 维空间的嵌入，表示数据集 Y 中的样本点和它邻域点线性组合的近似程度。若 k 值确定，则自逼近度记为 $Q(Y) = B_a^{\ 2}(k, d)$。将自逼近度值较小时的 d 作为高维数据集 X 的本征维数值。但自逼近度阈值实际使用时难以合理选择，其阈值的设定与数据集和邻域的选择有关，具体操作非常困难，故引入可分离度的定义。

对于选定的 k 值且流形 M 为唯一确定的值，定义 $B_s(k; d) = \dfrac{1}{N} \sum\limits_{i=1}^{N} \rho_{\min}^{d}(i; k)$ 为 Y 在 k、α 下的可分离度。其中，$\rho_{\min}^{d}(i; k) = \min \left\{ \rho^d(y_i, y_j), j \in U_y(i, k) \right\}$，$U_y(i, k)$ 表示 α 维空间中与 $U_x(i, k)$ 一致的邻域，$\rho_{\min}^{d}(k, i)$ 表示 α 维空间中的欧氏距离。对于数据集 Y，可分离度随维数 α 单调增加。同时考虑 Y 的自逼近度和可分离度，可获得保持原始数据 X 的结构特征信息的有效的估计数据空间 Y 的本征维数值。构建损失函数如下：

$$B(k; d) = B_a(k; d) - \ln\left(B_s(k; d)\right), \quad 1 \leqslant d \leqslant d_s$$

假设邻域为 k 时，最优估计值为 $\hat{d}_k$，则 $\hat{d}_k$ 满足：

$$B(k; \hat{d}_k) = \min\left\{B(k; d)\right\}, \quad 1 \leqslant d \leqslant d_s$$

4) 邻域容量估计

构建能够反映流形的局部线性特性的邻域，当邻域容量增大时，记 $O(X) = \mathrm{tr}\left[(X - XW^{\mathrm{T}})^{\mathrm{T}}(X - XW^{\mathrm{T}})\right]$ 为均方误差，简记为 $O(k)$。令

$$Z(k) = \sum_{i=1}^{k} \left(O(i) - \lim_{1}^{k}(i)\right)^2 + \sum_{i=k+1}^{N-1} \left(R(i) - \lim_{k+1}^{N-1}(i)\right)^2, \quad k = 1, 2, \cdots, N-1$$

式中，$\lim_{m}^{n}(i)$ 是过 $(n, O(n))$、$(m, O(m))$ 两点的直线在点 i 的取值。邻域容量的估计值 $\hat{k}$ 满足：

$$Z(\hat{k}) = \min\left\{Z(k) \mid k = 1, 2, \cdots, N-1\right\}$$

3. 运行状态多源多域空间信息融合状态识别模型

运行状态多源多域空间信息融合状态识别流程如图 5.20 所示,具体步骤如下:

(1) 进行传感器信号级别融合;

(2) 对提取的时域特征、频域特征、小波域特征进行特征融合;

(3) 提取多域流形学习低维敏感特征;

(4) 根据敏感度进行融合特征提取,获得融合特征集。

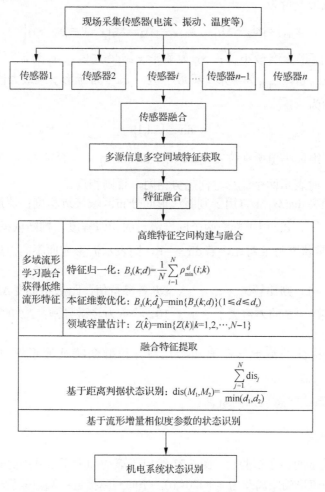

图 5.20　运行状态多源多域空间信息融合状态识别流程

设特征空间中存在两个实例点,分别为 $x = \{x_1, x_2, \cdots, x_n\}$ 和 $y = \{y_1, y_2, \cdots, y_n\}$,

记两点间的距离为 $\mathrm{dis}(x, y) = \sqrt{\sum_{i=1}^{n} (x_i - y_i)^2}$。对于相同样本点数的低维流形,流形

矩阵中对应位置实例间距离为 $\mathrm{dis}_1,\mathrm{dis}_2,\cdots,\mathrm{dis}_n$，记流形间距离为

$$\mathrm{dis}(M_1,M_2)=\frac{\displaystyle\sum_{j=1}^{N}\mathrm{dis}_j}{\min(d_1,d_2)}$$

式中，d_1、d_2 分别为 M_1、M_2 的估计维数。

设低维流形对应的矩阵为 $M_{N\times d}$，N 是流形所包含的样本点数，d 为样本点维数，定义流形变量为

$$x_{\min}=\left|\mathrm{xl}_2-\mathrm{xl}_1\right|,\quad x_{\max}=\left|\mathrm{xr}_2-\mathrm{xr}_1\right|,\quad y=\left|y_2-y_1\right|$$

式中，xl_i 为流形 x 维最小值；xr_i 为流形 x 维最大值；y_i 为流形 y 维宽度，$y_i=\left|y_{i\max}-y_{i\min}\right|$，$y_{i\min}$ 为流形 y 维最小值，$y_{i\max}$ 为流形 y 维最大值。

流形方向为

$$\mathrm{dir}\in\{-1,1\}$$

当流形 y 维最小值所在位置为 x 维端点时，记 $k_i=1$，否则为–1；令 $\mathrm{dir}=k_i\cdot k_j$，当计算值为 1 时表示两个流形方向趋势相同，否则相反。

流形间距离 $\mathrm{dis}(M_i,M_j)$ 用于判断流形间分布区域接近程度；流形增量相似度 $x_{\min}$、$x_{\max}$、y、dir 用于判断两个同维流形的相似程度。判断依据如下：

(1) 与正常状态特征对比，若 $\mathrm{dir}=-1$，则表示流形方向不同，属于严重异常的故障状态。

(2) 若 $\mathrm{dir}=1$，则比较 $x_{\min}$、$x_{\max}$、ΔB 各参量值，距离相似度 ΔB 的差值小于 5，状态为正常；ΔB 的差值大于 5 小于 10，状态为轻微异常；ΔB 的差值大于 10，状态为严重异常。

(3) 计算特征的流形间距离 $\mathrm{dis}(M_i,M_j)$ 和融合特征流形增量相似度参量 $x_{\min}$、$x_{\max}$、ΔB、dir。

(4) 机电系统状态识别判断。

4. 试验验证

采用实验室的转子试验台，图 5.21 给出了滚动轴承正常状态分析获取的二维流形特征，两流形的距离差为 4.8480<10，空间距离接近；端点差值分别为 3.1052 和 7.1881，带宽差值为 3.6358，流形特征开口方向为 1，待测状态为正常状态，与实际一致。

将故障 1 的二维流形(如图 5.22 所示)同正常状态特征比较，其流形方向相反，各参量差值较大，分别为 25.8832、11.6593、15.0256。

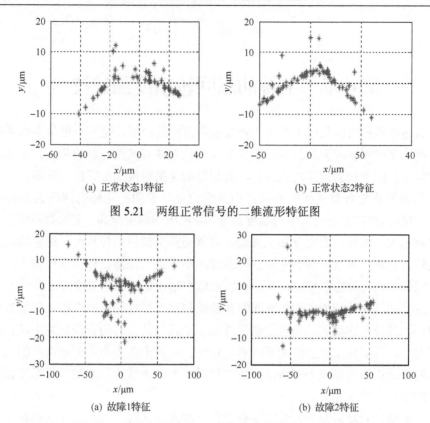

(a) 正常状态1特征　　　　　　　　　　(b) 正常状态2特征

图 5.21　两组正常信号的二维流形特征图

(a) 故障1特征　　　　　　　　　　(b) 故障2特征

图 5.22　故障 1 和故障 2 状态特征

根据表 5.8 中各参数值可以判断，当 dir 值为–1 时，因流形方向不同，即可判断两个状态不同；当 dir 值为 1 时，比较各参量值的差值，较小时，表明流形相似度较高，反之相似度小，状态不同。当距离相似度大于 10 时，特征在空间中的距离较远，一般为类型不同或不来自于同一系统。

表 5.8　故障与正常状态流形特征相似度参量值

状态参量	正常 2	故障 1	故障 2	故障 3	故障 4
距离相似度	4.8480	4.4007	5.5911	5.0867	7.3557
$x_{min}/\mu m$	3.1052	25.8832	15.9680	12.6460	12.0990
$x_{max}/\mu m$	7.1881	11.6593	7.9567	4.8500	12.7530
$y/\mu m$	3.6358	15.0256	15.6220	17.3740	40.5530
dir	1	–1	–1	–1	1

第6章 主轴动态回转精度测试技术

高精密数控机床集成了当前工业发展最前沿的技术，是一个很复杂的系统，其性能优劣受很多因素的影响，但其关键功能部件对其性能影响最大。主轴回转精度作为机床主轴的重要性能指标，其指标的优劣对被加工零件的粗糙度、形位公差和表面质量有着直接的影响。相关研究报告表明：主轴的回转误差将带来30%~70%的精密车削过程中的圆度误差，且机床的精度越高，主轴的回转误差所占比重越大。因此，要提升加工质量，必须提升主轴的回转精度。对主轴的回转精度进行检测，可直接得到主轴回转精度大小，进而预测被加工零件精度，对数控系统进行加工补偿和控制，从而实现机床主轴加工状况的监控和报警。

主轴回转误差是指主轴的瞬间回转轴线相对于平均轴线的位移，分解为纯轴向窜动、纯径向跳动和纯角度摆动三种基本形式，其中后两者统称为主轴径向回转误差，是造成加工误差的主要因素。运动误差的来源主要有两方面：①轴承运动误差；②机器内部或外部激励以及结构循环中由于弹性、质量、阻尼等影响所产生的结构运动误差。

目前测试回转误差的方法主要有三种：静态测试法、动态测试法和在线误差补偿检测法。静态测试法主要是利用精密芯棒和千分表进行测量(表测法)，但是这种方法无法反映主轴在工作转速下的回转误差，并且无法区分性质不同的误差，已经逐渐被其他测试方法所取代。动态测试法中常用的方法有双向测试法和单向测试法，通过一个标准球和适量传感器就能测得主轴的回转精度，显示主轴运动的轴心轨迹图，为主轴的性能评估提供可靠依据。在线误差补偿检测法在机床主轴处于切削状态下，将监测的结果直接用于控制切削补偿量，这种方法操作较为复杂，现场检测时很少采用。

随着工业技术的发展，机床的加工精度越来越受到业内人士和专家的关注。高速主轴的回转误差直接影响产品的加工精度与使用寿命，通过回转误差测试可以评价机床在理想加工条件下所能达到的最小形状误差和表面粗糙度，分析判断产生加工误差的原因以及机床的运行状态。因此，如何快速、准确、有效地测量主轴的回转误差成为人们关注的热点问题。

6.1　主轴回转误差基本理论

在测试系统中，主轴的误差运动通常定义为："主轴的实际回转轴线相对于理想回转轴线的相对位移"。

理想情况下，主轴的回转轴线在空间的位置是固定不动的，因此不存在任何误差运动。但实际上，由于主轴的轴头支承在轴承上，轴承又安装在主轴箱体孔内，主轴上还有齿轮或其他传动件，由于轴头的不圆、轴承的缺陷、支承端面与轴头中心线的不垂直、主轴的挠曲和机床的振动等，主轴回转中心线的空间位置在每个瞬间都是变动的。把主轴的瞬时回转中心线的平均空间位置定义为主轴理想的回转中心线。主轴瞬时回转中心线的空间位置相对于理想中心线的空间位置的偏离就是回转主轴在该瞬间的误差运动，这些瞬间误差运动的轨迹就是回转主轴误差运动的轨迹，主轴误差运动的范围就是"主轴回转精度"。

假设主轴为刚体，在回转中可能存在五种误差运动分量，如图 6.1 所示，这五种误差运动可分为三类，即纯径向运动、纯轴向运动和纯倾角运动。

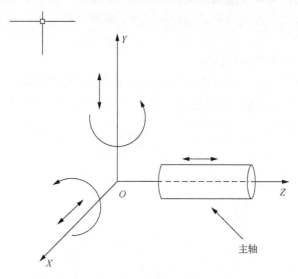

图 6.1　主轴回转误差运动示意图

纯径向运动包括沿 X 轴的 $x(\theta)$ 和沿 Y 轴的 $y(\theta)$，纯轴向运动指沿 Z 轴的 $z(\theta)$，三者都是平移运动；纯倾角运动包括绕 X 轴的 $\alpha(\theta)$、绕 Y 轴的 $\beta(\theta)$，这两者都是倾角运动。在主轴的六个自由度中，另外一个绕 Z 轴的 $\gamma(\theta)$ 就是主轴运行时的回转运动。

6.1.1　主轴回转误差的形成机理

1. 影响主轴回转精度的因素

1）轴承精度和间隙

轴承本身的轴承沟道的径向跳动、各个滚动体直径不一致和形状误差所造成的误差，轴承沟道的端面误差、轴承间隙使主轴在外力作用下发生的静位移，使主轴旋转轴线做复杂的周期运动、动态特性不佳等，都会影响主轴回转精度。

2）主轴本身及配合零件精度和装配精度

影响主轴本身精度的因素有轴颈、内锥孔、装拆夹头或刀具的基面、安装传动件的定位基面、定位轴肩、键槽与花键、螺纹等。因此，必须严格控制主轴轴颈的尺寸和形状误差，其精度不应低于轴承相对应的精度。调整间隙的螺母、过渡套、垫圈和主轴轴肩等的端面垂直度设置不当，也会使轴承装配时因为受力不均而造成沟道畸变。

轴承内圈通常用螺帽在轴向锁紧，螺帽端面跳动使轴承内圈倾斜，导致滚珠打滑而温度升高，噪声及磨损增大，轴的径向跳动增大。旋转主轴可产生许多不同频率的误差运动。这些频率是由旋转速度、轴承元件的形状误差、外部影响和其他来源决定的。

3）离心率产生的主轴回转误差

由于离心率的存在，所有旋转目标都会在每次旋转时出现一个周期的误差运动，如图 6.2 所示。这一现象确定了一个"基本频率"，它始终为基本频率=转速/60（单位为 Hz）。

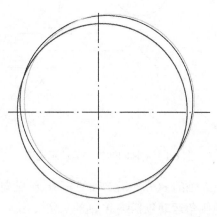

图 6.2　离心率产生的主轴回转误差

4）定子和转子的形状误差

定子和转子并不完全是圆的，这些缺陷在主轴运动中会产生额外的频率，而此类频率始终与基本频率同步。2 叶状和 3 叶状误差均是常见的失圆度误差，这些形状误差可产生高出基本频率 2 倍和 3 倍的主轴运动频率，如图 6.3 所示。

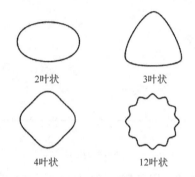

图 6.3　主轴误差运动产生的叶状误差

5）安装导致的误差

主轴安装时可能使轴承产生应力，从而造成轴承轻微畸变，这时会产生同步误差运动，并且与定子和转子的形状误差基本相同，但是形状误差由安装应力所致。

6）电机磁极误差

电机中的磁极可以在电机的转子上产生一个正交力，但磁极处的正交力不同于磁极之间的正交力，这个不断变化的力在每次旋转时循环出现，根据主轴轴承的刚度决定该变化力是否出现在主轴的运动误差中，与基本频率同步。驱动电机中的磁极数量决定 print-thru 误差的形状，例如，8 个磁极的电机产生一个 8 叶状误差，在 10kHz 内持平的系统将会准确地测量转速高达 75000r/min 的误差。典型的驱动电机有 4 个、6 个或 8 个磁极，超大型电机可能有更多的磁极，磁极越多，转动的速度越慢，误差运动频率越低。

7）结构振动

由于主轴结构的大小和质量，其固有频率通常很低（10~30Hz），该频率可与基本频率同步，也可与基本频率不同步。由于机器结构的频率低，传感器可测量此频率。

8）滚动轴承（异步运动误差）

滚动轴承由四个基本元件组成：滚动体本身（球或滚轴）、内圈、外圈和保持架。当轴承转动时，这些元件会通过机械方式相互作用。滚动轴承的固有缺陷导致轴承力和旋转轴偏差，引起主轴的误差运动。每一个轴承部件自身的形状误差都会使主轴产生误差运动。要防止主轴发生共振，应选择轴承避免共振。误差出现在基本频率的非整数倍处，图 6.4 显示了一个典型的球轴承频率出现的位置分布。

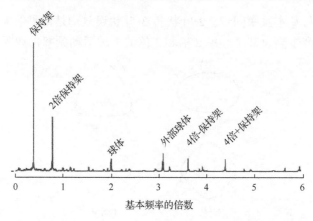

图 6.4　发生在"轴承频率"处的异步误差运动的典型频率

2. 影响主轴回转精度的同步运动误差和异步运动误差

从概率论和数理统计的角度可将主轴回转误差分为系统性(确定性)误差和随机性误差。主轴回转误差包括同步运动误差、异步运动误差和总运动误差三部分。

同步误差运动是发生在整数倍转速频率(基频)下的误差运动,主轴每次转动时都会在相同的角度位置处重复发生,其与基本频率是同步的。同步运动误差是旋转过程中重复出现的误差分量,从统计学角度,它是与转速成整数倍的误差分量,产生原因与转动频率有关的轴系结构和周期性激励等因素有关,如轴颈误差和动不平衡激励等。

异步误差运动是发生在非整数倍转速频率(基频)下的误差运动,具有以下特点:①非周期性;②周期性但是发生在非转速频率及其整数倍频率下;③在转速频率的分谐波频率下呈现周期性。异步运动误差是与转轴速度频率成非整数倍的误差分量,产生原因与转动频率无关,与无规律的结构因素和随机干扰因素有关。

在理想的切削条件下,异步误差运动极坐标图能够预测被加工零件的表面粗糙度。如果没有异步误差运动,被加工零件表面唯一出现的不规则图形就是与刀具半径有关的扇贝形纹理,如图 6.5(a)所示,其中,峰谷值 H、刀具半径 R 与每转进给量 f 之间的关系为

$$H = \frac{f^2}{8R}, \quad f \ll R$$

因此,减小进给量 f,则 H 会相应变小。但是,如果存在异步误差运动,那么被加工零件表面材料的去除量会发生变化,如图 6.5(b)所示。如果表面粗糙度截止宽度值是每转进给量的倍数,那么一个给定的异步误差运动将会转换为相等

的峰谷不平度。异步误差运动总和与 H 代表了机床在理想切削条件下可能的峰谷不平度，工件表面粗糙度值约为异步误差值的 1/4。当用金刚石刀具加工某些有色金属时可以用这种方法预测工件表面粗糙度，但是大多数切削条件下刀具上的切屑瘤会加大工件的表面粗糙度。

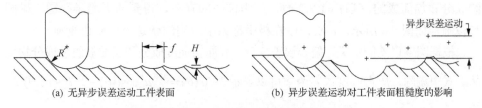

(a) 无异步误差运动工件表面　　　　　　　(b) 异步误差运动对工件表面粗糙度的影响

图 6.5　异步误差运动与表面粗糙度的关系

总误差是主轴的回转运动误差，为同步运动误差与异步运动误差之和。主轴回转误差产生的原因是多种多样的，各种原因对主轴运动的影响也不尽相同，所以主轴回转误差的总体变化规律也是错综复杂的。

主轴误差运动主要由系统的几何误差、主轴系统的动不平衡、热变形等结构因素决定，其误差运动的单圈重复性很好，以同步运动误差为主。但在实际加工条件下，造成主轴误差运动除结构因素外，还有动力学因素，如各种振动激励的高频随机误差运动、切削机床切削力的变化、电动机的转矩脉动等，主轴误差运动往往存在异步运动误差，即不具有良好的单圈重复性。对于超精密机床主轴回转精度的测量，较强的异步运动误差不能忽略，需要寻找更合适的数据处理和分析方法降低误差。

6.1.2　圆度误差

圆度误差是评价圆形零件的重要指标，其定义为：包容同一横截面的实际轮廓且半径差为最小的两同心圆之间的距离。

下面以主轴或工件为被测件进行主轴回转精度测量。主轴或工件被测截面的外圆轮廓是一个封闭的复杂曲线，曲线上各点的误差大小各不相同，并在圆周上连续变化。圆度误差具有周期性和径向性两个明显的几何特征，其中径向性是指圆度误差的大小变化，反映在圆形零件的半径方向上，周期性是指圆度误差的大小变化具有周期性的变化规律，且其周期为 2π。

主轴或工件外圆轮廓具有周期性和径向性特征，其圆度误差在极坐标系中可以用傅里叶级数表示为

$$r(\theta) = r_0 + \sum_{i=0}^{\infty} a_i \cos(i\theta) + \sum_{i=0}^{\infty} b_i \sin(i\theta)$$

$$= r_0 + \sum_{i=0}^{\infty} c_i \sin(i\theta + \alpha_i)$$

式中，$r(\theta)$ 为 θ 角时对应的被测件公称半径大小；r_0 为被测件圆度误差傅里叶级数的常数项；a_i、b_i 为傅里叶系数，$c_i = \sqrt{a_i^2 + b_i^2}$；$\alpha_i = \arctan\dfrac{a_i}{b_i}$。

可将主轴或工件外圆轮廓看成由一个半径大小为 r_0 的基圆与若干不同频率谐波成分叠加而成的。当 $i = 1,2,3$ 时，因为偏心的存在，得到的平均半径圆、椭圆和棱圆，如图 6.6 所示。n 次谐波在极坐标系中得到的就是一个 n 边棱圆。

根据圆度误差的定义，偏心误差成分、表面粗糙度成分和表面波纹度成分均应从上式中剔除，所得圆度误差函数可以表示为 $\Delta r(\theta) = \sum\limits_{i=2}^{\infty} a_i \cos(i\theta) + \sum\limits_{i=2}^{\infty} b_i \sin(i\theta)$。

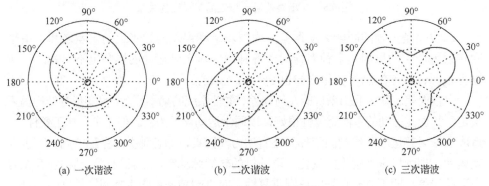

(a) 一次谐波　　　　　　(b) 二次谐波　　　　　　(c) 三次谐波

图 6.6　圆度误差的极坐标图

6.1.3　主轴回转精度测试技术的研究现状

1. 打表测量法

早期机床主轴的回转精度较低，通常用打表法测试机床主轴的回转精度。此方法是将一精密芯棒插入机床主轴锥孔，通过在芯棒的表面及端面放置千分表进行测试，如图 6.7 所示。这种方法简单易行，但是无法避免锥孔的偏心误差，无法反映主轴在工作状态下的回转误差，也不适用于高速高精密主轴回转精度测量。

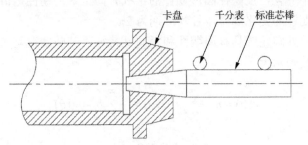

图 6.7　打表测量法

2. 单向测量法(单点法)

只在主轴回转面的某一方向上安装一个传感器进行数据的采集,以主轴回转角度作为自变量,将采集的位移数据按回转角度展开叠加到基圆上,以此形成圆图像。由于只在一个方向采集数据,所以需要将传感器安装在误差运动敏感方向,即主轴回转误差运动对加工影响最大的方向,敏感方向是通过加工或测试的瞬间接触点并平行于工件理想加工表面的法线方向,非敏感方向在垂直于敏感方向的直线上。通过单向测量法得到的回转误差运动实质上是实际二维主轴回转误差运动在敏感方向的分量,因此单向测量法只适用于具有敏感方向的主轴回转精度的测量,如车床等工件回转型机床。单向测量法不可避免地会混入主轴或者标准球的形状误差,因此一般情况下测量精度不高。使用一个传感器直接测量机床主轴在某一敏感方向上的跳动,典型代表为美国单向测量法。该方法需用安装在机床主轴上的标准球作为被测试对象,如果被测标准球的误差足够小(比主轴回转误差小一个数量级以上),那么可认为标准球圆度相对于主轴的跳动可以忽略不计。传感器采样信号主要来源于标准球安装偏心误差和主轴回转误差运动,其中,标准球安装偏心误差可以通过滤除采样信号中的一次成分消除。

3. 两点法

在主轴的横截面两个相互垂直的方向上安装传感器采集主轴的回转误差信号,这种方法也称为双坐标测量法。测试装置简图及合成的轴心轨迹图如图 6.8 所示。两个位移传感器分别采集主轴在 X、Y 方向的振动位移信号,将采集得到的信号经过降噪处理再合成,便得到主轴的轴心轨迹。传统的双向动态测量法忽略了主轴的形状误差,适用于主轴回转误差远大于圆度误差的场合。

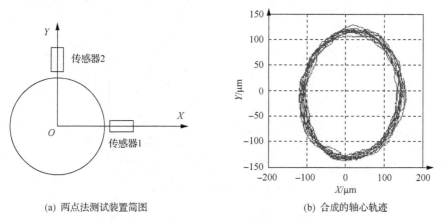

(a) 两点法测试装置简图　　　　　　　(b) 合成的轴心轨迹

图 6.8　两点法的测试装置简图及合成的轴心轨迹

通常把主轴回转误差运动对加工影响最大的方向称为误差运动的敏感方向，如图 6.9 所示，两个位移传感器在 X、Y 方向采集到的信号分别为 $\Delta X(\theta)$、$\Delta Y(\theta)$，则沿着敏感方向的径向误差运动为

$$r(\theta) = \Delta X(\theta)\cos\theta + \Delta Y(\theta)\sin\theta$$

在主轴回转误差测量时，如果被测件圆度误差大小与主轴回转误差大小处在相同的数量级，那么就要进行误差分离。多步法及其演化形式两步法、反向法等使用一个微位移传感器分多步在不同的方位进行测量，然后用误差分离方法消去测量值中的相同部分。采用多步法实现误差分离时存在谐波抑制，抑制阶次为转位次数整数倍的谐波成分，需要一个高精度转台实现精确的转位，通常用于工件圆度的静态测量，难以实现机床切削工况下主轴回转误差的动态测量。反向法使用一个传感器在被测件的两个相反方向上获取数据，理想情况下，能够测得主轴回转误差在传感器轴线方向上的分量，该方法同样不利于在线测量。阐光萍等基于反向法测试原理，提出一种运用单个传感器在两个垂直方向上双向转位来测量主轴回转误差的单传感器双向转位法，该方法能够测量主轴回转误差在平面内的二维分量，并能区分测量结果中不同性质的一次谐波成分，但该方法同样需要传感器的多次转位，不利于高速主轴回转误差在线测量。

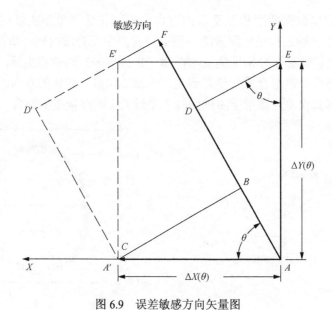

图 6.9　误差敏感方向矢量图

4. 三点法

20 世纪 60 年代，日本学者青木保雄、大园成夫等提出了经典频域三点法圆度误差分离技术，该方法采用三个传感器对被测件进行测量，通过三点法圆度误差分离技术分离出被测件圆度误差和主轴回转误差。三点法能够实现误差分离，利于在线测量，是目前应用最为广泛和成熟的误差分离方法。但是传统三点法圆度误差分离技术无法分离传感器采样信号中的一次谐波成分，误差分离时存在谐波抑制问题，测试精度受单周采样点数、采样长度、传感器安装角、传感器误差及角位置误差等参数选择的影响，且目前尚没有三点法圆度误差分离技术相关参数优化选择的统一标准。为了克服传统三点法的缺点，国内外众多学者开展了广泛的研究，发表了很多相关论文，总结如下。

朱训生等研究了三点法主轴回转误差测量方法存在谐波抑制问题的根本原因及克服办法，指出通过正确地设置传感器安装角可以有效避免谐波抑制问题。万德安和刘海江在传统三点法测试方法的基础上通过重新布置三个传感器的安装角降低谐波抑制，直接获得主轴回转误差的各次谐波分量。韩正桐等指出两点法是三点法的简化形式，仅在测量空间受限制时具有优势；四点法是在三点法的基础上增加一个测头，引入冗余测量方程，以避免谐波抑制，减少传感器误差及角位置误差对测试精度的影响。针对传感器读数误差及角位置误差直接影响三点法圆度测量精度的问题，张宇华等通过合理选择传感器安装角，大大降低了传感器读数误差及角位置误差对三点法圆度测量精度的影响。Gao 等研究了一种带倾角的三点法主轴回转误差测量方法，采用误差分离技术分离出主轴径向回转误差和主轴倾角误差，适用于对主轴回转误差进行多自由度测量。雷贤卿等认为传统三点法数据处理过程烦琐复杂，提出了一种时域三点法圆度误差分离技术，该技术不需要傅里叶变换，直接在时域内对采样数据按简便代数式进行递推实现误差分离。但是需要给定递推迭代的初值，初值的选择直接影响分离精度。苏恒等首先采用经典频域三点法圆度误差分离技术确定被测件圆度误差的误差初值，然后用时域三点法测量机床主轴运动误差，验证了方法的有效性。Marsh 等在空气轴承主轴测试装置上分别运用多点法、反转法、多步法进行纳米级主轴回转精度多次测量与比较，指出多点法、反转法、多步法等方法在满足自身特定测试要求后，均能实现纳米级的主轴回转误差测试精度。

近年来出现了一些新的主轴回转精度测量方法。Liu 等在主轴上安装一个激光发射器取代传统测试方法中的标准球或标准棒，主轴高速旋转时，主轴的回转误差运动改变了激光束的方向，通过检测激光束的位置变化得到主轴的径向回转误差和角度误差。激光束测量法原理简单，但其造价昂贵，实际操作烦琐复杂，尚未在工程上广泛应用。另外，传感器的性能、数据采集卡的精度及硬件系统结构等也是造成测量不确定性、降低测量精度的重要因素。目前存在的主要问题如下。

1）机床实际工况下主轴回转误差在线测量难题

主轴回转精度测量方法有许多种，并且都已比较成熟，各有优缺点，但成功运用于机床实际工况在线测量方面尚不多见。目前国内外普遍使用的主轴回转误差测量方法有：测量标准球法；多步法及其演化形式两步法、反向法等；三点法及其演化形式等。测量标准球法只能在机床空载时或模拟加工条件下进行测量，测试精度受标准球制造和安装精度所限。多步法、两步法、反向法及单传感器双向转位法等在实施过程中，被测件及测头需要多次转位，不利于在线测量。多点法利于在线测量，但无法分离一次谐波成分，存在谐波抑制问题，测试精度受单周采样点数、采样长度及传感器安装角等的影响。此外，电荷耦合器件（CCD）测量法、激光测量法等比较先进的测量方法还只是应用于实验室研究或计量院专业测试阶段，并由于价格昂贵，测量方法烦琐复杂，尚未在工程上广泛应用。

2）非周期性主轴回转误差测量难题

针对超精密机床广泛采用的电主轴，研究其在机床实际工况下的主轴回转精度测试方法。机床加工条件下，主轴回转误差运动受动力学因素的影响，往往表现出明显的单圈非重复性，即主轴误差运动中的非周期成分占有一定比重。反向法、多步法、对称布置式两点法等误差分离方法都将主轴回转误差视为严格的周期性信号，忽略了主轴回转误差的单圈非重复性，因此用这些误差分离方法得到的主轴回转误差并不能反映实际的主轴误差运动。

6.1.4　误差分离

在机床切削工况下，由于标准球安装不便，只能以主轴或工件为被测件进行主轴回转精度测量。另外，受轴系动力学因素的影响，轴系误差运动往往存在多周误差，即主轴每一圈的误差运动不重复，因此有必要对主轴误差运动进行在线动态测量。反向法、多步法、对称布置式两点法等传统误差分离方法将主轴回转误差运动视为严格的周期性运动，忽略了主轴回转误差的单圈非重复性，用这些误差分离方法得到的主轴回转误差并不能反映机床切削工况时的实际主轴轴线运动轨迹。传统三点法能够实现误差分离，利于在线测量，但其无法分离采样信号中的一次成分，存在谐波抑制问题，测试精度受单周采样点数、采样长度及传感器安装角度等参数的影响。因此，深入开展考虑机床切削工况的主轴回转精度测试方法研究具有重要意义。

通过误差分离技术实现主轴回转误差运动的精确在线测量，为机床主轴回转误差在线预测补偿控制技术提供依据。机床切削工况下的主轴回转误差运动直接影响被加工零件的加工质量。通过机床切削工况下主轴回转误差运动的在线测量，可以预测机床所能达到的最小加工精度，判断产生加工误差的原因，实现对主轴工作状态的监测和故障诊断，为机床主轴回转误差预报补偿控制技术提供重要的测试基础。

主轴回转误差测量与分离技术是指通过检测装置得到主轴回转运动的复杂轨迹信号，利用信号中的冗余信息进行解耦或分离，反映主轴回转运动误差，它是评定主轴回转精度的重要手段。回转误差测量与分离技术的研究内容包括形状失真、谐波抑制、由测量带来的传感器误差，测头之间可能同时存在漂移，线性和非线性以及随机噪声对有效成分的影响，核心问题在于冗余信息的解耦与测量模型之间的优化分解。轴线回转误差评定的研究重点在于快速实现主轴回转误差的最小区域评价、最小外切圆法评价和最小内接圆法评价。

通过安装传感器支架以及相关的测量辅件，采用涡流等传感器直接或间接测量机床主轴的振动位移。将两个测量方向上振动分量的幅值、相位和频率进行合成，得到各振动分量的全息谱椭圆。各频率分量下的全息谱椭圆综合反映了主轴振动状况和主轴的径向跳动情况，配合主轴的鉴相信号，就可以定位机床主轴失衡的方位，进行误差分离，结合基于流形的轴心轨迹的提纯和识别，建立回转精度劣化的溯源技术。

6.2　主轴回转误差动态测量

主轴回转误差的动态测量是一种实时了解和掌握高速数控机床运行状态，反映高速电主轴整体性能的技术，是一种涉及数据采集、信号处理、误差分离和误差评定等多学科交叉的前沿技术，具体的实现流程如图 6.10 所示。

图 6.10　主轴回转误差测量流程

6.2.1 主轴信号的数据采集

1. 主轴振动信号的分类

主轴振动信号分类如图 6.11 所示，对于不同的主轴振动信号，可采用相应的分析方法：

(1)对于非平稳随机性信号，可以通过多贝西小波滤波来消除。

(2)对于规律性复杂周期信号，可以通过测量系统中硬件的调整来消除各种谐波，如调整传感器布置角度来解决谐波抑制的现象、增加隔直流调理电路来消除电压偏置的问题。

(3)对于平稳的周期性信号，可以用傅里叶变换对信号进行处理。主轴回转误差信号也是平稳的周期性信号。

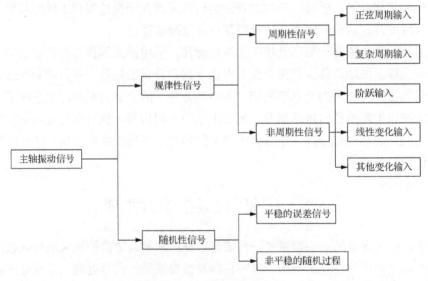

图 6.11　主轴振动信号分类

2. 信号降噪处理方法

高速电主轴的工作过程是一个带有微弱冲击振动的回转运动过程，其信号为非平稳冲击性信号。而高速电主轴振动信号除了包含主轴的回转误差信号，还包含一些噪声信号，在对高速电主轴回转精度测量时，首先需要对电主轴非平稳振动信号进行分析，以提取出电主轴回转误差信号。小波变换是信号的时频分析方法，在时域和频域同时具有良好的局部化性质，对冲击信号具有很强的识别能力。在实际的主轴回转误差测量中，主轴的原始振动信号一般为非线性、非平稳信号，并且奇异点较多，可以采用多贝西小波信号处理除噪。

3. 去除信号的直流分量

直流分量的频谱泄漏会严重影响低频频谱的准确性，经过 Daub4 小波变换的稳定主轴回转误差信号为 Daub4$\{f(x)\}$，在进行傅里叶变换之前，需去除信号中的直流分量，具体的实现步骤如下：

(1) 计算主轴回转误差信号的平均值 mean[Daub4$\{f(x)\}$]；

(2) 进行傅里叶变换之前，去掉直流分量的主轴回转误差信号为 Daub4$_1\{f(x)\}$，则有

$$\text{Daub4}_1\{f(x)\} = \text{Daub4}\{f(x)\} - \text{mean}[\text{Daub4}\{f(x)\}]$$

6.2.2　主轴回转误差的分离方法

误差分离是指从所测信号中分离并去除由测量系统引入的影响测量精度的信号分量，从而得到所要测量的准确信号，其实质在于从多个相位有差别的信号中提取其不同成分，利用多个信号中的冗余信息和其他合理假设进行信号解耦或分离，误差分离技术在超精密测量、误差补偿控制等方面应用广泛。误差分离技术最初应用于旋转件的圆度误差测量，其实质是利用相应的误差分离技术去除信号中旋转件的回转误差信号，得到精确的被测件圆度误差值。随着对高精度机床主轴回转精度测量技术的深入研究，误差分离技术被引入主轴回转精度测量中。主轴回转精度测量误差分离技术与圆度测量误差分离技术相比，去除和保留的信号成分刚好相反，但本质上都是对混合了轴系回转误差和被测件圆度误差的信号的分析。主轴误差分离原理如图 6.12 所示。

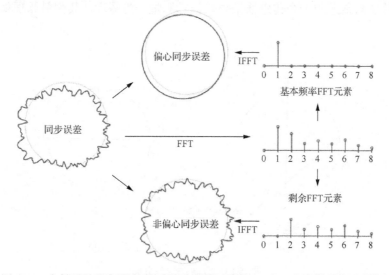

图 6.12　主轴误差分离原理(FFT 代表傅里叶变换，IFFT 代表傅里叶逆变换)

1. 高速电主轴同步运动误差与异步运动误差的测量

主轴的同步误差运动是基本频率整数倍的误差运动，主轴每次转动时，它们都会在相同的角度位置处进行重复，它们与基本频率是同步的，则主轴的同步运动误差 $f_{同}(x)$ 表示为

$$f_{同}(x) = \frac{\sum_{n=1}^{N} \text{Daub4}_n\{f(x)\}}{N}$$

式中，$\text{Daub4}_n\{f(x)\}$ 为主轴第 n 圈去除直流分量的主轴回转误差信号；N 为主轴回转运动的圈数。

异步误差运动是出现在频率为基本频率的非整数倍处的误差运动。这些误差可能有一个重复周期，但它们并非在主轴旋转的相同角度位置处进行重复，它们与基本频率不同步，则主轴第 n 圈的异步运动误差 $f_{异n}(x)$ 为

$$f_{异n}(x) = \text{Daub4}_n\{f(x)\} - f_{同}(x)$$

动态测量主轴回转误差过程中是以标准球或芯轴为测量目标的，这样其形状误差混入主轴的同步运动误差中，需要从主轴的回转误差中分离出标准球或芯轴的形状误差，得到准确的同步运动误差。目前同步运动误差的误差分离主要有三种方法，即反转法、多步法和多点法。

2. 反转法误差分离

反转法只需采用一个传感器采集数据，测量分为两步，其测量原理如图 6.13 所示。

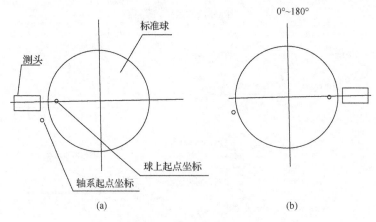

图 6.13　反转法误差分离

先如图 6.13(a)所示测量一次，得到 $S_1(\theta)$，接着将被测件(标准球或主轴外圆)连同传感器一起转过 180°，如图 6.13(b)所示进行第二次测量，得到 $S_2(\theta)$。其中 $S_1(\theta)$、$S_2(\theta)$ 均包含被测件的圆度形状误差信号和主轴的回转误差信号，并有如下关系：

$$S_1(\theta) = r(\theta) + \delta(\theta)$$

$$S_2(\theta) = r(\theta) - \delta(\theta)$$

式中，$r(\theta)$ 为被测件的圆度形状误差信号，用转角为 θ 时的向量半径表示；$\delta(\theta)$ 为主轴回转误差信号。求得圆度误差信号 $r(\theta)$ 和主轴回转误差信号 $\delta(\theta)$ 分别为

$$r(\theta) = \frac{S_1(\theta) + S_2(\theta)}{2}$$

$$\delta(\theta) = \frac{S_1(\theta) - S_2(\theta)}{2}$$

3. 多步法误差分离

多步法又称闭合等角转位法、转位互比法。该方法只使用一个传感器采集数据，通过转动工件或主轴到特定的测位工作，如图 6.14 所示。

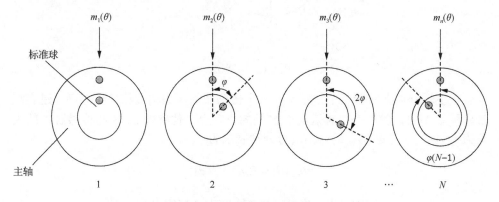

图 6.14　多步法误差分离

整周均匀采样 n 个点，各测点角度差为 φ，不断转动工件或主轴，用一个传感器在各测点采集数据。每个测量数据都包含主轴的径向回转误差和带有相位差的形状误差。由于工件圆度误差具有严密的周期性，其在全周各等分测位上采集到的数据之和会因相应基频和谐频的旋转矢量均呈圆对称状而对消，此时主轴回转误差 $\delta(\theta)$ 和形状误差 $r(\theta)$ 分别为

$$\delta(\theta) = \frac{1}{n}\sum_{j=1}^{n} S_j(\theta)$$

$$r(\theta) = S_1(\theta) - \delta(\theta)$$

多步法只反映一个方向的误差敏感度，其测量数据取平均值并不能将主轴径向回转误差完全从混合形状误差的信号中分离出来。

4. 多点法误差分离

多点法采用多个传感器在垂直轴心的平面内互成确定的角度布置，在主轴径向同时采集数据，然后对数据处理，分离出形状误差与主轴回转误差。一般采用三个传感器进行同时测量，如图 6.15 所示。

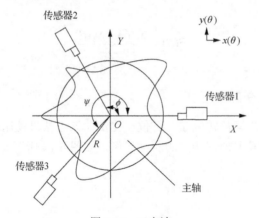

图 6.15　三点法

在主轴圆周上布置三个传感器，三个传感器的探头轴线相交于一点，建立测量坐标系 XOY，第一个传感器处于 X 轴的位置上，传感器 2、3 与传感器 1 的夹角为 ϕ、ψ。三个传感器的输出信号分别表示为

$$m_A(\theta) = R(\theta) + x(\theta)$$

$$m_B(\theta) = R(\theta + \phi) + x(\theta)\cos\phi + y(\theta)\sin\phi$$

$$m_C(\theta) = R(\theta + \psi) + x(\theta)\cos\psi + y(\theta)\sin\psi$$

式中，ϕ 为角度变量，即各采样点的位置；$R(\theta)$ 为主轴的圆度误差；$x(\theta)$ 为主轴回转误差运动在 X 方向上的分量；$y(\theta)$ 为主轴回转误差运动在 Y 方向上的分量。

引入传感器标定系数 a、b，$M(\theta)$ 为传感器 $M_A(\theta)$、$M_B(\theta)$、$M_C(\theta)$ 的线性组合，有 $M(\theta) = M_A(\theta) + aM_B(\theta) + bM_C(\theta)$，令 $x(\theta)$ 和 $y(\theta)$ 项的系数为零，计算

出 a、b 的值。

对形状误差进行傅里叶变换：

$$R(\theta) = \sum_{i=1}^{\infty} (A_i \cos(i\theta) + B_i \sin(i\theta))$$

最后求得轴体的回转误差为

$$x(\theta) = M_A(\theta) - R(\theta)$$

三点法要求三个传感器同时对轴体进行检测，传感器必须同时以同一个原点为圆心，相互之间的角度也需要精确控制。高速加工时主轴转速可达到 10000r/min 和 5000r/min。高速条件下，采用三点法误差分离技术，需要单圈采样 N 个点，则采样频率为 $f_s = N\omega_0 / (2\pi)$，ω_0 为主轴角速度，使得三点法误差分离技术不能直接应用于高速主轴的测量。

为了实现对高速电主轴回转误差进行在线动态测量，采取多圈三点法误差分离技术。

由于主轴径向误差运动具有较好的周期性，设定标记点数为 n，采取每个传感器每圈采样 x 点，采样 y 圈后，得到 $x \times y$ 个采样点，其中 $x \times y = m \times n$。把这 $x \times y$ 个采样点根据初相位进行加权平均后，得到 n 个标记点，把这 n 个标记点根据初相位重新排列后，得到

$$M_A(\theta) = R(\theta + \phi_0) + x_x(\theta)\cos\phi_0 + x_y \sin\phi_0$$

$$M_B(\theta) = R(\theta + \phi_1) + x_x(\theta)\cos\phi_1 + x_y \sin\phi_1$$

$$M_C(\theta) = R(\theta + \phi_2) + x_x(\theta)\cos\phi_2 + x_y(\theta)\sin\phi_2$$

然后根据上述三点法误差分离技术进行误差分离计算，具体流程为：给主轴连接一个线数为 $n(n = 2^k)$ 的编码器，测试开始时，编码器开始向外输出 TTL(transistor-transistor logic) 电流，计算电流的高电平数，当高电平数达到 $z(z \times x = n + 1)$ 时，触发三个传感器分别采集一个数据，如此循环，直到每个传感器采样点数 $N = m \times n$，对这 N 个数进行平均得到单圈 n 个点的预处理数据，即

$$v_i = \frac{\sum_{j=0}^{m-1} v_{i+nj}}{m}, \quad i = 1, 2, \cdots, n$$

$$M_B(\theta) = \{v_1, v_{x+1}, \cdots, v_{(z-1) \times x+1}, v_2, \cdots, v_{(z-1) \times x+2}, \cdots, v_x, v_{(z-2) \times x+x}\}$$

6.3 圆度误差与主轴回转误差的评定

6.3.1 圆度误差的评定

圆度误差是高精度回转体零件的一个重要质量指标。在高精密主轴回转精度的测量中，引入的圆度误差是影响测量结果的一个重要因素。本书的研究重点就是要把测量方法引入的圆度误差准确分离出来，并得到圆度误差的大小，因此必须对引入的圆度误差进行评定。下面简要介绍圆度误差的几何特征及几种评定方法。圆度误差具有径向性和周期性两个主要的几何特征，径向性是指圆度误差的量值大小反映在圆周的半径方向上，周期性是指圆度误差的变化具有周期性。圆形零件的横截面的实际轮廓形状是一个复杂的封闭曲线轮廓，轮廓上各点径向误差的大小不同，在圆周上以 2π 为周期连续变化。

6.3.2 主轴回转误差的评定

主轴回转误差的评定是在已经测得主轴回转误差运动轨迹的条件下定量地求解其运动误差大小的一种方法。通常用主轴回转误差的特征值回转精度表示主轴回转误差的大小。主轴回转精度的定义方式主要有以下三种。

(1)以圆图像的圆度误差值作为主轴回转精度是较多采用的一种方法。主轴回转误差的实际轨迹如图 6.16(a)所示，是复杂且难以辨认的。因此，要对轴系回转误差进行评定，首先以主轴回转角度作为自变量，将采集的位移量按主轴回转角度展开叠加到基圆上，形成圆图像。该方法将轨迹复杂的主轴回转误差运动数据叠加到一基圆上形成圆图像，从而可以直观地看出主轴的回转误差，如图 6.16(b)所示。

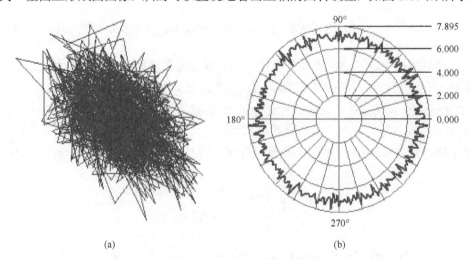

图 6.16　主轴回转误差图像与圆图像(单位：μm)

圆度计算方法有多种,其中用最小二乘法计算得到的理想圆圆心唯一,精度高。
①计算最小二乘圆圆心 (x_0, y_0)：

$$x_0 = \frac{2}{n}\sum_{i=1}^{n} x_i, \quad y_0 = \frac{2}{n}\sum_{i=1}^{n} y_i, \quad R = \frac{1}{n}\sum_{i=1}^{n} r_i$$

式中, x_i、y_i 为实际轮廓上各等分点的直角坐标; r_i 为实际轮廓上各等分点到坐标原点的径向距离; n 为实际轮廓的等分数, n 越大,测量数据越多,计算结果越精确。

②求实际轮廓上各点到最小二乘圆圆心的距离 R_i：

$$R_i = \sqrt{(x_i - x_0)^2 + (y_i - y_0)^2}$$

③求圆度误差值：

$$\varepsilon = R_{i\max} - R_{i\min}$$

式中, ε 为所求的实际轮廓的圆度误差。

(2)最小包络圆的直径如果直接用原始的主轴回转误差运动数据(即没有叠加到基圆的数据)进行主轴回转误差的评定,那么可以通过求出运动轨迹的最小包络圆,以最小包络圆的直径来表示主轴回转精度。最小包络圆的直径是用于比较和评价转轴回转误差最客观的指标。

(3)在回转误差数据峰谷值差单向测量中,可以用主轴回转误差运动数据峰谷值之差来表示主轴的回转精度。这种计算方法的中间处理环节少,计算简单、精确,能用于各种形式主轴回转误差的评定。

6.4　切削工况下高速主轴回转精度动态测试系统研制

高速电主轴动态回转精度测试可实时测试主轴在切削加工工况下的回转精度,构建回转精度测试系统,如图 6.17 所示,包括电涡流位移传感器、调理电路、数据采集卡和上位控制计算机。

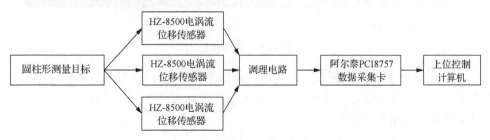

图 6.17　主轴回转精度测试系统组成

6.4.1　切削工况下高速主轴回转精度动态测试硬件系统

主轴回转精度动态测试系统的硬件部分主要包括高精度的电涡流位移传感器、精密的球形或圆柱形目标、坚固耐用的传感器安装硬件和数据采集设备。

系统的测试传感器采用 HZ-8500 电涡流位移传感器。HZ-8500 电涡流位移传感器基于被测金属目标与探头之间形成的涡流效应，用于绝对距离与相对距离的测量，具有非接触测量与抗干扰能力强等优点，可直接把主轴振动信号的变化量转变为电压变化量，分辨率为 1μm。此外，4kHz 的带宽可满足测量高速电主轴需要，其实物如图 6.18 所示。

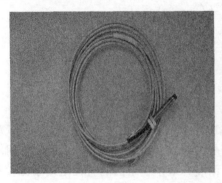

(a) 传感器　　　　　　　　　　　　　　(b) 位移测量仪

图 6.18　电涡流传感器与位移测量仪

在线动态测试对象为外径 ϕ40mm 的加工中心刀柄，标准球为直径 ϕ25mm，如图 6.19 所示。

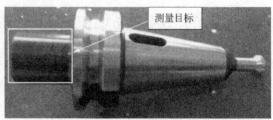

(a) 精密标准球　　　　　　　　　　　(b) 加工中心刀柄

图 6.19　测量目标

阿尔泰 PCI8757 数据采集卡是通过外部部件互连(PCI)总线技术与计算机实现通信的数据采集设备，兼容性好，最大采样频率为 10kHz，可以实现四通道的同步采集，如图 6.20 所示。

图 6.20　阿尔泰 PCI8757 数据采集卡

6.4.2　切削工况下高速主轴回转精度动态测试软件系统

回转精度测试的关键是回转误差与测量目标圆度误差的分离。基于 LabVIEW 开发的主轴回转精度测试软件，包括数据采集模块、数据预处理模块、回转精度测试模块等，其程序界面如图 6.21 所示，研制的主轴回转精度测试装置如图 6.22 所示。

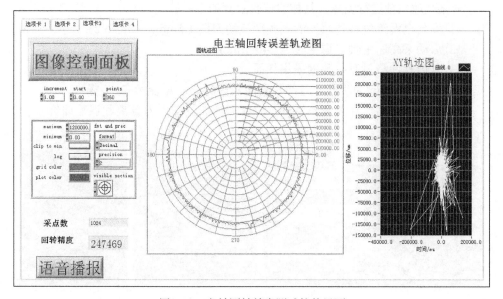

图 6.21　主轴回转精度测试软件界面

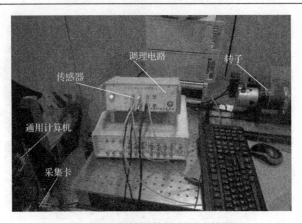

图 6.22　主轴回转精度测试装置

6.4.3　某高速主轴系统回转精度测试试验

采用所研制的主轴回转精度测试装置对某高速主轴系统进行回转精度测试试验。试验按照下列标准执行主轴回转精度的测量：ANSI/ASME B5.54-2005《计算机数控加工中心机床的性能评估方法》；ANSI/ASME B89.3.4-2010《旋转轴 规范和试验方法》；ISO 230-3《机床测试规范 第 3 部分 热效应的测定》；ISO 230-7《机床测试规范 第 7 部分 旋转轴的几何精度》。

对某高速主轴进行测量，具体的试验步骤如下：

（1）安装电涡流位移传感器的测头距被测刀柄 1.5mm，如图 6.23 所示。

（2）启动某高速主轴，调至转速 2400r/min。

（3）开启软件测量系统数据采集界面。

（4）以 1200r/min 为步长，逐级加速至最高转速，重复第（3）步操作。

（5）将所测数据保存为文本格式，以便后续的主轴误差分离和误差评价。

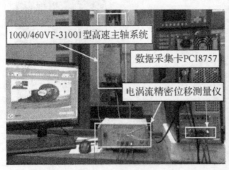

图 6.23　某高速主轴回转精度试验现场

图 6.24 为主轴同步运动误差极坐标显示，图 6.25 为主轴异步运动误差极坐标显示，图 6.26 为刀柄形状误差极坐标显示。

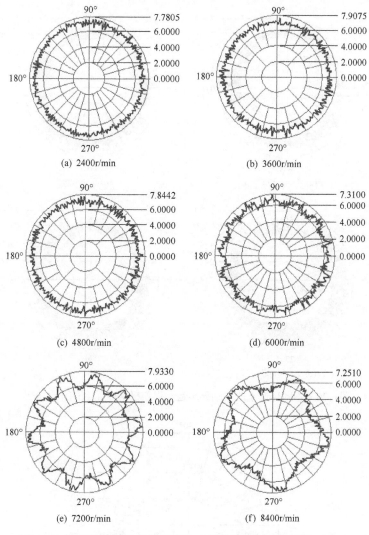

图 6.24 不同转速下的主轴同步运动误差极坐标显示(单位：μm)

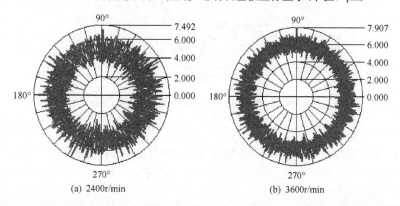

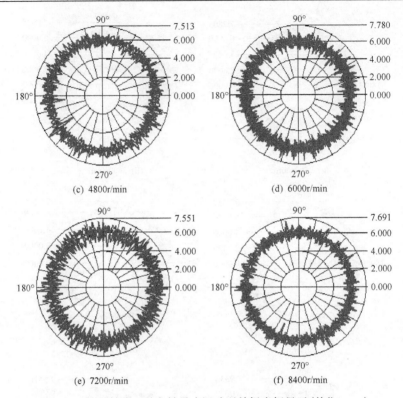

(c) 4800r/min

(d) 6000r/min

(e) 7200r/min

(f) 8400r/min

图 6.25　不同转速下的主轴异步运动误差极坐标显示(单位：μm)

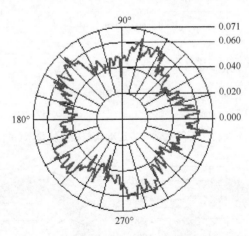

图 6.26　刀柄形状误差极坐标显示(单位：μm)

随着主轴转速的提高，主轴的同步运动误差与偏心误差增加，主轴的异步运动误差也逐步增加。同步运动误差增大量为 1.956μm–1.335μm=0.621μm。虽然主轴转速不断提高，但分离出来的形状误差基本不变。1000/460VF-31001 型主轴回转精度测试结果如表 6.1 所示。

表 6.1　某主轴回转精度测试结果

主轴转速/(r/min)	同步运动误差/μm	异步运动误差/μm	偏心误差/μm	刀柄形状误差/μm
2400	1.335	2.270	0.04	0.01390
3600	1.411	2.233	0.126	0.01384
4800	1.589	2.225	0.304	0.0141
6000	1.704	2.284	0.419	0.01395
7200	1.831	2.276	0.546	0.0142
8400	1.956	2.226	0.671	0.01392

6.4.4　某立式加工中心主轴回转精度试验研究

图 6.27 为对某立式加工中心主轴回转精度测试试验现场。

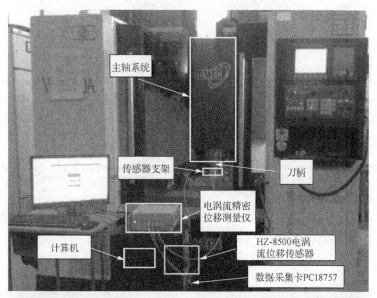

图 6.27　某立式加工中心主轴回转精度测试试验现场

　　具体测试步骤如下：安装电涡流位移传感器的测头距被测刀柄 1.5mm，启动某立式加工中心主轴，调至转速 600r/min；开启软件测量系统数据采集界面，该界面实时记录当前主轴在三个电涡流位移传感器布置方向的径向跳动。以 300r/min 为步长，逐级加速至最高转速；将所测数据保存为文本格式，以便后续的主轴误差分离和误差评价。图 6.28 为主轴同步运动误差的极坐标显示，图 6.29 为主轴异步运动误差的极坐标显示。

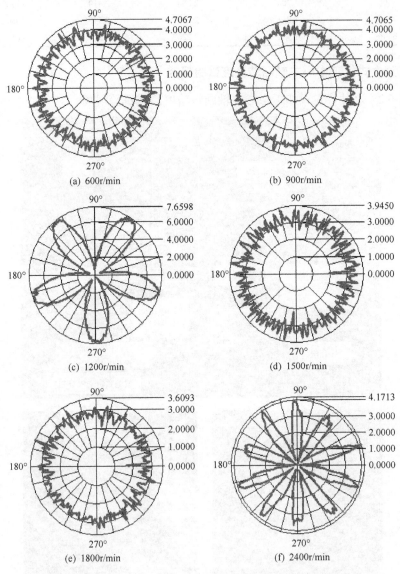

图 6.28　某立式加工中心主轴同步运动误差的极坐标显示(单位：μm)

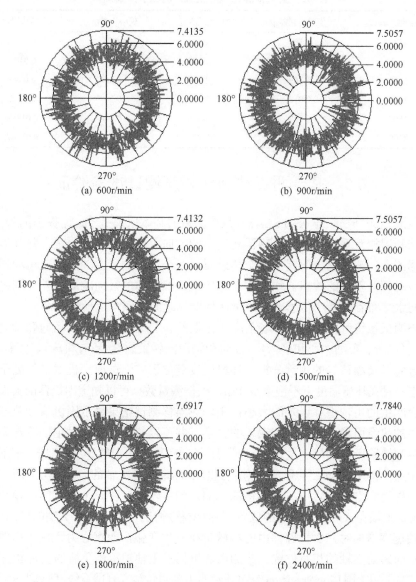

图 6.29　某立式加工中心主轴异步运动误差的极坐标显示(单位：μm)

　　由表 6.2 可以看出，当主轴转速为 1200r/min 和 2400r/min 时，主轴的同步运动误差明显大于其他转速的同步运动误差。诊断主轴在 1200r/min 和 2400r/min 时异常，其异步运动误差变化不大，同步运动误差随着主轴转速的提高而增大。

表 6.2　某立式加工中心主轴回转精度测试结果

主轴转速/(r/min)	同步运动误差/μm	异步运动误差/μm	偏心误差/μm	刀柄形状误差/μm
600	1.503	2.733	0.06	0.01384
900	1.755	2.225	0.312	0.0141
1200	5.309	2.084	3.866	0.0145
1500	2.010	2.176	0.567	0.0142
1800	1.919	2.826	0.476	0.01392
2400	5.736	2.273	3.817	0.01387

6.5　基于两点法回转精度测试试验验证

美国 Lion Precision 公司 SEA8.6 系统测量的基本原理是 Tlusty 提出的两点法。两点法利用相互垂直的两个传感器测量不同方向主轴位移的变化量，将其显示在极坐标图上。测试系统配置了五个传感器，一个用于测量主轴的轴向窜动误差，前后两对相互垂直的传感器均可测量相应位置标准球的径向跳动误差。同时，轴向方向水平布置的两个传感器可测量两标准球之间的倾角运动误差。

该测试系统可以实现对环境温度变化误差(ETVE)、热漂移、径向和轴向固定敏感度(机床、车削中心和磨床)、径向和轴向旋转敏感度(所有机床)、倾斜-固定敏感方向以及漂移等的测量分析。环境温度变化误差测试前，机器必须处于非激活状态并且在环境温度下浸泡至少 12h，根据测量数据可以知道因机器的典型环境条件而产生的主轴漂移误差的大小；主轴热漂移测试结果显示因机器预热期间主轴产生的热量而导致主轴漂移误差的大小，并可以帮助确定满足主轴冷却系统中的规范和缺陷所需的最小主轴预热时间；径向和轴向固定敏感度(机床、车削中心和磨床)、径向和轴向旋转敏感度(所有机床)测量的是主轴的运动误差，用来确定机器的性能和健康运转情况。漂移测试的是当主轴速度在一个短时间内逐步增加时，测试主轴在 X、Y、Z 轴中的位置漂移(位移)情况，以及 X 和 Y 轴的倾斜情况。当主轴速度增加时，主轴部件内的机械负荷发生变化，即离心力、预负荷发生变化，从而影响主轴的相对位置。此测试还可揭示主轴轴承预负荷的实际状态。

试验采用美国 Lion Precision 公司开发的主轴回转精度测试系统,型号为 SEA8.6，包括双向测量标准球、安装支座、传感器、测试分析仪四部分。标准球是测量基准和系统的核心部件。Tlusty 测量方法要求标准球的加工误差远小于被测试对象，以降低标准球误差对回转精度的影响。配置的标准球圆度误差为 50nm，满足高精度主轴回转精度的测试要求。测试棒的动平衡精度极高，当最高转速为 6000r/min 时，跳动小于 25μm。

测试系统采用电容式位移传感器，将传感器端部与标准球之间的间隙转化为电压信号。间隙与电容之间的对应关系为 $C = \varepsilon_0 \varepsilon_r A / g$，其中，$C$ 为敏感元件电容 (F)；ε_0 为空气介电常数 $(8.854 \times 10^{12}\,\mathrm{F/m})$，$A$ 为测头有效直径(m)，g 为测头和工件之间的间隙(m)。

　　美国 Lion Precision 公司开发的主轴误差分析仪如图 6.30 所示，其有一个精密标准球，测头直径为 8mm；5 个高分辨率的电容式传感器，传感器型号为 CPL190，分辨率为 10nm，带宽范围有 0.1kHz、1kHz、10kHz 和 15kHz 四种可供选择，线性度为 0.15%，近端最小间隙为 250μm，测量范围为 500μm，工作温度为 22~35℃；一个传感器安装支架；一个数据采集卡；一套软件；其他附件。

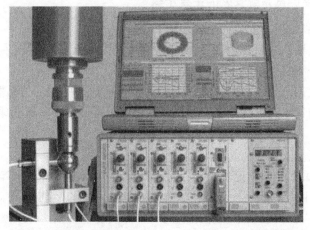

图 6.30　美国 Lion Precision 公司主轴回转误差测量系统

　　测试系统与分析软件的基本功能是从传感器采集数据、计算误差运动、显示数值和图形结果。系统的测试功能包括径向回转敏感方向回转误差、固定敏感方向回转误差和倾角敏感方向回转误差等。这些测试功能的制定和评价均按 ISO、ANSI 和 ASME 标准执行。具体如下：

　　(1) ANSI/ASMEB 5.54-2005《计算机数控加工中心机床的性能评估方法》；

　　(2) ISO 230-7《机床测试规范　第 7 部分　旋转轴的几何精度》；

　　(3) ANSI/ASME B89.3.4-2010《旋转轴　规范和试验方法》。

　　美国 Lion Precision 公司 SEA8.6 系统的独特之处在于其对原始数据的处理方式，该测量与分析系统将原始数据转化为同步运动误差信号和异步运动误差信号。将原始信号数据分离出同步运动误差信号的基本方法是累加并取平均值，异步运动误差信号只需将同步运动误差信号置零即可得到，其表达式如下。

　　同步运动误差：

$$s_y = \frac{1}{n} \sum_{x=0}^{n_{rev}} x(k)$$

异步运动误差：

$$A_{sy} = x(k) - s_y$$

上述公式中，$x(k)$ 为原始数据；n_{rev} 为主轴旋转圈数。

仅对主轴转一圈进行采样时，原始数据全部为同步运动误差信号，没有异步运动误差信号。实际采样时需多测几圈，以分离出同步和异步运动误差信号，一般以采样 10 圈为宜。

6.5.1　回转精度测试系统安装的主要步骤

回转精度测试系统安装的主要步骤如下：

(1)将测试棒安装至转轴轴心上，与主轴同频转动，同时调整测试棒，将跳动量减小至 50μm 范围内。

(2)安装并调整支座，使传感器的安装孔对准标准球，保证传感器的检测面积。

(3)连接测试系统电源，安装位移传感器，微调传感器与标准球的距离，直至指示灯为绿色。

(4)确保接地安全。

测试前的关键在于：定位主轴/目标物和探头、测量/调整标准球偏心。

定位主轴/目标物和探头包括 Z 轴方向对中标准球、X/Y 方向对中标准球、Z 轴探头复位等步骤。当以上步骤操作完成后再次旋转主轴，并观察所有通道上的 Near/Far 光柱位置(图 6.31)。

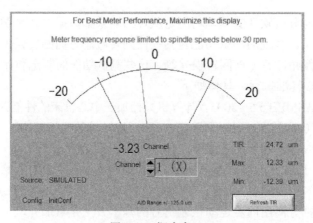

图 6.31　探头窗口

如果在旋转过程中任一通道超出量程范围(红色光柱显示)，可以轻微地调整该通道的探头位置并重复上步操作，直到旋转过程中所有探头都在合适的量程范围内，然后拧紧所有探头夹，开始测试。

6.5.2　径向和轴向旋转敏感度测量

试验测试装置由一个标准球、三个位移传感器、测试软件以及其他辅助设备组成。将传感器沿标准球 X、Y、Z 方向布置，设定每 10 转为一个样本空间，每转均匀取 100 个点的测量值。安装调试测试系统，进行测试，测试过程中位移传感器将采集的电压信号经数据线传递至计算机，经过测试软件的处理得到回转误差运动极坐标图以及其他相关参数。

美国 Lion Precision 公司 SEA8.6 系统测试的回转误差是圆周敏感方向回转误差，是回转轴线的运动轨迹在圆周方向的投影，也是主轴回转误差对工件形状误差影响的结果。其显著特点是圆周方向各测试点不影响回转误差的轨迹形状，仅影响轨迹形状的旋转角度，这说明标准球的安装位置对测试的轨迹形状不产生影响。标准球圆周敏感方向的误差轨迹可视为主轴回转轴线的误差轨迹。

径向旋转敏感度(所有机床)测量的是主轴的运动误差，用来确定机器的性能和健康运转情况。径向旋转敏感测试要从同一平面内垂直分开的 2 个探头采集位移数据，测量旋转中的主轴在 X 方向和 Y 方向的位移，从得到的测量数据中剥离出按照频率定义的主轴固有运动误差。径向旋转敏感测试分析适用于铣、钻、镗等工艺。

测试现场仪器安装如图 6.32(a)所示。单击 SEA8.6 程序界面任一象限的 Display，然后选择 "Automated Measurements" 选项，进入自动测量界面。设置好相关参数，便可以进行测量，测试系统会自动保存所测数据，同时计算出同步运动误差、异步运动误差等。

　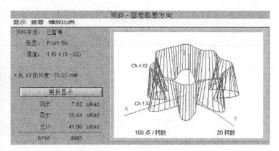

(a) 主轴回转误差运动测试试验仪器安装图　　　(b) 主轴倾角误差运动测试试验

图 6.32　现场测试图

利用沿轴向布置的 X 方向和 Y 方向的两个位移传感器，测试出主轴倾角运动误差，计算表达式为 $\tan\alpha = \dfrac{R_2 - R_1}{l}$，$\alpha$ 为主轴倾斜角度，l 为两测量点位置的距离，R_1、R_2 分别为传感器得到的间隙变化量，如图 6.32(b)所示。

　　由表 6.3 可以看出，主轴转速在 3892r/min 时，同步运动误差为 4.570494μm，远高于其他转速下的主轴同步运动误差，可初步判断主轴在 3892r/min 左右时出现异常(图 6.33)，这种异常可能与主轴轴承或轴驱动系统有关，也可能使系统产生共振，这种情况对工件圆度影响很大。

表 6.3　主轴在不同转速下运动误差值

序号	主轴转速 /(r/min)	同步误差 /μm	异步误差 /μm	刀柄形状误差 /μm
1	301	0.220800	0.386064	0.087619
2	600	0.246197	0.688769	0.115441
3	900	0.233898	0.552531	0.106968
4	1200	0.386482	0.557229	0.141246
5	1500	0.291884	0.580719	0.128234
6	1798	0.257498	0.607976	0.128234
7	2098	0.372533	0.773050	0.170863
8	2402	0.338630	1.033099	0.192712
9	2700	0.389755	0.863655	0.184146
10	3000	0.338535	0.946879	0.202016
11	3293	0.719447	1.182502	0.320802
12	3600	1.064095	1.288777	0.396132
13	3892	4.570494	0.928432	1.593106
14	4203	0.727766	1.052679	0.300120
15	4491	1.377366	0.991798	0.503688
16	4800	0.878625	1.026449	0.339870
17	5108	1.242111	8.046785	0.563011
18	5397	0.579498	1.698262	0.367853

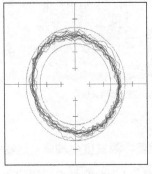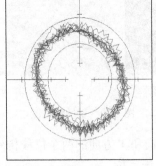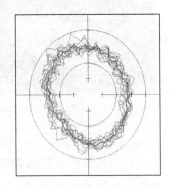

(a) 301r/min　　　　　　　(b) 1200r/min　　　　　　　(c) 2098r/min

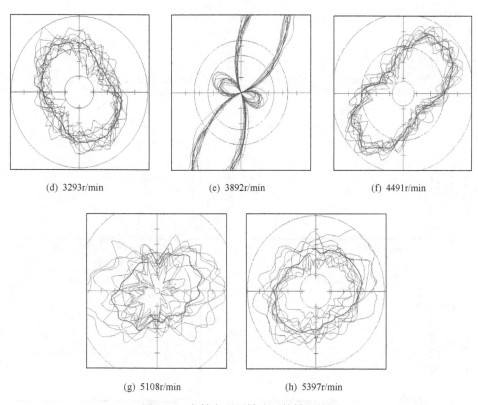

(d) 3293r/min　　　　　　(e) 3892r/min　　　　　　(f) 4491r/min

(g) 5108r/min　　　　　　(h) 5397r/min

图 6.33　主轴在不同转速下的轴心轨迹

由轴承摩擦副制造误差对回转精度的影响规律可知，轴颈圆度误差是主轴旋转时形成回转误差的关键因素，圆度误差类型对回转误差的影响较大。轴承圆度误差虽然不直接形成回转误差，但影响主轴回转轴线的平衡位置，进而影响回转误差，反映主轴回转运动的基本误差轨迹。图 6.34 为不同转速下的快速傅里叶变换(FFT)图谱。

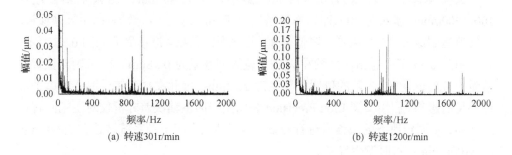

(a) 转速301r/min　　　　　　　　　　(b) 转速1200r/min

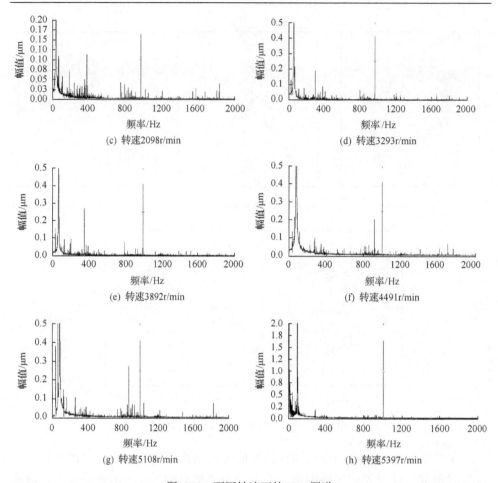

图 6.34　不同转速下的 FFT 图谱

6.5.3　主轴漂移测量

试验设置最大转速为 6000r/min，最小转速为 0r/min，测试主轴转速在 100~5200r/min、步长为 300（即转速每增加 300r/min 记录一次数据）的主轴漂移量。当转速达到最大时，按原步长降低转速，记录所测数据，漂移界面如图 6.35 所示。

由图 6.35 可以看出，主轴在 X 轴的位置漂移量为 0.38μm，在 Y 轴的位置漂移量为 0.81μm，在 Z 轴的位置漂移量为 2.13μm，因此在加工工件时要考虑主轴漂移量的影响。利用美国 Lion Precision 公司生产的主轴误差分析仪对主轴回转误差运动、不同转速下的漂移量进行测试，测试结果表明主轴系统转速在 3900r/min 和 5100r/min 左右时发生异常。

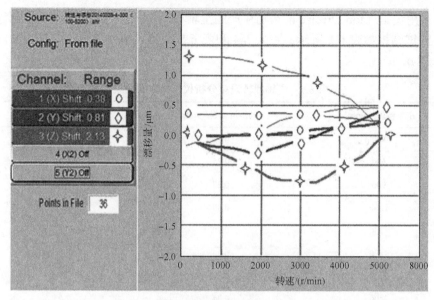

图 6.35 转速与漂移量的关系

6.5.4 回转精度分析

对某主轴采用所研制的测试系统测试获得不同转速下的同步运动误差与异步运动误差，如表 6.4 所示。

表 6.4 主轴不同转速下的同步运动误差与异步运动误差

主轴转速/(r/min)	同步运动误差/μm	异步运动误差/μm
300	1.40	2.29
600	1.41	2.40
900	1.37	2.20
1200	1.93	2.18
1500	1.50	2.30
1800	1.37	2.39
2100	1.34	2.27
2400	1.92	1.77
2700	1.32	2.37
3000	1.41	2.49
3300	1.34	2.33
3600	1.88	2.29
3900	6.33	2.25
4200	1.42	2.35

采用美国 Lion Precision 公司生产的主轴误差分析仪对同一数控机床进行测试，测试结果如表 6.5 所示。将表 6.4 和表 6.5 中的数据分别绘制成折线图，如图 6.36 所示。

表 6.5 主轴回转误差分析仪采集数据结果

主轴转速/(r/min)	同步运动误差/μm	异步运动误差/μm
300	0.22	0.39
600	0.25	0.69
900	0.23	0.55
1200	0.39	0.56
1500	0.29	0.58
1800	0.26	0.61
2100	0.37	0.77
2400	0.34	1.03
2700	0.39	0.86
3000	0.34	0.95
3300	0.72	1.18
3600	1.06	1.29
3900	4.57	0.93
4200	0.73	1.05

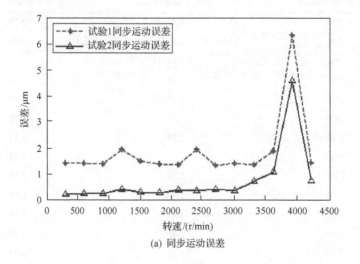

(a) 同步运动误差

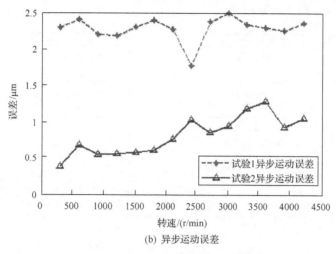

(b) 异步运动误差

图 6.36　主轴回转误差折线图

由图 6.36 可以看出，本书所用的数据处理方法得到的结果与用美国 Lion Precision 公司的回转误差分析仪测试的结果趋势大体一致，验证了本书所用方法的有效性。但是两组试验的结果相差一个数量级。推测可能有以下三点原因：试验 1 中所用的电涡流位移传感器以及采集卡的采集精度较低；试验 1 中传感器在安装时出现偏差；数据前期处理所采用的方法没有达到理想的去噪效果。

6.6　基于轴心轨迹流形学习的主轴回转精度劣化溯源方法

转子回转时的轴心轨迹包含了大量与轴承技术状态和回转零件工作状态有关的信息，是机械状态检测与故障诊断重要的信息来源。企业在工业生产实际中需要动态的、实时的加工精度异常的反应机制。以轴心轨迹为桥梁，建立主轴运行状态与加工精度之间的关联和映射，从而建立相应的补偿技术提高机械加工精度，对主轴的劣化趋势进行预测，为现场生产实际提供实时精度劣化的评估和判断，可以实现主轴精度劣化可回溯，对提升数控机床加工的精度可靠性和生产效率具有重要意义和应用价值。针对上述问题，本节提供一种基于轴心轨迹流形学习的主轴回转精度劣化溯源方法，能有效提高机床服役可靠性，并保证加工精度和生产效率。

采集机床主轴系统的运行状态数据作为测试样本，对采集到的信号进行预处理，滤波、降噪后提纯主轴的轴心轨迹；根据得到的轴心轨迹进行主轴回转误差的分离，并依据该主轴轴心轨迹判断主轴的状态和故障；建立主轴系统回转误差与运行状态的图谱映射数据库。图 6.37 为基于轴心轨迹流形学习的主轴回转精度劣化溯源模型。

应用主轴回转精度劣化溯源技术包括以下步骤。

(1)采集机床主轴的振动信号和位移信号。对主轴轴心轨迹信号的采集传感器设置如图 6.38 所示。

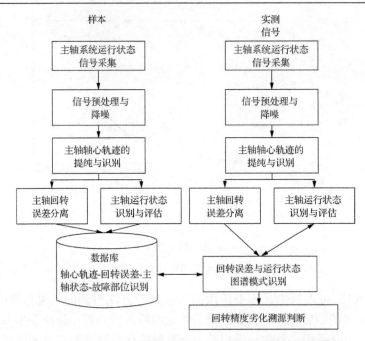

图 6.37 基于轴心轨迹流形学习的主轴回转精度劣化溯源模型

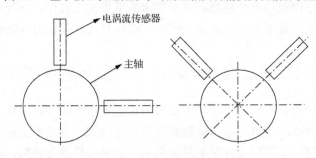

(a) 两点法传感器布置

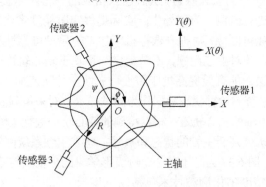

(b) 三点法传感器布置

图 6.38 采集振动信号的电涡流传感器布置图

（2）对检测到的主轴振动信号进行归一化预处理，对主轴的运行状态进行评估，流程如图 6.39 所示。

①采用两点法。将电涡流传感器测得的振动信号标为 X 和 Y，采用均值-方差标准化方法对 X、Y 信号进行归一化预处理；对归一化后的 X、Y 信号进行 EEMD 降噪处理；提取由 X 和 Y 信号共同形成的若干轴心轨迹，将每个轴心轨迹上的离散点作为一个维度，构造高维特征空间；运用多流形学习算法提取不同状态的二维流形，如图 6.40 所示。如分别运用 ISOMAP、LLE 和 LTSA 等三种流形学习算法提取轴心轨迹二维流形作为敏感特征，每一种流形对应主轴的一种运行状态。对处理后得到的不同故障状态的流形敏感特征进行归纳总结，获得主轴故障状态 $f(i)$ 和流形敏感特征 Q_{ij} 的映射。其中 i 表示主轴状态的种类（如正常

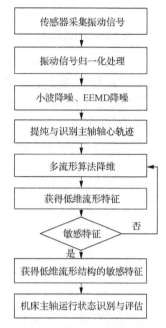

图 6.39　主轴的运行状态评估流程

状态、主轴偏心、轴承发热磨损等故障状态）；$j=1,2,3,\cdots,n$，表示不同的流形学习算法。一种主轴状态对应三种流形敏感特征。流形敏感特征和故障状态的映射函数存储于图谱 λ 数据库，$\lambda=f$｛轴心轨迹，流形敏感特征，故障状态）。

②采用三点法。将电涡流传感器测得的振动信号进行小波降噪处理；构建轴心轨迹，将每个轴心轨迹上的离散点作为一个维度，构造高维特征空间；运用多流形学习算法提取不同状态的二维流形。采用 ISOMAP、LLE 和 LTSA 等流形学习算法提取轴心轨迹二维流形作为敏感特征，每一种流形对应主轴一种运行状态。

（3）经两点法采集到的振动数据信号（图 6.41），相位差 90°，振动信号在同一平面坐标系内交于一点，连续采样后获得的轴心轨迹如图 6.42 所示。采用全息谱进行轴心轨迹提纯，获得全息谱特征。

（4）由步骤（3）获得主轴轴心轨迹，进行主轴误差分离获得回转精度。主轴回转误差的评定是在已测得主轴回转误差运动轨迹的条件下定量地求解其运动误差大小的一种方法。用主轴回转误差的特征值回转精度表示主轴回转误差的大小。主轴回转精度的定义方式主要有三种：以圆图像的圆度误差作为主轴回转精度；以运动轨迹的最小包络圆直径作为主轴回转精度；以主轴回转误差运动数据峰谷值之差表示主轴回转精度。误差分离后，以圆图像的圆度误差值作为主轴回转精度 A_1，以运动轨迹的最小包络圆直径值作为主轴回转精度 A_2，以主轴回转误差运动数据峰谷值之差表示主轴的回转精度 A_3。计算主轴的回转精度 $A=(A_1+A_2+A_3)/3$。

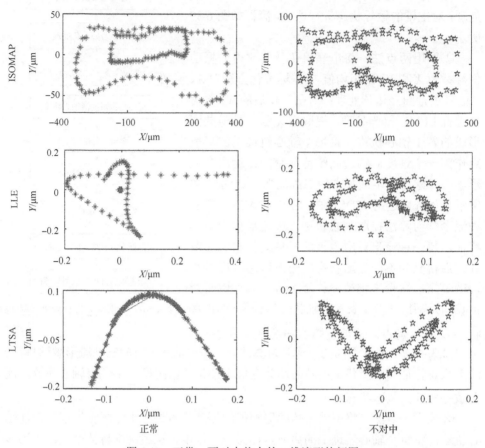

图 6.40 正常、不对中状态的二维流形特征图

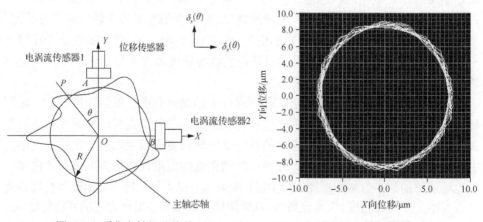

图 6.41 采集主轴振动信号

图 6.42 轴心轨迹

(5) 假设实际测得的主轴回转精度为 A，该机床的主轴回转精度为 E：如果 $A \geqslant \eta E(\eta = 0.8 \sim 1)$，那么进行主轴误差的溯源分析，并进行维修；如果 $A \geqslant \eta E(\eta = 0.6 \sim 0.8)$，那么进行主轴误差的溯源分析，并进行监控使用。

(6) 根据回转精度的轴心轨迹，调用流形敏感特征和故障状态的映射函数图谱 λ 数据库，根据敏感特征可以很容易确定主轴的故障状态，实现主轴回转误差的溯源。

6.7 主轴运行状态监测与劣化溯源系统设计

主轴系统出现故障往往会降低数控机床的加工质量、缩短寿命，影响加工生产，降低生产效率。主轴的回转精度劣化溯源问题是给定该主轴的运行状态和对该运行状态做出解释的过程，在这个过程中至少要用到三类技术：劣化状态的特征构建、劣化状态的特征提取以及劣化状态的回溯。为了提供对高速电主轴回转精度劣化进行溯源分析的工具，开发主轴运行状态监测与回转精度劣化溯源系统，系统流程如图 6.43 所示。构建的系统实验平台如图 6.44 所示。

所研发的系统主要包括如下模块：数据采集模块、数据预处理模块、主轴回转精度测试模块、主轴状态模式识别模块、主轴状态评价模块。

在输出模块，输出主轴回转精度测试报告、主轴状态评价报告（正常、异常）以及主轴状态的劣化原因（主轴、轴承等故障原因）。

系统内包含主轴回转精度误差值与主轴运行状态的映射数据库。数据库包括回转精度值、主轴状态的轴心轨迹、轴心轨迹的全息谱、主轴的状态（异常、正常）等内容。

系统的运行环境为：操作系统 Windows XP/Windows 2000/Windows 2003，运行环境 LabVIEW 2010、MATLAB 2010b、Access 2003。硬件要求 CPU 主频为 2.0GHz 以上，内存为 1024MB 以上，硬盘容量要求 80GB 以上。

以某立式加工中心主轴在 600r/min 和 1200r/min 时同步误差数据为研究对象进行主轴状态劣化回溯分析。

两种状态下的主轴轴心轨迹如图 6.45 所示，对两种状态下的轴心轨迹进行瞬间提纯，得到两种状态下的二维全息谱如图 6.46 所示。采用 LTSA 算法，将二维全息谱中 1~4 倍频轨迹上 X 和 Y 坐标的离散点分别作为一个维度，构造 8 维流形空间的高维特征，运用 LTSA 流形学习算法提取主轴两种状态的二维流形，如图 6.47 所示，可看出能够很好地区分主轴不同的劣化状态。

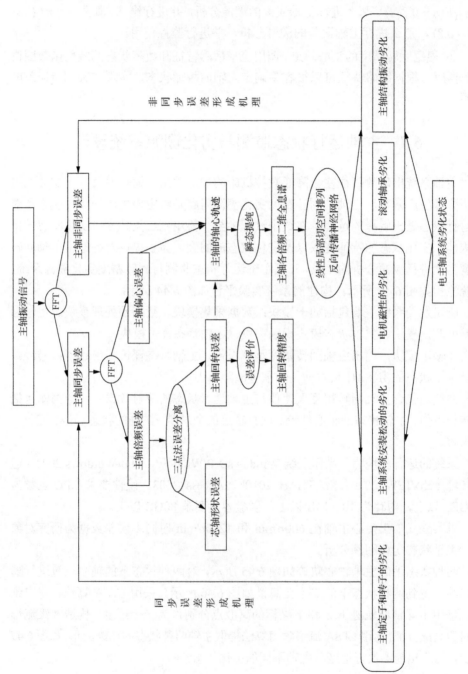

图 6.43 主轴运行状态及主轴回转精度劣化溯源系统流程

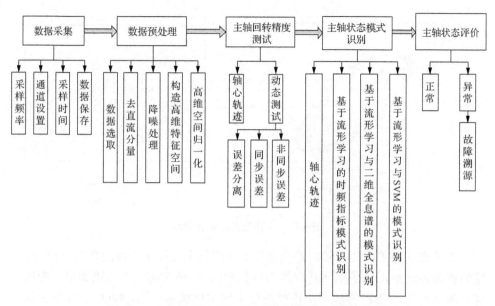

图 6.44　主轴运行状态及主轴回转精度劣化溯源模块图

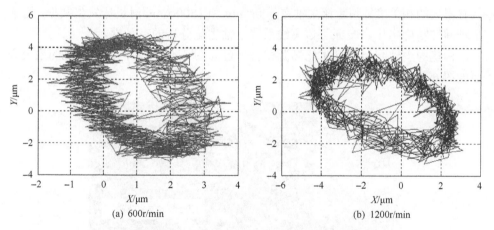

(a) 600r/min

(b) 1200r/min

图 6.45　某立式加工中心主轴两种状态的轴心轨迹

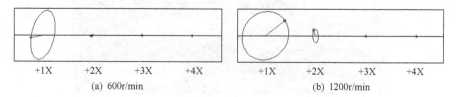

(a) 600r/min

(b) 1200r/min

图 6.46　某立式加工中心主轴两种状态的二维全息谱(X 代表倍数)

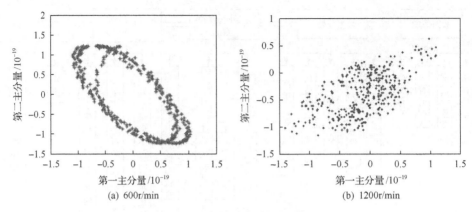

图 6.47   主轴的劣化状态溯源

以某立式加工中心主轴二维全息谱 1~4 倍频上 X 和 Y 坐标的离散点构造的 8 维数据为测试集，以主轴回转误差形成机理的 5 种劣化状态为确认集，应用已建立的反向传播(BP)神经网络模型进行主轴劣化状态回溯，1200r/min 的主轴回转误差数据的 BP 神经网络训练结果与确认集中的主轴系统结构共振劣化状态具有很大的相关度，判断该主轴在 600r/min 和 1200r/min 时机床发生共振，造成主轴回转精度劣化，验证了该离线系统主轴劣化分析的有效性。

构建的主轴回转精度劣化溯源试验平台如图 6.48 所示，由此开发的系统界面如图 6.49 和图 6.50 所示。

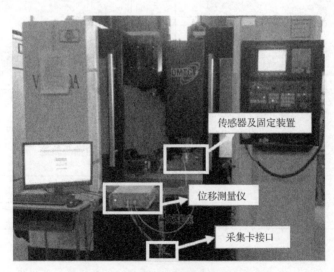

图 6.48   主轴回转精度劣化溯源试验平台

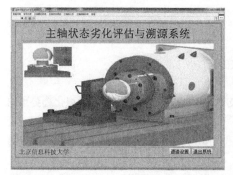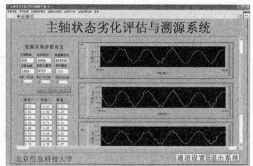

图 6.49　主轴状态劣化评估与溯源系统界面

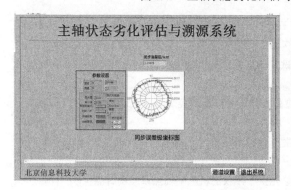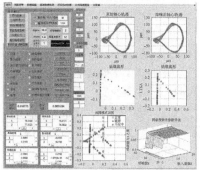

图 6.50　主轴状态劣化评估与溯源系统主轴回转误差分离界面

参 考 文 献

陈昌, 汤宝平, 吕中亮. 2014. 基于威布尔分布及最小二乘支持向量机的滚动轴承退化趋势预测[J]. 振动与冲击, 33 (20): 52-56.

崔锡龙, 王红军, 邢济收, 等. 2018. 广义形态滤波和 VMD 分解的滚动轴承故障诊断[J]. 电子测量与仪器学报, 32 (4): 51-57.

代晓明, 韩秋实, 王红军. 2014. 基于主轴故障诊断的微弱信号特征提取技术[J]. 机床与液压, 42 (19): 195-198.

丁杰雄, 谭阳, 崔浪浪, 等. 2012. 一种五轴机床检验试件轮廓误差的处理与显示技术研究[J]. 组合机床与自动化加工技术, (10): 39-43.

杜丽, 张信, 王伟, 等. 2014a. "S" 形试件的五轴数控机床综合动态精度检测特性研究[J]. 电子科技大学学报, (4): 629-635.

杜丽, 张信, 赵爽宇, 等. 2014b. S 形检测试件五轴联动数控加工方法研究[J]. 中国机械工程, (21): 2907-2911.

高合朋, 王红军. 2014. 基于 AHP 的生产线设备选型及系统研究[J]. 机械设计与制造, (1): 247-250.

高赛, 曾理江, 殷纯永, 等. 2001. 基于单光束干涉仪的机床主轴热误差实时测量[J]. 计量学报, 22 (1): 1-6.

何正嘉, 陈进, 王太勇, 等. 2010. 机械故障诊断理论及应用[M]. 北京: 高等教育出版社.

籍永建, 王红军. 2015a. 电主轴故障分析及提高其可靠性措施[J]. 机械工程师, (1): 7-9.

籍永建, 王红军. 2015b. 基于 EMD 的主轴振动信号去噪方法研究[J]. 组合机床与自动化加工技术, (5): 35-37.

籍永建, 王红军. 2015c. 基于等距映射的回转机械运行状态识别理论研究[J]. 制造业自动化, (1): 86-88.

籍永建, 王红军. 2015d. 基于流形学习的转子系统运行状态识别理论研究[J]. 组合机床与自动化加工技术, (4): 87-90.

籍永建, 王红军. 2015e. 某型数控机床主轴系统回转误差动态测试研究[J]. 机床与液压, 43 (11): 5-8.

籍永建, 王红军, 贺大兴. 2014a. 高速电主轴热态性能分析及试验研究[J]. 组合机床与自动化加工技术, 12: 1-4.

籍永建, 王红军, 孟哲, 等. 2014b. 基于小波去噪算法的主轴轴心轨迹提纯研究[J]. 制造业自动化, 18: 44-45, 58.

籍永建, 王红军, 燕继明, 等. 2014c. 数控机床可靠度建模分析与故障预测研究[C]. 2014 年全国设备监测诊断与维护学术会议, 秦皇岛: 156-159.

黎敏, 阳建宏, 徐金梧. 2009. 基于高维空间流形变化的设备状态趋势分析方法[J]. 机械工程学报, 45 (2): 213-218.

李昌林, 孔凡让, 黄伟国, 等. 2014. 基于EEMD和Laplace小波的滚动轴承故障诊断[J]. 振动与冲击, 33(3): 63-69.

李锋, 汤宝平, 陈法法. 2012. 基于线性局部切空间排列维数化简的故障诊断[J]. 振动与冲击, 31(13): 36-40.

栗茂林, 王孙安, 梁霖. 2010. 利用非线性流形学习的轴承早期故障特征提取方法[J]. 西安交通大学学报, 44(5): 45-49.

林雯雯, 王红军, 张怀存. 2015. 可靠性分配在生产线设备选型中的应用[J]. 北京信息科技大学学报(自然科学版), 30(6): 59-63.

刘锴锋, 王红军, 左云波. 2017. 基于本体及Web文本的数控机床知识获取[J]. 电子测量与仪器学报, 30(4): 651-656.

刘康康, 钟建琳, 刘国庆, 等. 2017. 基于ANSYS Workbench的超硬数控车床动态特性分析[J]. 北京信息科技大学学报(自然科学版), 32(1): 32-35.

吕建新, 吴虎胜, 田杰. 2011. EEMD的非平稳信号降噪及其故障诊断应用[J]. 计算机工程与应用, 47(28): 223-227.

马萍, 张宏立, 范文慧. 2017. 基于局部与全局结构保持算法的滚动轴承故障诊断[J]. 机械工程学报, 53(2): 20-25.

马增强, 柳晓云, 张俊甲, 等. 2017. VMD和ICA联合降噪方法在轴承故障诊断中的应用[J]. 振动与冲击, 36(13): 202-206.

孟玲霞, 徐小力, 徐杨梅, 等. 2017. 变工况时频脊流形早期故障预警方法研究[J]. 北京理工大学学报, 37(9): 842-947.

孟哲, 王红军. 2015. 基于Flexsim的混合流水线系统仿真与优化[J]. 组合机床与自动化加工技术, (1): 142-145.

欧璐, 于德介. 2014. 基于监督拉普拉斯分值和主元分析的滚动轴承故障诊断[J]. 机械工程学报, 50(5): 88-94.

石磊, 王红军. 2010. 基于小波包分析的旋转机械故障诊断研究[J]. 北京机械工业学院学报, 25(3): 43-47.

万鹏, 王红军. 2012. 汽车零部件生产线数字化建模及分析[J]. 机械设计与制造, (12): 86-88.

万鹏, 王红军, 徐小力. 2012. 基于局部切空间排列和支持向量机的机电系统故障诊断[J]. 仪器仪表学报, 33(12): 2789-2795.

汪亮, 王红军. 2015. 集合经验模式分解能量分布与支持向量机的故障诊断模型[J]. 制造业自动化, 37(11): 45-48, 61.

汪亮, 王红军. 2016. 基于多域熵与FCM聚类的故障诊断模型[J]. 组合机床与自动化加工技术, (8): 64-66.

王成, 许建新, 王红军, 等. 2018a. 基于复杂系统退化机理的备件订购策略模型[J]. 西北工业大学学报, 36(3): 536-542.

王成, 许建新, 王红军, 等. 2018b. 基于失效率的双重劣化系统订购替换策略[J]. 仪器仪表学报, 39(1): 258-264.

王红军. 2012. 数字化制造系统布局与优化技术[M]. 北京: 中国财富出版社.

王红军. 2014a. 汽车零部件生产线建模与仿真技术[M]. 北京: 科学出版社.

王红军. 2014b. 基于知识的机电系统故障诊断与预测技术[M]. 北京: 中国财富出版社.

王红军, 付瑶. 2010. 基于多项式拟合的EMD端点效应处理方法研究[J]. 机械设计与制造, (10): 197-199.

王红军, 孙磊. 2013. 基于网络的生产线故障统计分析系统研究[J]. 北京信息科技大学学报(自然科学版), 28(3): 1-4.

王红军, 万鹏, 2013. 基于EEMD和小波包变换的早期故障敏感特征获取[J]. 北京理工大学学报, 33(9): 945-950.

王红军, 汪亮. 2016. 基于多域空间状态特征的高端装备运行可靠性评价[J]. 仪器仪表学报, 37(4): 804-810.

王红军, 徐小力. 2015. 特种机电设备游乐设施的安全服役关键技术[M]. 北京: 中国财富出版社.

王红军, 左云波. 2014. 基于局部线性嵌入的主轴故障诊断方法[J]. 北京信息科技大学学报(自然科学版), (2): 55-58.

王红军, 徐小力, 万鹏. 2014a. 基于轴心轨迹流形拓扑空间的转子系统故障诊断[J]. 机械工程学报, 50(5): 95-101.

王红军, 郑军, 赵川. 2014b. 精密高速电主轴动力学特性及轴承刚度软化分析[J]. 航空制造技术, (4): 81-85.

王红军, 任建新, 李伟华. 2017. 精密凸轮轴数控磨床的床身动特性分析与结构改进[J]. 北京信息科技大学学报(自然科学版), 32(6): 1-5.

王红军, 谷玉海, 王茂, 等. 2018. 高端数控装备多源信息融合状态识别模型[J]. 仪器仪表学报, 39(4): 61-66.

王建国, 陈帅, 张超. 2017. VMD与MCKD在轴承故障诊断中的应用与研究[J]. 组合机床与自动化加工技术, 18(5): 70-75.

王能, 钟建琳, 王红军. 2017. 叶轮加工中心动态特性分析与优化设计[J]. 制造技术与机床, (2): 25-28.

魏帅充, 王红军, 王茂, 等. 2017a. 基于WPD_EMD和SVM刀具磨损故障诊断模型[J]. 机械工程师, (11): 67-70.

魏帅充, 王红军, 王茂. 2017b. 基于EEMD和ICA的轴承故障特征提取[J]. 机械工程师, (12): 1-6.

武哲, 杨绍普, 张建超. 2016. 基于LMD自适应多尺度形态学和Teager能量算子方法在轴承故障诊断中的应用[J]. 振动与冲击, 35(3): 8-13.

夏建华, 王红军. 2018. 基于DEMATEL-ISM的复杂制造系统故障致因分析[J]. 北京信息科技大学学报(自然科学版), 33(1): 37-41.

徐小力, 王红军. 2011. 大型旋转机械运行状态趋势预测[M]. 北京: 科学出版社.

徐一闯, 张怀存, 王红军. 2014. 基于ANSYS Workbench的高速电主轴模态分析及其动特性实验[J]. 机械工程师, (1): 30-32.

阳建宏, 徐金梧, 杨德斌, 等. 2006. 基于主流形识别的非线性时间序列降噪方法及其在故障诊断中的应用[J]. 机械工程学报, 42(8): 154-158.

杨庆, 陈桂明, 童兴民, 等. 2012. 增量式局部切空间排列算法在滚动轴承故障诊断中的应用[J]. 机械工程学报, 48(5): 81-86.

杨伟, 王红军. 2018. 基于 VMD 共振稀疏分解的滚动轴承故障诊断[J]. 电子测量与仪器学报, (9): 22-27.

么曼实, 王红军, 周玉飞. 2015. 数控机床主轴回转精度测试与劣化分析[J]. 北京信息科技大学学报(自然科学版), 30(6): 43-46, 53.

于德介, 陈淼峰, 程军圣, 等. 2006. 基于 EMD 的奇异值熵在转子系统故障诊断中的应用[J]. 振动与冲击, 25(2): 24-26.

张晓涛, 唐力伟, 王平, 等. 2015. 基于多尺度正交 PCA-LPP 流形学习算法的故障特征增强方法[J]. 振动与冲击, 34(13): 66-70.

张熠卓, 徐光华, 梁霖. 2009. 基于非线性流形学习的喘振监测技术研究[J]. 西安交通大学学报, (7): 44-48.

张周锁, 闫晓旭, 成玮. 2009. 粒计算及其在机械故障智能诊断中的应用[J]. 西安交通大学学报, (9): 37-41.

赵川, 王红军, 张怀存. 2014. 一种主轴系统故障识别方法[J]. 机械研究与应用, (4): 24-27.

赵川, 王红军, 张怀存, 等. 2016. 高速电主轴运行状态下模态识别及高速效应分析[J]. 机械科学与技术, 35(6): 846-852.

赵洪杰, 潘紫微, 叶金杰, 等. 2012. 一种基于非线性流形的滚动轴承复合故障诊断方法[J]. 机械传动, 36(7): 89-91.

周玉飞, 王红军, 左云波, 等. 2015. 基于变尺度随机共振的轴承故障诊断[J]. 北京信息科技大学学报(自然科学版), 30(6): 68-72.

周玉飞, 王红军, 左云波. 2016. 基于级联随机共振系统的微弱故障信息特征获取[J]. 北京信息科技大学学报(自然科学版), 30(6): 68-72.

邹安南, 王红军, 高杨杰. 2018. 基于改进 FMECA 的机床运行可靠性评价与提升[J]. 北京信息科技大学学报(自然科学版), (33): 31-35.

Belkin M, Niyogi P. 2003. Laplacian eigenmaps for dimensionality reduction and data representation[J]. Neural Computation, 15(6): 1373-1396.

Crampton A, Mason J C. 2005. Detecting and approximating fault lines from randomly scattered data[J]. Numerical Algorithms, 39(1-3): 115-130.

Cui Y W, Song Z Y. 2011. S-shape detection test piece and a detection method for detection the precision of the numerical control milling machine[P]: US, 8061052B2.

Dai X M, Wang H J, Han Q S. 2013. Review on the dynamics of high-speed motorized spindle system[J]. Advanced Materials Research, 712-715: 1435-1438.

Gao H P, Wang H J, Zhang Z W, et al. 2013. Study of production line layout planning system for connecting rod cracking[J]. Advanced Materials Research, 712-715: 2625-2630.

Gketsis Z E, Zervakis M E, Stavrakakis G. 2009. Detection and classification of winding faults in windmill generators using wavelet transform and ANN[J]. Electric Power Systems Research, 79(11): 1483-1494.

Jack L B, Nandi A K. 2001. Support vector machines for detection and characterization of rolling element bearing faults[J]. Journal of Mechanical Engineering Science, 215 (9): 1065-1074.

Ji Y J, Wang X B, Liu Z B, et al. 2018a. An updated full-discretization milling stability prediction method based on the higher-order Hermite-Newton interpolation polynomial[J]. International Journal of Advanced Manufacturing Technology, 95 (5-8): 2227-2242.

Ji Y J, Wang X B, Liu Z B, et al. 2018b. Early milling chatter identification by improved empirical mode decomposition and multi-indicator synthetic evaluation[J]. Journal of Sound and Vibration, 433: 138-159.

Ji Y J, Wang X B, Liu Z B, et al. 2018c. Milling stability prediction with simultaneously considering the multiple factors coupling effects—Regenerative effect, mode coupling, and process damping[J]. International Journal of Advanced Manufacturing Technology, 97 (5-8): 2509-2527.

Jiang Z, Ding J, Song Z, et al. 2016. Modeling and simulation of surface morphology abnormality of "S" test piece machined by five-axis CNC machine tool[J]. International Journal of Advanced Manufacturing Technology, 85 (9): 2745-2759.

Keller A Z, Kamath A R. 1982. Reliability analysis of CNC machine tools[J]. Reliability Engineering, 3 (6): 449-473.

McGoldrick P F, Kulluk H. 1986. Machine tool reliability—A critical factor in manufacturing systems[J]. Reliability Engineering, 14 (3): 205-221.

Roweis S T, SaulL K. 2000. Nonlinear dimensionality reduction by locally linear embedding[J]. Science, 290 (5500): 2323-2326.

Sadeghian A, Ye Z M, Wu B. 2009. Online detection of broken rotor bars in induction motors by wavelet packet decomposition and artificial neural networks[J]. IEEE Transactions on Instrumentation and Measurement, 58 (7): 2253-2263.

Tenenbaum J B, de Silva V, Langfold J C. 2000. A global geometric framework for nonlinear dimensionality reduction[J]. Science, 290 (5500): 2319-2323.

Vladimir C. 1998. Component and system reliability assessment from degradation data[D]. Tucson: University of Arizona.

Wan P, Wang H J, Xu X L. 2012a. Fault diagnosis model based on local tangent space alignment and support vector machine[J]. Chinese Journal of Scientific Instrument, 33 (12): 2789-2795.

Wan P, Wang H J, Ma C. 2012b. Rotating machinery fault prediction based on manifold learning method[J]. Chinese Journal of Scientific Instrument, 34 (6S): 128-133.

Wang C, Xu J, Wang H, et al. 2018. A criticality importance-based spare ordering policy of multi-component degraded systems[J]. Maintenance and Reliability, 20 (4): 662-670.

Wang H J, Han Q S, Zheng J. 2013. Study of dynamics characteristics for precision motor spindle system[J]. Advanced Materials Research, 819: 389-392.

Wang H J, Xu X L, Rosen B G. 2014. Fault diagnosis model based on multi-manifold learning and PSO-SVM for machinery[J]. Chinese Journal of Scientific Instrument, 35 (12S): 92-96.

Wang H J, Han F X, Xing J S, et al. 2018. State prediction model of five-axis machine tools based on the "S" test piece surface finish[C]. The 4th CIRP Conference on Surface Integrity, Tianjin.

Wang L, Wang H J. 2016. Study of operational reliability assessment method based on devices operating status[J]. Key Engineering Materials, 693: 1916-1921.

Wang P Q, Wang H J, Wan P, et al. 2013. Research of spindle error separation mixed method[J]. Advanced Materials Research, 718-720: 1201-1206.

Xie D, Ding J, Liu F, et al. 2014. Modeling errors forming abnormal tool marks on a twisted ruled surface in flank milling of the five-axis CNC[J]. Journal of Mechanical Science and Technology, 28(11): 4717-4726.

Xu X L, Jiang Z L, Wang H J, et al. 2014. Application of the state deterioration evolution based on bi-spectrum in wind turbine[J]. Journal of Mechanical Engineering Science, 228(11): 1958-1967.

Zheng Z, Jiang W L, Wang Z W, et al. 2015. Gear fault diagnosis method based on local mean decomposition and generalized morphological fractal dimensions[J]. Mechanism and Machine Theory, 91: 151-167.

国家科学思想库

中国学科发展战略

空间天气预报前沿

国家自然科学基金委员会
中 国 科 学 院

科 学 出 版 社
北 京

图书在版编目（CIP）数据

空间天气预报前沿 / 国家自然科学基金委员会，中国科学院
编 . —北京：科学出版社，2018.7
　（中国学科发展战略）
　ISBN 978-7-03-057837-2

　Ⅰ . ①空…　Ⅱ . ①国… ②中…　Ⅲ . ①空间科学－天气预报
Ⅳ . ① P45

中国版本图书馆 CIP 数据核字（2018）第 129205 号

丛书策划：侯俊琳　牛　玲
责任编辑：张　莉　张晓云 / 责任校对：邹慧卿
责任印制：张克忠 / 封面设计：黄华斌　陈　敬
联系电话：010-64035853
E-mail: houjunlin@mail.sciencep.com

科 学 出 版 社 出版
北京东黄城根北街 16 号
邮政编码：100717
http://www.sciencep.com
中国科学院印刷厂 印刷
科学出版社发行　各地新华书店经销
*
2018年7月第 一 版　开本：720×1000　1/16
2018年7月第一次印刷　印张：8 1/2
字数：160 000
定价：58.00元
（如有印装质量问题，我社负责调换）

中国学科发展战略

联合领导小组

组　　长：陈宜瑜　张　涛

副 组 长：秦大河　姚建年

成　　员：王恩哥　朱道本　傅伯杰　李树深　杨　卫
　　　　　武维华　汪克强　李　婷　苏荣辉　高瑞平
　　　　　王常锐　韩　宇　郑永和　孟庆国　陈拥军
　　　　　杜生明　柴育成　黎　明　秦玉文　李一军
　　　　　董尔丹

联合工作组

组　　长：苏荣辉　郑永和

成　　员：龚　旭　孟庆峰　吴善超　李铭禄　董　超
　　　　　孙　粒　王振宇　钱莹洁　薛　淮　冯　霞
　　　　　赵剑峰

中国学科发展战略·空间天气预报前沿

项 目 组

组　　长：魏奉思　方　成

成　　员（按姓氏汉语拼音排序）：

艾国祥	蔡震波	陈　耀	邓晓华	窦贤康
方涵先	冯学尚	黄　敏	黄荣辉	李崇银
刘代志	穆　穆	申倚敏	宋笑亭	唐歌实
涂传诒	万卫星	汪景琇	王　赤	王　水
王华宁	王劲松	王世金	吴　健	吴　雷
吴国雄	肖　佐	徐寄遥	徐文耀	杨惠根
杨元喜	易　忠	于　晟	宇如聪	张绍东
张效信	张永维	周　毅		

撰 写 组

组　　长：王　赤

成　　员（按姓氏汉语拼音排序）：

陈　耀	杜　丹	杜爱民	冯学尚	郭建广
贺　晗	黄　鑫	李　晖	刘　颖	刘立波
毛　田	任丽文	申成龙	孙天然	王华宁
王世金	薛炳森	余　涛	张东和	张佼佼
张绍东	张效信	甄卫民	宗位国	左平兵

总　序

白春礼　杨　卫

　　17 世纪的科学革命使科学从普适的自然哲学走向分科深入，如今已发展成为一幅由众多彼此独立又相互关联的学科汇就的壮丽画卷。在人类不断深化对自然认识的过程中，学科不仅仅是现代社会中科学知识的组成单元，同时也逐渐成为人类认知活动的组织分工，决定了知识生产的社会形态特征，推动和促进了科学技术和各种学术形态的蓬勃发展。从历史上看，学科的发展体现了知识生产及其传播、传承的过程，学科之间的相互交叉、融合与分化成为科学发展的重要特征。只有了解各学科演变的基本规律，完善学科布局，促进学科协调发展，才能推进科学的整体发展，形成促进前沿科学突破的科研布局和创新环境。

　　我国引入近代科学后几经曲折，及至上世纪初开始逐步同西方科学接轨，建立了以学科教育与学科科研互为支撑的学科体系。新中国建立后，逐步形成完整的学科体系，为国家科学技术进步和经济社会发展提供了大量优秀人才，部分学科已进入世界前列，有的学科取得了令世界瞩目的突出成就。当前，我国正处在从科学大国向科学强国转变的关键时期，经济发展新常态下要求科学技术为国家经济增长提供更强劲的动力，创新成为引领我国经济发展的新引擎。与此同时，改革开放 30 多年来，特别是 21 世纪以来，我国迅猛发展的科学事业蓄积了巨大的内能，不仅重大创新成果源源不断产生，而且一些学科正在孕育新的生长点，有可能引领世界学科发展的新方向。因此，开展学科发展战略研究是提高我国自主创新能力、实现我国科学由"跟跑者"向"并行者"和"领跑者"转变的一项基础工程，对于更好把握世界科技创新发展趋势，发挥科技创新在全面创新中的引领作用，具有重要的现实意义。

学科发展战略研究的核心是结合科学技术和经济社会的发展需求，在分析科学前沿发展趋势的基础上，寻找新的学科生长点和方向。在这个过程中，战略科学家的前瞻引领作用十分重要。科学史上这样的例子比比皆是。在 1900 年 8 月巴黎国际数学家代表大会上，德国数学家戴维·希尔伯特发表了题为"数学问题"的著名讲演，他根据过去特别是 19 世纪数学研究的成果和发展趋势，提出了 23 个最重要的数学问题，即"希尔伯特问题"。这些"问题"后来成为许多数学家力图攻克的难关，对现代数学的研究和发展产生了深刻的影响。1959 年 12 月，美国物理学家、诺贝尔奖得主理查德·费曼在加利福尼亚理工学院举行的美国物理学会年会上发表了题为"物质底层大有空间——一张进入物理新领域的请柬"的经典讲话，对后来出现的纳米技术作出了天才的预见。

学科生长点并不完全等同于科学前沿，其产生和形成不仅取决于科学前沿的成果，还决定于社会生产和科学发展的需要。1841年，佩利戈特用钾还原四氯化铀，成功地获得了金属铀，可在很长一段时间并未能发展成为学科生长点。直到 1939 年，哈恩和斯特拉斯曼发现了铀的核裂变现象后，人们认识到它有可能成为巨大的能源，这才形成了以铀为主要对象的核燃料科学的学科生长点。而基本粒子物理学作为一门理论性很强的学科，它的新生长点之所以能不断形成，不仅在于它有揭示物质的深层结构秘密的作用，而且在于其成果有助于认识宇宙的起源和演化。上述事实说明，科学在从理论到应用又从应用到理论的转化过程中，会有新的学科生长点不断地产生和形成。

不同学科交叉集成，特别是理论研究与实验科学相结合，往往也是新的学科生长点的重要来源。新的实验方法和实验手段的发明，大科学装置的建立，如离子加速器、中子反应堆、核磁共振仪等技术方法，都促进了相对独立的新学科的形成。自 20 世纪 80 年代以来，具有费曼 1959 年所预见的性能、微观表征和操纵技术的仪器——扫描隧道显微镜和原子力显微镜终于相继问世，为纳米结构的测量和操纵提供了"眼睛"和"手指"，使得人类能更进一步认识纳米世界，极大地推动了纳米技术的发展。

作为国家科学思想库，中国科学院（以下简称中科院）学部的基本职责和优势是为国家科学选择和优化布局重大科学技术发展方向提供科学依据、发挥学术引领作用，国家自然科学基金委员会（以下简称基金委）则承担着协调学科发展、夯实学科基础、促进学科交叉、加强学科建设的重大责任。继基金委和中科院于2012年成功地联合发布"未来10年中国学科发展战略研究"报告之后，双方签署了共同开展学科发展战略研究的长期合作协议，通过联合开展学科发展战略研究的长效机制，共建共享国家科学思想库的研究咨询能力，切实担当起服务国家科学领域决策咨询的核心作用。

基金委和中科院共同组织的学科发展战略研究既分析相关学科领域的发展趋势与应用前景，又提出与学科发展相关的人才队伍布局、环境条件建设、资助机制创新等方面的政策建议，还针对某一类学科发展所面临的共性政策问题，开展专题学科战略与政策研究。自2012年开始，平均每年部署10项左右学科发展战略研究项目，其中既有传统学科中的新生长点或交叉学科，如物理学中的软凝聚态物理、化学中的能源化学、生物学中生命组学等，也有面向具有重大应用背景的新兴战略研究领域，如再生医学、冰冻圈科学、高功率、高光束质量半导体激光发展战略研究等，还有以具体学科为例开展的关于依托重大科学设施与平台发展的学科政策研究。

学科发展战略研究工作沿袭了由中科院院士牵头的方式，并凝聚相关领域专家学者共同开展研究。他们秉承"知行合一"的理念，将深刻的洞察力和严谨的工作作风结合起来，潜心研究，求真唯实，"知之真切笃实处即是行，行之明觉精察处即是知"。他们精益求精，"止于至善"，"皆当至于至善之地而不迁"，力求尽善尽美，以获取最大的集体智慧。他们在中国基础研究从与发达国家"总量并行"到"贡献并行"再到"源头并行"的升级发展过程中，脚踏实地，拾级而上，纵观全局，极目迥望。他们站在巨人肩上，立于科学前沿，为中国乃至世界的学科发展指出可能的生长点和新方向。

各学科发展战略研究组从学科的科学意义与战略价值、发展规律和研究特点、发展现状与发展态势、未来5～10年学科发展的关键科学问题、发展思路、发展目标和重要研究方向、学科发展的有效资助机制与政策建议等方面进行分析阐述。既强调学科生长点的科学意义，也考虑其重要的社会价值；既着眼于学科生长点的前沿性，也兼顾其可能利用的资源和条件；既立足于国内的现状，又注重基础研究的国际化趋势；既肯定已取得的成绩，又不回避发展中面临的困难和问题。主要研究成果以"国家自然科学基金委员会—中国科学院学科发展战略"丛书的形式，纳入"国家科学思想库—学术引领系列"陆续出版。

基金委和中科院在学科发展战略研究方面的合作是一项长期的任务。在报告付梓之际，我们衷心地感谢为学科发展战略研究付出心血的院士、专家，还要感谢在咨询、审读和支撑方面做出贡献的同志，也要感谢科学出版社在编辑出版工作中付出的辛苦劳动，更要感谢基金委和中科院学科发展战略研究联合工作组各位成员的辛勤工作。我们诚挚希望更多的院士、专家能够加入到学科发展战略研究的行列中来，搭建我国科技规划和科技政策咨询平台，为推动促进我国学科均衡、协调、可持续发展发挥更大的积极作用。

前　言

　　"中国学科发展战略·空间天气预报前沿"由中国科学院地学部推荐，是国家自然科学基金委员会–中国科学院学科发展战略联合学科研究项目之一。近百名空间天气领域的科技骨干历时三年多，举行各类研讨会十余次，经六次修改写成了本书。

　　空间天气科学是一门于 20 世纪 90 年代中期才迅速兴起的年轻的交叉学科，其驱动力主要来自三方面。第一，空间天气是关系经济社会发展的一个重要议题，常常给人类空间活动造成严重影响，正如美国国家航空航天局根据美国总统令制订的 2006～2016 年的十年战略计划中特别指出的，"空间天气对人类的危害越来越明显，因此认识并降低空间天气对人类的危害效应迫在眉睫"。第二，空间安全成为国家安全的战略制高点，没有空间安全就没有领土、领海和领空安全，专门研究空间天气对国家安全的影响，已经迅速发展成为一门新兴的军事空间天气学。第三，空间天气关系空间科技的进步，有助于把人类的知识体系从"地球实验室"向"空间实验室"拓展，不仅能引领新的探测技术发展，还会推动航天技术迈上新的台阶。空间天气预报便是它们的核心任务。现今，由国家自然科学基金委员会与中国科学院联合开展的空间天气预报前沿学科发展战略研究正逢其时。"十三五"期间，我国在空间天气领域部署了天基、地基两个国家级重大项目，本书的贡献者也多是这些国家级重大项目的参与者。因此，本书的出版将对这两个国家级重大项目的组织、实施，以至于最终的重要成果产出都具有积极的参考价值。

　　空间天气预报是空间科学中的一个重要前沿领域，它将日地物理科学与地面和空间技术应用紧密结合，是空间天气的监测、研究、建模、应用和服务等多学科、多技术领域高度交叉综合的集中体现。由王赤研究员负责的项目工作组汇集了空间物理和空间天气学科领域近百名专家学者的智慧，对空间天气预报的国内外发展态势进行了客观分析；从经济社会的发展、科技进步、空间安全等多角度进行了空间天气预报需求分析；凝练出了空间天气预报前沿的重大科学问题；给出了如何推进空间天气预报领域的全球化建议；对空间天气预报领域的跨越发展提出了政策建议。

本书共分为五章。第一章是空间天气预报的科学意义与战略价值，由王劲松、王世金、符养等编写；第二章是空间天气预报学科的发展规律与研究特点，由王赤、张效信等编写；第三章介绍空间天气预报的国内外发展现状与发展态势，由汪景琇、王华宁、薛炳森等编写；第四章介绍空间天气预报领域的发展思路与发展方向，由万卫星、冯学尚、张绍东等编写；第五章是对我国空间天气预报发展提出的资助机制与政策建议，由魏奉思、王赤、于晟等编写。

空间天气预报前沿学科发展战略研究的战略研究专家组高度重视空间天气预报的全球性，重视发扬中国青年一代科学家的担当精神，将 2013 年魏奉思院士在第三届全球华人空间天气科学大会期间的倡议——由中国科学家牵头推动国际空间天气预报前沿研究计划纳入本项战略研究进行了深入研讨，现已步入商讨成立该计划委员会组织架构的起步行动阶段。这是落实空间天气预报前沿战略研究的重要举措。我们期待着它的实施能给我国从事空间天气科学研究的中青年学者带来更多施展才华的机会。

项目组希望本书的出版能增进广大读者对我国乃至世界的空间天气预报发展情况的了解，并在此向在百忙中为本书撰稿的各位专家，以及对本书的撰写提供材料、修改意见和建议的专家致以衷心的感谢。由于时间所限，本书中难免存在疏漏和不足之处，敬请读者批评指正。

魏奉思

2018 年 5 月 24 日

摘 要

一、科学意义与战略价值

日地空间是当前人类航天活动、空间和平利用的主要区域，是与人类生存发展息息相关的第四生存环境。众多空间技术系统（如通信卫星、导航定位、灾害监测、预警、各类遥感对地观测等）进入空间，目前在轨运行的卫星近千颗，人类对空间技术系统的依赖迅速增加。空间促进了航天产业和信息产业的巨大发展，也在人类开拓新能源、新交通、新通信等空间战略经济新领域展现了广阔的前景。然而，"水能载舟，亦能覆舟"，空间也使人类社会发展空间高技术领域面临着空间灾害性天气的安全挑战，如卫星失效或陨落、通信中断、导航定位失灵、电力系统烧毁、人类健康受损等，这使人类在发展航天、通信、导航、人类健康和国家安全等高技术领域蒙受巨大的损失。空间天气预报日益成为人类有效进出空间、和平利用空间、推动经济社会可持续发展必须拥有的一种基本能力，是需要人类共同努力的一项崇高事业。

（一）空间天气预报保障经济社会发展的安全

我国正面临建设世界科技强国的历史重任，中国的通信卫星、北斗导航、载人航天、探月工程、高分观测、神舟、天宫等正成为我国航天发展的标志性事件，"十三五"期间预计还将有近百颗卫星上天，我国经济社会发展对空间天气预报的依赖程度越来越高。已有统计表明，空间天气也致使我国有些卫星遭遇失败，我国航天安全和产业保护面临应对空间天气灾害的严峻挑战；我国广大的中低纬地区，处于全球电离层闪烁多发区域，卫星通信、导航定位经常受到影响，严重时可发生信号中断；我国要建设世界上规模最大的 1000 千伏特高压长距离输电网和数千千米长的油气管道等基础设施，如何抵抗空间天气引起的地磁感应电流也成为新问题；等等。1989 年 3 月 13～14 日，爆发了称为魁北克事件的太阳风暴，导致加拿大魁北克地区大范围停电，600 万居民停电 9 小时之久，损失功率近 200 亿瓦，直接经济损失达 5 亿美元。此事件也使很多近地卫星和同步轨道通信卫星等发生异常，甚至报废，全球无线电通信受干扰或中断，轮船、飞机导航系统失灵，美国海军的 4 颗导航卫星提前一年停止服务，预警跟踪目标丢失 6000 多个，宇航员、高空飞机乘客受到超警界的辐射剂量，甚至还导致美国新泽西州一座核电站的变压器烧毁。美国国家减灾委员会 2008 年就把空间天气纳入美国重大减灾挑战的十年计划。所有这些都表明，空间天气预报已成为保障经济社会发展安全的一种基本能力需求。

（二）空间天气预报加速空间科技的进步

空间天气预报将把人类的知识体系从"地球实验室"向"空间实验室"拓展。日地空间系统是一个多圈层、多学科交叉、在地球上无法模拟或重现的复杂系统，涉及诸多物理性质不同的空间区域，如中性成分（中高层大气）、电离成分为主（电离层）、接近完全离化和无碰撞的等离子体（磁层和行星际），它涉及宏观与微观的多种非线性过程和激变过程，如日冕物质抛射（coronal mass ejection，CME）的传播、激波传播、磁场重联、电离与复合、电离成分与中性成分的耦合、重力波、潮汐波、行星波、上下层大气间的动力耦合等，这些都是当代自然科学最富原始创新发现的国际前沿课题。空间天气预报前沿研究，要探测的是日地系统和太阳系统广阔的未知世界，必将引领近太阳和深空探测技术及航天技术的发展，加速空间科技的进步。

（三）空间天气预报倍增国家空间安全

现代战争是陆、海、空、天、电多维立体的高技术信息化战争，作战必须实施集大气环境、海洋环境、空间环境于一体的无缝隙保障。所有进入空间的军事技术系统（如它们的通信、轨道、姿态、导航、材料、元器件等）都受到空间天气的影响。据美方报道，海湾战争中 40% 的武器未命中目标，很大部分源于空间天气。通常中高层大气密度 20%～40% 的变化将导致远程导弹轨道打击精度 20～40 千米的误差。在 2001 年 4 月 1 日美军侦察机撞毁我军战斗机后的搜寻期，4 月 3 日正值太阳风暴侵袭地球，造成无线电通信中断 3 小时，给搜寻工作、形势判断和决策造成很大困难。空间天气预报关系到争夺现代高技术战争的信息优势及战略打击武器的精确打击，成为空间天气军力"倍增器"的核心。建设临近空间环境保障的空天一体化体系势在必行。在没有空间安全就没有领土、领空、领海安全的今天，空间天气预报成为抢占国家安全制高点的重要保障。

二、发展规律与研究特点

1957 年第一颗人造卫星上天，人类进入空间时代，空间物理迅速发展成为一门新兴的多学科交叉的前沿基础学科，主要研究地球空间、日地空间和太阳系中包括太阳、行星际空间、地球和行星的大气层、电离层、磁层，以及它们之间的相互作用和因果关系。20 世纪 90 年代末，空间物理开始进入"硬"科学时代的一个新的发展阶段，强调科学与应用的密切结合，由此产生了一门专门监测、研究和预报空间天气的变化，旨在防止或减轻空间灾害，服务于经济社会发展和空间安全的新兴学科——空间天气学。

（一）定义与内涵

空间天气是指可以影响天基和地基技术系统，并危及人类生活和健康的太阳、整个空间及地球磁场和高层大气的各种状态。空间环境的不利条件会扰乱卫星运行、通信、导航及电网，导致各种社会经济损失，并且影响人类的安全。随着科技的不断进步，人类面对空间天气的脆弱性也极大地增长了。

空间天气学是空间天气（状态或事件）的监测、研究、建模、效应、预报及其对人类活动的影响、开发利用空间和服务经济社会发展等方面的集成，是多种学科（空间物理、太阳物理、地球物理、大气物理、等离子体物理等）与多种技术（航天技术、通信导航技术、探测技术、计算机技术等）的高度综合与交叉。空间天气学的基本目标是把获得的知识用于预测和应对空间天气对人类社会生存、发展、安全的影响，保障经济社会的可持续发展。

对日地空间某处未来一定时期内的空间天气状况进行预测，称为空间天气预报，其主要内容为日地空间中短于数周的空间天气事件或过程，也涉及一个太阳活动周之内的空间天气变化趋势。由于人类社会对高技术系统的依赖程度日益加强，空间天气预报正在成为保障人类社会生存发展安全的一种基本能力。

（二）发展规律与特点

（1）空间天气预报能力高度依赖于空间探测技术的进步，对空间科技进步极具驱动性。空间天气预报开始于地基监测，随着1957年第一颗人造卫星上天，空间天气预报也伴随着航天技术和空间探测技术的发展而迅速发展起来。人类开始利用发射卫星监测和预报空间天气事件的发生和演化，它把从日地系统单一区域现象的预报向系统整体行为的集成预报方向推进，也正从统计经验预报向以卫星观测数据驱动的数值预报方向发展。空间探测技术的每一次重大突破，都给空间天气预报的能力提升带来飞跃。

（2）空间天气预报的水平高度依赖于对日地空间天气变化过程的科学认知的进步，对学科发展有重要引领作用。半个多世纪的空间探测研究表明，日地空间是一个由太阳大气、行星际空间、地球磁层、电离层和热层组成的多圈层的复杂耦合系统，如何预报如磁暴、电离层骚扰、电离层暴、热层暴、粒子暴等空间天气变化，在很大程度上取决于对由空间物理、太阳物理、大气物理、地球物理等多学科交叉所决定的日地系统空间天气变化过程的科学认知水平。

（3）空间天气预报的影响力高度依赖于服务于经济社会的发

展，对发展安全有极强的应用服务性。空间天气几乎影响一切的航天活动、频谱通信、空间军事技术系统与活动，已成为影响全球经济发展的重要议题。为应对空间天气事件、减缓和规避空间天气灾害，美国、欧洲等多个技术发达国家和地区相继制订了国家空间天气战略计划，联合国、世界气象组织、国际空间研究委员会等组织都纷纷制订了国际计划。

（4）空间天气预报的发展高度依赖于空间天气预报的国际合作的广度和深度，极具国际合作开放性。空间天气现象发生的空间范围十分巨大，从太阳到地球乃至更遥远的太阳系边界，同时具有很强的空间与时间变化特性，要预报空间天气发生、发展及其对人类活动的影响，越来越需要国际合作。空间天气预报早已从部门行为、国家或区域行为发展为全球性行为，如成立了总部设在美国的国际空间环境服务组织（International Space Environment Service，ISES），共有 15 个成员，中国就是其中之一。目前，以美国国家航空航天局为首、组织世界众多国家参加的国际与太阳同在（International Living with a Star）计划就是一个聚焦空间天气、由应用驱动、规模空前宏大的国际空间天气卫星计划。国际空间环境服务组织于 2014 年 10 月共同制订"认识空间天气，保障人类社会"的路线图就是其典型代表。

三、发展现状与发展态势

（一）国际发展现状与趋势

1. 国际发展现状

从 20 世纪中叶开展国际地球物理年（IGY）活动开始，相继发现了诸多空间天气现象，20 世纪下半叶，随着航天、通信导航等空间活动常受到空间天气的影响，空间天气预报作为空间时代应对空间天气灾害、保障人类生存发展安全的一种基本能力，受到人们的高度关注，近 20 年来取得了长足进步。下面分别从空间天气的监测、建模、预报和服务四个方面予以简介。

（1）空间天气监测体系。空间天气以地基为基础、以天基为主导的监测体系已初步形成。美国已建立了从太阳源头、行星际空间、磁层、电离层和热层的日地空间环境的地基监测网和日地空间因果链卫星观测。目前，美国、加拿大、俄罗斯、日本、欧洲等国家和地区可为空间天气业务提供监测的在轨运行卫星总数超过 43 颗，包括 DMSP、DSP、GPS、POSE、ACE、GOES、SOHO、Hinode、STEREO、COSMIC、SDO、IRIS 等；太阳活动、地磁、电离层、中高层大气等数以百计的观测站遍布全球。

（2）空间天气建模研究。空间天气建模研究开展得十分火热，如美国国家航空航天局支持下的共同协调建模中心（CCMC）为全球提供服务，由美国密歇根大学牵头与多所大学、科研单位成立的美国空间环境建模中心（CSEM），共同开发了集空间天气模拟和应用于一体的空间天气模型架构。欧洲也建有专门的空间环境信息系统负责研发等。

（3）空间天气预报水平。空间天气预报按时效不同可分为现报、警报、短期预报、中期预报和长期预报几种。地磁扰动短期预报可信度较高，电离层扰动的短期预报和长期预报不能满足需要，极端空间天气事件的预报级为初级。目前主要以统计预报为主，数值预报只是处于起步阶段。国际有众多的专门机构和专业队伍来进行预报，如美国国家海洋和大气管理局（NOAA）的空间天气预报中心（SWPC）、澳大利亚空间环境预报国际空间环境服务组织等。

（4）空间天气效应分析服务。空间天气效应分析服务是空间天气服务于用户的关键，目前美国已建有空间天气预报中心、空间环境效应融合系统（SEEFS），欧洲空间局设立了空间环境和效应分析部，提供航天器和航空器、电离层及其影响、地面诱发电流及对地面系统影响三大类服务；此外，美国空军研究实验室（AFRL）、海军实验室等都大力开展效应模拟实验和发展分析评估软件。它们的应用目标是将空间环境观测信息融入民用与军用的指挥控制系统中，形成指导任务执行的决策信息。

2. 国际发展趋势

（1）建设空间天气日地系统"全链路"+地球空间系统立体

"全景图"预报的监测体系正成为关系空间安全、应用与开发竞争的一个重要战略高地。

（2）提升空间天气不同时间、空间尺度的耦合及空间气候涉及的中长期变化过程的认知创新能力，正成为预报水平有新突破面临的一个新挑战。

（3）发展局域化、精细化和智能化的空间天气预报将成为拓展应用与开发空间能力的一种标尺。

（4）空间天气预报将成为服务经济社会、向产业化方向发展的一个重要领域。

（5）空间天气预报的国际化是空间时代人们共同努力的一种全球行为。

（二）我国空间天气预报正处于快速发展的少年成长期

空间天气预报能力是空间天气的探测、研究、建模和服务等多方面的综合。我国空间天气预报能力与如下方面的发展有关。

1. 空间天气监测

由于国家东半球空间环境地基综合监测子午链（以下简称子午工程）一期的建成运行，我国的地基监测能力开始进入国际先进行列。目前，我国已拥有多台具有国际先进水平的地基观测设备，如多通道太阳磁场望远镜、太阳射电日像仪、电离层台链、激光雷达链，以及南极中山站和北极黄河站极光观测系统等；天基监测能力尚薄弱，主要是通过应用卫星搭载开展相关探测，地球空间双星探测计划迈出了可喜一步。已列入国家有关计划、蓄势待发的还有空间电磁卫星、夸父计划、磁层-电离层-热层耦合小卫星星座探测计划（MIT）、太阳极轨望远镜计划（SPORT）、太阳空间望远镜卫星计划、先进天基太阳天文台计划（ASO-S）、太阳风-磁层相互作用全景成像（SMILE）卫星计划等。

2. 空间天气研究

我国的空间天气研究经过近20年来的发展，在全球110多个有关国家和地区的论文发文量和引用量中位列第二（论文占19%，引用占 22%），美国第一（论文占 22%，引用占 30%），其余国家均在 5% 左右，高影响力的工作正在追赶中。总的来说，中国正向空间天气研究的一流先进国家行列迈进。

3. 空间天气建模

目前，我国科学家初步构建了空间天气预报模式框架，主要包括活动区磁场模式、太阳风暴初发模式、行星际太阳风暴模式、太阳风-磁层相互作用模式、地球磁层响应模式、电离层-热层耦合模式、中高层大气响应模式等，但与国际先进水平还有一定差距。

4. 空间天气服务

我国空间天气预报服务起源于 20 世纪 60 年代为"东方红一号"卫星提供太阳活动预报，随着我国航天工程的发展，先后成立了多个各具特色的空间天气预报服务机构，2004 年国家空间天气监测预警中心成立。中国于 1992 年加入国际空间环境服务组织，组成中国区域警报中心，长期坚持向全球用户提供空间天气预报服务。

5. 人才队伍情况

我国从事空间天气领域研究的人才主要分布在中国科学院、其他高等院校、中国气象局及有关应用部门。已建设空间天气学国家重点实验室和相关的部委级重点实验室 20 余个，形成了较完整的探测-研究-应用-服务体系。队伍涉及中国科学院、教育部、航天科工集团、工业和信息化部、中国地震局、中国气象局和国家海洋局等近百家单位和上千名优秀骨干人才。

6. 问题和差距

中国空间天气预报的天基监测能力与世界先进水平相比仍有很大差距，至今还没有专门的空间天气监测卫星；建立基于物理过程的集成预报模型系统还面临大力加强日地系统空间天气耦合过程的研究挑战；空间天气预报服务的"落地"能力较差，需要提升空间天气与效应一体化预报服务的业务融合能力；亟须加快建立军民融合的国家空间天气监测预报体系，创新国家层面的管理与运行机制。

四、发展思路与发展方向

从美国 1995 年提出空间天气定义算起，空间天气科学也只有短短 20 多年历史，但它已迅速成为一门把人类知识体系从"地球实验室"向"空间实验室"拓展的新兴交叉科学，及关乎人类生存与发展安全的战略科学。中国如何跨入空间天气预报世界一流先进国家行列，分析关键科学问题，厘清发展思路、发展目标和重要研究方向是最重要的。

（一）关键科学问题

空间天气预报前沿的关键科学问题主要涉及科学理解、建模技术、服务效益三个方面。

1. 科学理解前沿研究

科学理解前沿系指提高空间天气预报水平所面临挑战的关键科学问题，可梳理如下。

（1）太阳天气。太阳低层大气（对流层、光球、色球、日冕）耦合系统的全球动力学过程；了解控制和影响太阳爆发的活动：耀斑、日冕物质抛射和太阳高能粒子事件的基本物理过程等。

（2）行星际天气。观测数据驱动的行星际三维扰动传播的动力学过程；太阳高能粒子事件的加速、传播及注入地球空间的传播过程等。

（3）地球空间天气。扰动太阳风能量注入磁层的过程及其在磁层中的传输、转换与耗散的能量流动路线图；地球空间系统磁暴、电离层暴、电离层骚扰、电离层闪烁、热层暴、粒子暴、极光等形成、演化的时序关系"全景图"等。

（4）地球天气/气候与空间天气/气候关系。地球低层大气中的波动是如何上传影响电离层中的动力学过程并造成电离层闪烁的，太阳能量输出的变化与长期气候变化的关系等。

（5）太阳系空间天气。日冕物质抛射的日球过程及其与行星的相互作用；银河宇宙线与太阳高能带电粒子在日球中的传播、分布及其时间变化过程等。

2.建模技术前沿研究

建模技术前沿主要指融合日地空间各圈层相互作用过程于关键区域和集成预报建模之中面临挑战的课题,主要包括日地系统关键空间区域和系统集成预报建模技术,以及太阳系行星及日球层空间天气预报建模技术。

3.服务效益前沿研究

服务效益前沿研究旨在提高空间天气预报服务效益涉及的空间天气事件预报、空间气候预报、环境效应风险评估和科普培训宣传等多个方面存在的前沿共性问题,主要有:数据驱动的业务应用模型——依据业务化的实测数据,构建卫星、飞机、导航、通信、雷达、电力等设施和业务相关的区域空间环境扰动与效应一体化预报模型,给出风险评估方法面临的诸多挑战;面向应用的产品体系和标准——空间天气服务无论是纵向因果链还是横向的各种用户群,涉及的空间天气服务产品种类繁多,要综合技术需求因素、历史因素和数据可获得因素等,建立自洽的服务产品和标准也面临挑战。

(二)学科发展总体思路

空间天气预报是空间时代直接关系人类生存与发展安全的一种基本能力,是空间天气监测、研究、建模、应用与服务这些基本能力的结晶。加速我国空间天气预报发展的总体思路如下。

(1)促进"全链条"体系化发展。大力加强集空间天气监测、研究、建模、预报、应用与服务于一体的国家空间天气"全链条"的创新体系建设是发展的必由之路,提升空间天气预报的引领作用。

(2)天地一体化监测能力。建立以地基监测为基础、以天基监测为主导的独立自主的日地空间"因果链"+地球空间"全景照"的天地一体化的空间天气监测体系,不断发展空间天气预报的监测能力。

(3)开启多元智能化预报之路。建立以观测驱动、以物理认知为基础、以数值预报为龙头的预报体系,开启运用现代信息技术将数值预报、统计预报与经验预报融入具有极其深度学习能力的智能化预报体系的发展之路。

（4）建设一体化规范服务体系。建立日地系统和太阳系的不同空间区域的科学、定量的空间天气预报和效应分析预报一体化的规范服务体系，向数字空间产业化方向迈进。

（5）推进预报国际化。以国际空间天气预报前沿计划为抓手，大力推进空间天气预报的全球化进程，提升我国对全球空间天气事业的贡献度。

（三）发展目标

总目标是再用 5～10 年，实现我国空间天气预报进入国际先进国家行列，实现跨越式发展，包括四个国际一流目标：①日地空间天气"全链路"和立体"全景照"监测能力国际一流；②空间天气预报的科学水平国际一流；③空间天气预报服务的效益国际一流；④中国对空间天气预报造福人类的贡献国际一流。

（四）重要研究方向

（1）太阳磁场和太阳活动区演化的研究。它是进一步提升太阳活动的认识和预报水平的基础。

（2）日地系统空间天气耦合过程的研究。它是建立日地系统空间天气定量化、集成化预报的物理基础。

（3）空间天气区域建模和集成建模的方法。它是空间天气预报通向应用必经之桥梁，是应用水平与效益的基石。

（4）影响空间天气变化的基本物理过程。它们影响或控制太阳耀斑、日冕物质抛射、磁暴、电离层暴、热层暴、粒子暴等突发性空间天气过程的发生与演化，是空间天气预报应予夯实的科学基础。

（5）空间天气对人类活动的影响。空间天气预报只有把对人类活动的影响落到实处、接地气，才能展示它独有的价值和无限的生命力。

五、资助机制与政策建议

（一）建立空间天气部际协调机制

为实现统筹协调、协同创新、资源高效利用与优化配置，应建立由国家发展和改革委员会、财政部、科学技术部、中国科学院、国家自然科学基金委员会、工业和信息化部、中国气象局、国家国防科技工业局和军方主管部门等多个部门参加的空间天气部际协调机制，设立国家空间天气科技专家委员会。

（二）推进空间天气保障体系建设

针对我国空间天气领域总体投入不足、空间天气天基监测数据严重依赖国外、地基监测数据尚待完备、自主的空间天气保障能力尚未形成的现状，建议国家加速推进由空间天气监测、研究、建模、预报、应用与服务成体系的国家空间天气保障体系建设，使之成为国家安全的重要组成部分。

设立"空间天气预报：2030 中国"重点研发专项。该专项聚焦应对空间天气事件、保障经济社会发展和国家空间安全，将空间天气的基础研究、前沿技术和应用示范进行优化整合的"全链条"设计，实现"四个国际一流"的总体目标：预报的监测能力、预报的科学水平、预报的保障效益和预报的国际贡献都是国际一流，实现中国空间天气科学研究进入国际先进国家行列，实现跨越式发展，成为有空间天气保障能力的国家。

（三）推进空间天气预报的全球化

空间天气预报是空间时代人类社会日益关注的全球化能力建设之一，应以牵头实施国际空间天气子午圈计划和国际空间天气预报前沿计划为抓手，助力推动空间天气全球化进程，为空间时代人类社会的发展谋福祉，做出中国科学应有的重要贡献。

Abstract

1. Scientific significance and strategic value

The solar-terrestrial space is the main domain for human space activities, which is the fourth environment for human beings after land, ocean and atmosphere. With the launch of the first artificial satellite in 1957, the space era begun. Many space technology systems such as communications satellites, navigation and positioning systems, disaster monitoring and early warning systems and various types of remote-sensing Earth observation systems have entered space in recent years. Currently nearly one thousand satellites are in operation. Human beings are increasingly dependent on those space technology systems. Space has contributed to the great development of the aerospace industry and information industry and has also shown broad prospects for human beings to explore new areas of strategic economy such as new energy, new transportation and new communications. However, "the same knife cuts bread and fingers." Disastrous space weather poses security challenges for human beings to develop high-tech space technologies. It leads to the failure or fall of satellites, the interruption of communications, the failure of navigation and positioning, the burning of electric power systems, the harm to human health and the like, which have caused great losses and damage in the development of high-tech fields such as aerospace, communications, navigation, human health and national security. Therefore, space weather forecast has increasingly become one of the basic skills for human beings to live and develop in the space age, and a lofty undertaking for human beings in worldwide.

（ 1 ） Space weather forecast safeguards smooth operation of the society

Nowadays, space weather forecast is one of the important means to alleviate or dodge the space weather disasters. Aerospace, communications, navigation and other fields have become important pillar industries of the development of human society. To safeguard the smooth operation of the space infrastructure is becoming an urgent need. The space weather event occurred in March, 1989, reminded us that there exist untraditional disasters in addition to earthquake, hurricanes etc. Since we strongly depend on satellite systems and their availability, it is crucial that these systems are in full operation. The branches of spacecraft & aircraft, communication systems, power distribution networks and pipelines, oil and mineral prospecting etc. strongly depend on space weather. Moreover, in the worst case, human health or life can also be endangered by space weather. Space weather forecast is an effective way to deal with the space disasters, and will make great contributions to safeguard the smooth operation of our society.

（ 2 ） Space weather forecast drives the development of space science and technology

Space weather forecast is one of the grand scientific challenges in space science, which is related to not only macro-processes such as the formation, transfer and dissipation of the energy and mass in the solar-terrestrial system, but also the micro-processes such as particle acceleration, magnetic reconnection. Space weather is the science which integrates the observations, theory, modeling, application and service. The mechanisms of the solar eruptions, the propagation and evolution of the solar storms in the heliosphere, the coupling of the magnetosphere – ionosphere – atmosphere, and the relationship between the space weather/climate and the global change are the key scientific questions need to be addressed, which expands our knowledge from ground to space. Space weather forecast research will overpass the traditional concepts, theory and technology, and certainly drive the development of space science and technology to a new stage.

(3) Space weather forecast strengthens national space security

Modern warfare is warfare using high information technology. The military theatre of operations includes not only land, sea, air, but also space, cyber and information. Therefore, combat operations are strongly influenced by the complex factors involving the space, atmosphere and marine environment. The operations of military technology systems launched into space are usually affected by space weather. The US reports reveal that forty percent weapons missed target in the Gulf War. Those failures are mainly caused by the severe space weather. In general, a 20%–40% change in density of middle and upper atmosphere will causes a 20–40 km error on the strike accuracy of long-range missiles tracks. On April 1, 2001, a Chinese fighter aircraft crashed after being hit by an American reconnaissance aircraft. During the searching time, there was a severe solar storm hitting the Earth, which caused a three hour radio communication outage, and thus made searching, judgement and decision-making difficult. Space weather forecast is vital to win the fight for information superiority in the modern high-tech war and strengthen the capabilities of strategic strike weapons for precision strikes. It is the core of space weather as a military multiplier. At present, without the space security, there would be no the security of territory, airspace and territorial sea. Space weather forecast is a significant support to race to control a commanding point for national safety.

2. Development rules and characteristics of space weather forecast

Sputnik was the first artificial satellite launched into Earth's orbit in 1957, and it is the beginning of human's space age. After that, space physics has rapidly developed into an emerging advanced basic discipline. It encompasses a far-ranging number of topics, such as the solar physics, solar wind, planetary atmosphere, ionosphere and magnetosphere, and interaction between different spheres. In 1990s, the development of space physics has entered into a new stage. To connect the research and user communities, a new discipline named as space weather emerged, which focuses on the monitoring, research and forecast of changing space weather so as to reduce the loss of space disasters, and contribute to the economic and social development.

（1）Definition

The term "space weather" refers to conditions on the sun, in the solar wind, and within Earth's magnetosphere, ionosphere and thermosphere that can influence the performance and reliability of space-borne and ground-based technological systems and can endanger human life or health.

Space weather study is the integration of multiple aspects including the monitoring, research, modeling, effects, forecasting of space weather (state or event) and its impact on human activities, developing and making use of the space, and serving economic and social development. It is highly integrated and interdisciplinary involving many disciplines (such as space physics, heliophysics, geophysics, atmospheric physics, plasma physics, etc.) and a variety of technologies (aerospace technology, communications and navigation technology, detection technology, computer technology, etc.). The basic goal of space weather study is applying the acquired knowledge to predict and deal with the impact of space weather on human society survival and development, to ensure the sustainable economic and social development.

The space weather forecast is defined as predicting the space weather of solar-terrestrial space during a certain period in future. Its contents involve the space weather events or processes whose time scale is shorter than several weeks, and the changing tendency of space weather within a solar activity cycle.

（2）Development rules and characteristics

Driving technology progress. Space weather forecast is highly dependent on the advancement of space exploration technologies，therefore the space weather forecast is an important driving force for advances in space science and technology.

Leading disciplinary development. Space weather forecast is highly dependent on the development of the research on space weather processes in the solar-terrestrial system，hence the space weather forecast is important to driving the development of those disciplines.

Serving economic and social development. The influence of space weather forecast is highly dependent on the extent of its contribution to the economic and social development. Space weather forecast serves the development security to a large extent.

Open cooperation. The development of space weather forecast is highly dependent on the breadth and depth of international cooperation, therefore it is highly open to international cooperation.

3. Development status and tendency

（1）International status and trend of space weather forecast

1) International status of space weather forecast

Since the beginning of the International Geophysical Year (IGY) in the mid-20th century, many space weather phenomena have been discovered. In the second half of the 20th century, as space activities such as aerospace, communications and navigation are usually affected by space weather, space weather forecast, as a basic ability to cope with space weather disasters and to ensure the safety of human survival and development in the space age, is attracting great attention. In the past two decades, great progress has been made in space weather forecast.

Space weather monitoring system. A more space-ground integrated space weather monitoring system has been established. Currently, the total number of normal operating satellites that can provide observations for space weather forecasting is more than 43. Hundreds of observation stations distribute all over the world to monitor the solar activities, geomagnetic field, ionosphere, middle and upper atmosphere etc.

Space weather modeling research. In the last few years, the space weather modeling research is very hot. A framework of space weather model has been set up in the U S that integrates space weather simulation and application. Europe has established a special space environmental information system which is responsible for research and development.

Space weather forecast skill. Space weather forecast has become a routine work and served space missions. There are many professional institutions and research teams in the world that are engaged in space weather forecast such as American NOAA Space Weather Prediction Center (SWPC), Australian Space Weather Services (SWS), etc. Currently, the forecast is mainly based on the statistical model. The numerical forecast is only in its infancy. In terms of forecast period, the space weather forecast can be divided for 5 types, real-time forecast, alert, short-range forecast, middle-range forecast and long-range forecast. The short-range and long-range forecast skill of ionospheric disturbance cannot fulfill our requirement. The short-range forecast of geomagnetic disturbance is more credible. Predictions of severe space weather events are still at a low level.

Effects analysis service. Space weather effects analysis service is one of the most critical space weather services to users. Up to now, the United States has built Space Weather Prediction Center (SWPC) and Space Environmental Effects Fusion System (SEEFS), and European Space Agency has set up Space Environments and Effects Analysis Section in order to offer three kinds of services including the Aircraft and Spacecraft, Ionosphere and its Impact, Geomagnetic Induced Current (GIC) and its Impact on Ground-based Systems. Moreover, the U S Air Force Research Laboratory (AFRL), Naval Research Laboratory (NRL), and so on are paying more attention to conduct the effects simulation experiments and develop the analysis and evaluation softwares. The applied target of those softwares is blending the space environmental observations into the civilian and military command and control systems, and creating the decision information for guiding mission execution.

2) International trend of space weather forecast

Construction of a space weather monitoring system for the "whole chain" of the solar-terrestrial system and the three-dimensional "panorama" of the Geospace system is becoming an important strategic area for space security, space utilization and space development competition.

Development of the understanding of space weather coupling processes in different time-scale and space-scale, and medium-and long-term changes of space climate, is becoming a new challenge for new breakthroughs in forecast.

Development of localized, refined and intelligent space weather forecast is crucial for the application of space weather and the utilization of space.

Space weather forecast will become an important area that serves economy and society and pushes the development toward industrialization.

Internationalization of space weather forecast is an undertaking for human beings in worldwide to work together in the space age.

(2) China's space weather forecast is in its fast-growing stage

Space weather forecast capabilities need to be assessed by considering comprehensive factors involving exploration, research, modeling, service and so on. China's space weather forecast capabilities are related to the development of the following aspects.

1) Space weather monitoring

Due to the construction and operation of Chinese Meridian Project Phase I, the ground-based monitoring capability has reached the international advanced level. Space-based monitoring capabilities are still weak, which mainly depends on the exploration by carrying payloads in application spacecraft. The success of Double Star mission represents an important step towards the improvement of space-based monitoring. Recently, the Magnetosphere-Ionosphere-Thermosphere Coupling Small-Satellite Constellation Mission (MIT), Solar Polar Orbit Telescope (SPORT), Advanced Space-based Solar Observatory (ASO-S), Solar Wind Magnetosphere Ionosphere Link Explorer (SMILE), and so on have been included in the relevant National Plan.

2) Space weather research

After nearly two decades of development, China's space weather research ranks now second (after the United States) among over 110 countries/regions in the world in terms of the number of publications and citations of papers.

3) Space weather modeling

Presently, Chinese scientists have constructed preliminarily a framework of space weather models, mainly involving magnetic field models of solar active regions, solar storm models, interplanetary solar wind models, solar wind-magnetosphere coupling models, magnetospheric models, ionosphere-thermosphere coupling models and middle-and upper-atmospheric models. However, there is still a gap between China's modeling skill and the international advanced level.

4) Space weather services

China's space weather forecast services start from the time when the Dong Fang Hong No. 1 provided forecast of solar activities in the 1960s. With the development of China's aerospace engineering, many characteristic institutions were founded for space weather forecast services one after another. National Space Weather Monitoring and Warning Center was founded in July 2004. In addition,

China has also joined the International Space Environment Service (ISES) since 1992, and built a regional alert center in China in order to provide space weather forecast services for global users insistently.

5) Talent Teams

China's space weather professionals mainly work at the Chinese Academy of Sciences, other universities, China Meteorological Administration and relevant application organizations. More than 20 state key laboratories and ministerial key laboratories of space weather science have been established, forming a complete exploration-research-application-service system, which involves thousands of core talents in many institutions as the Chinese Academy of Sciences, the Ministry of Education, China Aerospace Science and Technology Corporation, the Ministry of Industry and Information Technology, China Earthquake Administration, China Meteorological Administration, and State Oceanic Administration.

6) Problems and Gaps

There is still a big gap between China's space-based space weather monitoring capability and the international advanced level. No dedicated space weather monitoring satellite is available so far. The establishment of an integrated forecast modeling system based on physical processes is still facing a great challenge, that is, research on space weather coupling processes in the solar-terrestrial system needs to be improved. The space weather forecast service is poor in implementation. The integration should be enhanced of both space weather forecast service and its effects. It is urgent to speed up the establishment of a national space weather monitoring and forecast system for both military and civil use, and to innovate the management and operation mechanism at the national level.

4. Development Ideas and Directions

Space weather science has a short history of only 20 years, counting from the time when the concept of space weather was proposed by the United States in 1995. However, it has quickly become an emerging interdisciplinary science that extends human beings' knowledge from the "Earth-based laboratory" to the "space-based laboratory", and a strategic science concerning human survival and development security.

(1) The key science issues

The key science issues of the space weather forecast frontier mainly involve scientific understanding, modeling technology and service benefits.

1) Space weather frontier research

This frontier refers to key science issues that challenge the improvement of space weather forecast level and are as follows.

Solar weather—global dynamics of the coupling system in the lower solar atmosphere (the convection zone, photosphere, chromosphere, and corona) ; the basic physical processes of solar eruption activities such as flares, Coronal Mass Ejection (CME) and solar energetic particle events.

Interplanetary weather—the transmission dynamics of 3D interplanetary disturbance driven by observation data; the acceleration and transmission of solar energetic particle events and its injection into the Geospace.

Geospace weather—the injection of disturbed solar wind energy to the magnetosphere and its transmission, conversion and dissipation in the magnetosphere; the time-sequenced "panorama" of the formation and evolution of magnetic storms, ionospheric storms, ionospheric disturbances, ionospheric scintillation, thermospheric storms, particle storms, aurora and so on in the Geospace system.

Relationship between the Earth weather/climate and the space weather/climate—How does the lower atmosphere fluctuation affect the dynamics in the ionosphere and cause the ionospheric scintillation?What is the relationship between the change of solar energy output and the change of long-term climate?

Solar system's space weather—the hemispheric process of the Coronal Mass Ejection (CME) and its interaction with the planets; the transmission, distribution and time evolution of galactic cosmic rays and solar energetic particles in the heliosphere.

2) Space weather forecast modeling

This frontier mainly includes the techniques of key regional modeling and integrated forecast modeling of the solar-terrestrial system, and the forecast modeling techniques of planetary and heliospheric space weather in solar system.

3) Space weather application and service

This frontier aims to study the common frontier issues related to the improvement of space weather forecast service benefits in many aspects such as forecast of space weather events, space climate forecast, risk assessment of environmental effects and public outreach. These issues mainly include: data-driven business application model—there are challenges to build a forecast model that integrates local space environment disturbance and its effects related to facilities and services such as satellites, aircraft, navigation, communications, radar, and electricity based on the operational data measurement and present the method of risk assessment; application-oriented product systems and standards—the space weather forecast service involves a variety of products for both the vertical cause-effect chain and the horizontal multiple user groups. There are challenges to develop self-consistent service products and standards in consideration of technology requirements, historical factors and data accessibility.

（2）The general idea of accelerating the development of China's space weather forecast is as follows

Space weather forecast is a basic skill that directly relates to human survival and development security in the space age. It is the integration of basic abilities of space weather monitoring, research, modeling, application and service. The general idea of accelerating the development of China's space weather forecast is as follows.

1) To promote systematic development of the "whole chain"

The only way is to take great efforts to build an innovative system for the "whole chain" of national space weather forecast, which integrates space weather monitoring, research, modeling, forecast, application and service. That will enhance the leading role of space weather forecast.

2) To build capability of monitoring space-terrestrial integrated network

An independent solar-terrestrial "cause-effect chain" should be built based on ground-based monitoring and led by space-based monitoring, which together with the "panorama" of the Geospace constitutes a monitoring system for the space-terrestrial integrated network, to improve the monitoring capability of space weather forecast.

3) To start diversified intelligent forecast

To establish a forecast system which is driven by observations, based on physical processes and led by numerical forecast. Applying modern information technology to integrate numerical forecast, statistical forecast and empirical forecast into the intelligent forecast system with in-depth learning ability.

4) To establish a normative integrated service system

To establish a standardized service system integrating quantitative and scientific space weather forecast and effects analysis forecast in different space regions of the solar-terrestrial system and the solar system, and move forward to the industrialization of numerical space.

5) To promote the internationalization of forecast

With the "International Space Weather Forecast Research Plan" as a starting point, to vigorously promote the globalization of space weather forecast and enhance China's contribution to the global space weather undertaking..

（3）Overall development goals of China's space weather forecast

Leapfrog development is expected for China's space weather forecast reaching the top world level in five to ten years. Four top-level goals are included: World-class monitoring capability of the solar-terrestrial space weather "whole chain" and 3D "panorama" ; World-class scientific research of space weather forecast; World-class benefits of space weather forecast service; World-class contribution of China's space weather forecast to the welfare of human beings.

（4）Research focuses of China's space weather forecast

Research on the evolution of solar magnetic field and solar activity region. It is the basis for further understanding and prediction of solar activities.

Study on the space weather coupling process in the solar-terrestrial system. It is the physical basis for establishing the quantitative and integrated solar-terrestrial space weather forecast.

Space weather regional modeling and integrated modeling methods. It is a necessary for the conversion from space weather forecast to its application, and is crucial to the level and effectiveness of the space weather application;

Basic physical processes that affect space weather changes. They affect or control the occurrence and evolution of sudden space weather processes such as solar flares, Coronal Mass Ejection (CME), magnetic storms, ionospheric storms, thermospheric storms, and particle storms. They are scientific basis for space weather forecast;

Impact of space weather on human activities. Space weather forecast can demonstrate its unique value only if its influence on human activities is well presented.

5. Major funding mechanisms and policy recommendations

(1) To establish a ministerial coordination mechanism for space weather study

In order to achieve coordination, collaborative innovation, and efficient use and optimal allocation of resources, it is necessary to establish a ministerial coordination mechanism in which the National Development and Reform Commission (NDRC), Ministry of Finance (MOF), Ministry of Science and Technology (MST), Chinese Academy of Sciences (CAS), National Natural Science Foundation of China (NSFC), Ministry of Industry and Information Technology (MIIT), China Meteorological Administration (CMA), State Administration of Science Technology and Industry for National Defence (SASTIND), and military administration should take part, and to set up a National Committee for Space Weather Science and Technology.

(2) To promote the construction of a space weather security system

Now Space-based monitoring data in China is heavily dependent on the foreign observations, and Ground-based monitoring data should be further supplemented. Based on this, it is recommended to promote the construction of a space weather security system which is made up primarily of the space weather monitoring, research, modeling, forecast, application and service, and to make the space weather security system as one of the most important parts of national security.

(3) To work out a key research and development plan named as "Space Weather Forecast : 2030 China"

This project focuses on how to react space weather events, how to ensure the economic and social development and national space security. It will integrate the space weather basic research, advanced technologies and application demonstration as a "whole-chain" design so as to achieve the overall goal of "four world-class" involving world-class monitoring capability, scientific level, security benefits and international contribution of space weather forecast, and enable China as a country with the space weather support capabilities.

(4) To promote the globalization of space weather forecast

It is suggested to start with the "International Meridian Circle Project" and the "International Space Weather Forecast Frontier Plan", to promote the process of globalization of space weather and make an important contribution to the development of human society in the space age.

目　录

第一章
科学意义与战略价值

日地空间是当前人类航天活动、空间和平利用的主要区域，是与人类生存发展息息相关的第四生存环境。随着众多空间技术系统（如通信卫星、导航定位系统、监测和预警系统、各类对地观测系统等）进入空间，目前在轨运行的卫星已近千颗，预期未来10年将会有近千颗商业卫星升空，人类对空间技术系统的依赖迅速增加。空间促进了航天产业和信息产业的巨大发展，也在人类开拓新能源、新交通、新通信等空间战略经济新领域展现了广阔的前景。然而"水能载舟，亦能覆舟"，空间也使人类社会发展空间高技术领域面临空间灾害性天气的安全挑战，如卫星失效或陨落、通信中断、导航定位失灵、电力系统烧毁、人类健康受损等，使人类在发展航天、通信、导航、人类健康和国家安全等高技术领域蒙受巨大损失。空间天气预报日益成为人类有效进出空间、和平利用空间、推动经济社会可持续发展所需要的一种基本能力，是需要人类共同努力的一种崇高事业。

一、空间天气预报助推经济社会发展

与地球天气一样，空间环境也常常出现一些突发的、灾害性的空间天气变化，有时会使卫星运行、通信、导航和电力系统遭到破坏，影响天基和地基技术系统的正常运行和可靠性，危及人类的健康和生命，进而导致多方面的社会经济损失。因此，空间环境具有两重性：一方面，它是一种宝贵资源，如在通信、广播、教育、导航、气象、海洋利用和减灾防灾等众多领域，人类都因它而获益；另一方面，灾害性空间天气也可"覆舟"，给人类的生存和发展带来严重危害，影响人类的生产和生活。

中国正面临实现中华民族伟大复兴、建设自立于世界强国之林的历史重任，发展高科技、实现国防现代化是根本保证。在这种背景下，中国同世界发达国家一样，对空间天气预报产生了十分紧迫的战略需求。载人航天和探月工程是《国家中长期科学与技术发展规划纲要（2006—2020年）》的重大专项。"十三五"期间预计将有近百颗卫星上天，载人航天要实现宇航员在空间实验室的居留，嫦娥奔月实施"绕、落、回"三步走的第三步，我国自主火星探测任务也将在2020年实现"绕、落"两步并做一步走。但不幸的是，卫星故障时有发生，据统计其中约40%来自空间天气。已发生的卫星事故或故障有：风云一号气象卫星、亚太二号通信卫星所遭遇的失败，嫦娥一号卫星发生单粒子锁定等。重大的灾害性空间天气常对航天器造成严重损伤，甚至导致其提前坠落。例如，1998年4~5月美国银河4号通信卫星失效，造成美国80%的通信寻呼业务中断；2000年7月14日的灾害性空间天气使日本的宇宙学和天体物理学高新卫星（Advanced Satellite for Cosmology and Astrophysics，ASCA）失去控制，损失很大。在全球卫星通信、导航定位系统迅速发展的形势下，我国也要有自己的各类天基技术系统。"十三五"期间，我国的应用卫星、载人航天、深空探测等航天活动日益频繁，航天安全形势严峻，空间天气预报需求迫切。

我国广大的中低纬地区处于全球电离层闪烁多发区域，经常发生影响卫星至地面无线电传输的电离层空间天气现象。在这些地区的卫星通信、导航定位经常受到影响，严重时可发生信号中断。例如，2001年4月发生了20年来最强的太阳爆发事件，引发电离层的强烈扰动，导致短波通信中断，其间还发生了美军飞机在海南撞毁我军战斗机事件，对我们的搜救工作产生直接影响。空间天气事件还有可能导致卫星导航定位系统失锁，引起全球定位系统（GPS）无法定位或误差极大。中国自主研制的北斗二代系列卫星自2009年起进入组网高峰期，预计在2020年左右形成覆盖全球的由三十多颗卫星组成的全球导航定位系统。北斗二代系列卫星的导航定位精度要优于美国目前的GPS导航系统。然而，电离层扰动能导致导航定位精度误差高达百米，这种影响单靠导航系统本身的可靠性设计和提高系统本身的精度是无法消除的。由于惯性导航系统（INS）和GPS导航有其不可克服的局限性（如遮挡等），近年来利用地球的物理场进行导航又开始得到重视，地磁导航需要准确的地磁模型，以及抑制和消除地磁场实时测量干扰，这对空间天气预报提出了强烈需求。

随着人类社会高技术的发展，空间天气对电网、油气管道等高技术系统的影响成为新问题。太阳活动引起地磁场剧烈变化（磁暴），地磁场变化在地面形成感应电场，感应电场在变压器中性点接地的电网中产生地磁感应电流（GIC）。不同变化频率的GIC会对电网产生不同的影响，数值较大的突发性GIC和持续时间较长的GIC对电网安全的影响非常大。几乎遍布地球表面的电网由于其电力设备和输电线路的量大、面广，导致防灾的难度增加和由事故引发的经济损失加剧。尤其是在经济发达地区，电网规模越大，越容易受到攻击。1989年3月13～14日爆发了称为魁北克事件的太阳风暴，当时Dst指数为−589纳特，导致加拿大魁北克地区大范围停电，600万居民停电9小时之久，损失功率近200亿瓦，直接经济损失达5亿美元。虽然我国还没有发生类似于1989年加拿大魁北克（735千伏电网）、2003年瑞典马尔默（400千伏电网）的大停电事故，但广东、江苏和浙江等经济发达地区（500千伏电网）均发生过大量的磁暴侵害事件，其中，2004年11月9日的磁暴事故中，广东岭澳核电站变压器的实测GIC最大值为75.5安培。由于我国能源分布和经济发展不均衡，中西部的能源资源需要在全国优化配置，建设1000千伏特高压电网、实现长距离输电能源资源优化配置，因此，我国电网将成为世界上规模最大的电网，未来特高压电网抗GIC能力将是严峻的挑战。针对我国地处中低纬、电网规模大等特殊性，研究灾害性空间天气对我国电网的影响，提出有效的影响评估、预测和次生现象分析方法，以及影响防治方法和治理技术，是保障我国未来超大规模电网安全运行的迫切需求。我国可能受空间天气影响的领域可以总结如表1-1。

表1-1 我国受空间天气影响的领域和影响后果

技术系统	影响后果
航天系统	1. 单粒子事件发生频次急剧增加，多位翻转可能性增加，引起系统故障 2. 数天内恒星定位系统无法工作 3. 辐射总剂量效应相当于卫星2～3年所遭受的总剂量，明显缩短卫星寿命，处于寿命末期的卫星提前报废 4. 表面充放电事件频发，引起各系统控制信号紊乱，极易造成整个卫星工作状态的异常 5. 中低轨道飞行器受到的阻力增加，卫星运行寿命显著降低，低轨卫星提前陨落 6. 太阳能电池严重退化甚至毁损 7. 原本分散的碎片将向低轨道聚集，与功能卫星碰撞的风险大大增加 8. 在轨航天员可能会因高能粒子的辐射导致失明、造血功能障碍等急性损伤，甚至危及生命
通信导航系统	1. 短波远距离通信困难甚至完全中断 2. 卫星通信噪比降低，误码率上升，甚至中断 3. 低频和甚低频导航系统的误差急剧增大，导航误差接近百海里量级，甚至中断 4. 卫星导航和定位误差将达到百米量级，甚至中断 5. 空间对地观测系统的图像质量严重退化，甚至无法使用

续表

技术系统	影响后果
电力系统	1. 出现强烈 GIC 电流，电网负荷显著增加 2. 变压器跳闸、电容器组件断开，无功功率增加，电压下降，严重时导致电力中断 3. 变压器发生严重的偏磁饱和 4. 低压系统 SVC 等装置的保护受到影响 5. 变压器强烈异常，寿命缩短，并可能毁坏，从而导致大范围停电
生命系统	1. 多种急性疾病的发病率会增加 10%～30%，精神病发病率或发病频率增加，由神经行为损伤和情绪变化而导致的各种恶性事故的发生率明显增加 2～3 倍甚至更多 2. 可能会发生由气候变化、病原菌变异、传染媒介活动范围增加而导致的传染病大流行等 3. 可能导致一些慢性疾病的发病率在随后的几年上升，如各种癌症、白内障、再生性障碍贫血、慢性心血管疾病等 4. 可能会产生遗传效应，或直接导致生育质量下降 5. 极有可能会引发大型的公共卫生事件，短时间内各类传染性及非传染性疾病的暴发会使医疗卫生系统深陷沉重的压力，影响社会稳定

二、空间天气预报加速科技进步

日地复杂系统是多学科交叉、在地球上无法模拟或重现的一个天然实验室，是具有自然科学原创性的新发现的重要区域。日地之间的空间环境涉及诸多物理性质不同的空间区域，如中性成分（中高层大气）、电离成分为主（电离层）、接近完全离化和无碰撞的等离子体（磁层和行星际），以及宏观与微观多种非线性过程和激变过程，如日冕物质抛射的传播、激波传播、磁场重联、电离与复合、电离成分与中性成分的耦合、重力波、潮汐波、行星波、上下层大气间的动力耦合等，这些都是当代难度很高的基本科学问题。研究日地系统所特有的高真空、高电导率、高温、强辐射、微重力环境，研究它当中的各种宏观与微观交织的非线性耗散，以及具有不同物理性质的空间层次间的耦合过程，了解灾害性空间天气变化的规律，获取原创性科学发现，已成为当代自然科学最富挑战性的国际前沿课题之一。空间天气的预报前沿将人类的知识体系从地面以碰撞为主的体系提升到空间以非碰撞为主的体系，不断增加人类对自然的认知，加速科技进步。

三、空间天气预报倍增空间安全

现代战争是陆、海、空、天、电多维立体的高技术信息化战争，战场空间已由陆地、空中、海洋扩展到空间，作战保障必须实施集大气环境、海洋环境、空间环境于一体的无缝隙保障。空间环境影响高技术战争和军事活动的所有任务领域。所有进入空间的军事技术系统（如航天、通信、导航、侦察、跟踪、目标识别及弹道导弹防御体系等的轨道、姿态、信息、材料、元器件等）都受到空间天气的影响。空间天气预报关系到争夺现代高技术战争的信息优势及战略打击武器的精确打击。海湾战争、科索沃战争都表明，现代局部战争是高科技战争，其显著特点之一就是战场重心向高层空间扩展。许多军事系统，如天基 C^4ISR 技术系统（指挥、控制、通信、计算机、情报、监视、侦察）及高精度打击武器等进入平流层及其以上空间，可高达数万千米。据美方报道，海湾战争中有 40% 的武器未命中目标，其中很大部分归因于空间天气。通常中高层大气密度 20%～40% 的变化将导致远程导弹轨道打击精度 20～40 千米的误差。美国在科索沃战争中就动用了 56 颗各类卫星，作用于战略谋划及空间直接指挥武器的精确打击。美国国防部高度重视空间保障系统，1998 年，第 55 空间天气中队从空军气象勤务部队转变为空间指挥机构，被视为作战机构。1997 年 9 月美国公布的新空间政策中，再次强调要积极发展空间控制和警惕潜在对手利用空间能力的增长。1998 年美国国防部和国家航空航天局专门制订了联合监测空间天气计划，包括建立由空间天气引起的航天器异常现象和对空间通信和导航影响的数据库等。在 2001 年 4 月 1 日美军侦察机撞毁我军战斗机后的搜寻期，4 月 3 日正值太阳风暴侵袭地球，造成无线电通信中断 3 小时，给搜寻工作、形势判断和决策造成很大困难。根据我国国家和军队武器试验总体规划，"十三五"及后续一个时期，多种临近空间飞行器及相关型号将陆续进入靶场试验，建设临近空间环境保障体系势在必行。湍流、重力波、行星波等对大气密度、成分、风场等的影响机理研究等，将成为关键的科学问题。因此，空间已成为重要的作战空间，是关系空天安全——制"天"权的重要组成部分，空间天气预报是抢占国家安全制高点的根本保证。空间天气对军事系统的主要影响见表 1-2。

表 1-2　空间天气对军事系统的主要影响

军事系统	1. 陆基侦察预警系统工作陷入混乱，虚警率和漏警率显著提高，甚至无法使用
	2. 低频以下、中短波段军事通信质量下降甚至中断
	3. 微波军事通信信号深度衰落与畸变，定位系统出现偏差，严重时可使接收机失锁
	4. 三维立体战场通信、情报、侦察、监视等系统受到干扰，自动指挥控制系统失灵
	5. 优化协同作战能力降低甚至瘫痪
	6. 导弹预警与精确打击能力下降甚至丧失
	7. 后勤综合保障能力严重下降

第二章
发展规律与研究特点

　　1957 年第一个颗人造卫星上天，人类进入空间时代。空间物理迅速发展成为一门新兴的多学科交叉的前沿基础学科，主要研究地球空间、日地空间和行星际空间的物理现象，研究对象包括太阳、行星际空间、地球和行星的大气层、电离层、磁层，以及它们之间的相互作用和因果关系。20 世纪 90 年代末是空间物理走向"硬"科学时代的一个新的发展阶段，强调科学与应用的密切结合，并且由此产生了一门专门研究和预报空间环境特别是空间环境中灾害性过程的变化规律，旨在防止或减轻空间灾害，服务于经济社会发展和空间安全的新兴学科——空间天气学。

一、定义与内涵

　　太阳大气、行星际、地球磁层、电离层、中高层大气和银河宇宙线所组成的日地系统空间环境中出现的短时标变化的条件或状态称为空间天气。这些变化可能危害地面和空间技术系统的运行、可靠性及人类的健康和生命。空间天气科学是一门科学研究与技术发展相结合的新兴交叉科学，聚焦于研究日地系统乃至日球层中不同尺度的能量和物质的形成、传输、转化和耗散的基本过程和规律，并预报突发性空间环境变化及其对人类活动的影响。

　　空间天气预报包括对空间天气过程的研究、监测、建模、业务预报及效应服务 5 个方面。空间天气科学理解所能达到的水平和深度由各类先进的地基和空基等探测设施的探测能力、信息采集与处理能力所决定。除了科学理解外，为实现对空间天气过程做逐步逼近的准确数值预报的终极目标，必须要同步发展针对关键区域与区域间耦合的建模，以及系统集成建模技术。同等重要的还有这些物理过程和要素是如何影响人类航天与航空活动、卫星系统及其材料器件、导航与定位、国家安全及大型输油输电管道等人类活动和技术系统的，即空间天气效应方面的研究；与此同时，为实现有效的预报与业务应用，还必须针对特定的人类活动和技术系统，探索预报指标的物理化、实用化，提升空间天气预报服务科学与社会发展需求的能力和效益。

根据当前及近期的空间天气态势，应用日地空间环境变化规律，利用天基和地基监测数据，对日地空间天气事件因果链进行综合分析研究后，对日地空间某处未来一定时期内的空间天气状况进行预测，称为空间天气预报，其主要内容为日地空间中短于数周的空间天气事件或过程，也涉及一个太阳活动周之内的空间天气变化趋势。

随着人类在太阳系活动范围的不断扩展，空间天气及其预报的涉及范围也可以扩展至整个太阳系范围。由于人类社会对高技术系统的依赖程度日益加强，空间天气预报必将成为人类社会不可或缺的安全保障条件之一。近几十年来，人类社会的巨大安全保障需求推动了空间天气学和空间天气预报的迅速发展，为了更好地制定我国空间天气预报前沿科学发展战略，有必要系统地研究空间天气预报的发展历程、现状和发展趋势。

二、特点

空间天气预报具有以下鲜明独特的特点。

（一）技术驱动性

空间天气预报能力高度依赖于空间探测技术的进步，对空间科技进步极具驱动性。空间天气预报开始于地基监测，人类很早就从极光、气辉、天电、潮汐及地磁场的扰动等易于察觉的现象开始了基于地面的观测研究，随后利用气球、火箭进行了临近空间的探测。1957年人类发射第一颗人造卫星开辟了空间天气发展的新纪元，空间天气伴随着航天技术和空间探测技术的发展而迅速发展起来。

半个多世纪以来，人类发射了数百颗专门用于空间探测的航天器。整个20世纪后半叶充满了激动人心的空间新发现：发现了辐射带的存在，证实了太阳风的存在，发现了高速太阳风起源于冕洞，基本了解了地球轨道附近的行星际空间环境，发现了地球弓形激波、粒子的激波加速和磁场重联等基本物理现象的存在。

随着空间探测技术的进步，人们开始认识到日地空间是一个复杂的耦合系统。来自太阳的能量和物质，经过行星际传向地球空间，形成能影响人类技术活动甚至地面系统的各种地球空间环境，太阳风活动是空间天气的主要源头。人类利用天基和地基系统监测和预报空间天气事件的发生和演化，把从日地系统单一区域现象的预报向系统整体行为的集成预报方向推进，也正从统计经验预报向以卫星观测数据驱动的数值预报方向发展。空间探测技术的每一次重大突破，都会给空间天气预报能力的提升带来飞跃。

（二）学科引领性

空间天气预报的水平高度依赖于对日地空间天气变化过程科学认知的进步，对学科发展有重要引领性。半个多世纪的空间探测研究表明，日地空间是一个由太阳大气、行星际空间、地球磁层、电离层和热层组成的多圈层的复杂耦合系统，如何预报如磁暴、电离层骚扰、电离层暴、热层暴、粒子暴等空间天气变化，在很大程度上取决于对由空间物理、太阳物理、大气物理、地球物理等多学科交叉所决定的日地系统空间天气变化过程的科学认知水平。

空间天气科学从一开始就与地球物理学、大气物理学、太阳物理学、等离子体物理学等基础学科紧密地结合在一起。空间天气建模与计算数学、计算流体力学、大数据、云计算密切相关。空间天气学是空间天气（状态或事件）的监测、研究、建模、预报、效应、信息的传输与处理、对人类活动的影响及空间天气的开发利用和服务等方面的集成，是多种学科（太阳物理、空间物理等）与多种技术（信息技术、计算机技术等）的高度综合与交叉。特别是最近几年，数字空间已开始进入空间天气预报的视野，从字面上讲，数字空间指对地球之上空间的认知与应用通过数字化构建的空间。数字空间是由天基、地基观测数据驱动，以科学认知为依据，以空间通信网络、大数据、云计算等现代信息技术为手段，以"天人合一"为根本，"牵一发而动全身"为灵魂的空间信息大数据库，是集空间科学、空间技术、空间应用与空间服务为一体的重大空间基础设施。数字空间是将空间的科学、技术、应用和服务融入现代信息技术发展轨道的一个空间科技前沿交叉新领域，基于数字空间的空间天气科学最显著的特点就是学科交叉。空间天气预报对其所涉及的各个学科的发展具有重要的推动作用和引领作用。

（三）应用服务性

空间天气预报的影响力高度依赖于服务于经济社会的发展，对发展安全有极强的应用服务性。空间天气对人类活动的影响日益受到人们的重视。这些影响绝不仅仅限于空间活动，而是涉及从天基、地基各类现代高技术系统直至人类健康和人类生活的本身。空间天气几乎影响一切的航天活动、频谱通信、空间军事技术系统与活动，已成为影响全球经济发展的重要议题。为应对空间天气事件、减缓和规避空间天气灾害，美国、欧洲等多个技术发达国家和地区相继制订了国家空间天气战略计划，联合国、世界气象组织、国际空间研究委员会等组织都纷纷制订了国际计划。提升空间天气预报服务经济社会发展是它的神圣使命。

据统计，在轨卫星的所有故障中，由空间天气效应诱发的事故约占40%，表现在航天器轨道、寿命、姿态控制直至航天器材料、电子器件及软硬件的正常工作和通信测控。对于地面技术系统，1989 年 3 月 13 日，空间天气事件（磁暴）引发加拿大魁北克电网大范围停电事故后，空间天气的影响问题引起了人们的广泛关注，并开展了大量的研究，确认除电网以外，石油输送管道、铁路通信网络都会有类似影响。当太阳、空间 X 射线、地磁、电离层发生骚扰时，会使电波信号的折射条件改变、反射能力减弱、吸收加大，使信号发生闪烁、误码率增加等，低频、甚低频信号产生相位异常，广播电视系统受到干扰甚至中断。对电波传播的影响不仅限于通信领域，卫星精密定位系统、导航系统、雷达（特别是远程超视距雷达系统）都会受到空间电磁环境扰动的强烈影响，例如，它可使雷达测速测距系统产生误差，使卫星信号发生闪烁，使导航定位侦察系统产生误差。空间高能粒子辐射除直接威胁航天员的生命安全外，民航飞机空乘人员特别是经常在高纬地区、跨极区飞行的航班人员、器件同样会受到影响；空间电磁环境扰动，空间天气事件导致的人类日常活动、健康条件和疾病发生的关系也已引起人们的关注并正在深入研究中。

空间天气预报从描述向预报转变，从定性向定量转变，已经建立并逐渐完善了各种空间天气模式，范围从空间天气的源——太阳、太阳风，一直到电离层和热层。

（四）合作开放性

空间天气预报的发展高度依赖于空间天气预报的国际合作的广度和深度，极具国际合作开放性。空间天气探测、研究和预报是人类共同的目标，往往耗资巨大，在科技全球化的今天，国际合作已是空间天气探测不可或缺的要素。通过国际合作，不仅可以实现研究经费互补、数据共享、降低测控运行费用等，还可以为国家的政治和外交服务。随着各国经济和技术的长足进步，参与空间天气探测、研究与预报的国家正逐渐增多，其深度和广度也不断扩大，进入全面发展的新时代，趋向多元化，国际合作已成为空间天气领域的重要特点和趋势。例如，双星-Cluster 是中国地球空间双星探测计划与欧洲空间局 Cluster 的合作。地球空间双星探测计划是中国第一次自己提出的探测计划并开展国际合作的重大科学探测项目。地球空间双星探测计划与欧洲空间局 Cluster 的 4 颗卫星相配合，在人类历史上第一次进行地球空间"六点探测"，开始了地球空间天气多层次和多时空尺度研究的新阶段。

空间现象的全球性和相互关联性强的特点也决定了空间天气研究和预报越来越需要国际合作。由于需要在广阔的宇宙空间和全球各地进行大量的观测，单靠一个国家的资源和力量是难以达到的。因此，空间科学方面的大规模国际合作计划几乎接连不断。空间天气已从部门行为发展为国家或区域性行为，最终成为全球性行为。从 1957 年国际地球物理年开始，紧接着是国际地球物理协作计划、国际宁静太阳年、国际磁层研究计划及太阳活动极大年计划和中层大气计划等。过去 10 年，国际科学联合会理事会所属的日地物理委员会组织实施了日地系统气候和天气计划（Climate & Weather of the Sun-Earth System，CAWSES）。空间天气预报也早已从部门行为、国家或区域行为发展为全球性行为，如成立了总部设在美国的国际空间环境服务组织，有 15 个成员，中国就是其中之一。目前，以美国国家航空航天局为首，组织世界众多国家参加的国际与太阳同在计划是一个聚焦空间天气、由应用驱动的研究计划，规模空前宏大，将在太阳附近和整个日地系统配置 20 余颗卫星，将日地系统作为一个有机联系的整体来探测研究。2007～2008 年为纪念国际地球物理年 50 周年，国际上又开展了国际日球物理年（IHY）、国际极地年（IPY）和电子地球物理年（eGY）等计划。国际空间环境服务组织于 2014 年 10 月共同制订了"认识空间天气，保障人类社会"的路线图。

第三章
发展现状与发展态势

一、国际发展状况与趋势

（一）发展历程

1.空间天气现象发现过程

意大利科学家伽利略·伽利雷（Galileo Galilei）于1612年首先用望远镜观测太阳，并描绘了日面上太阳黑子的图像。而关于太阳黑子的最早记载出自《汉书·五行志》，该书记录了公元前28年出现在日面中心的黑子群："三月乙未，日出黄，有黑气大如钱，居日中央"。伽利略之后，西方科学家采用较为规范的方式系统地记录了太阳黑子数量的变化，并对黑子相对数变化形成的周期进行编号。长期以来，欧洲科学家认为黑子是太阳上的风暴。1859年9月1日，长期坚持描绘黑子群图像的英国科学家理查德·卡林顿（Richard Carrington）意外发现强烈的亮斑出现在黑子之间。直到20世纪初，美国科学家乔治·海尔（George Ellery Hale）发现黑子实际上是太阳上的强磁场区域。另外，中国人早就注意到地球上的磁现象，并在阴雨条件下用来确定长途行军和海上航行的方向，这一技术随后传到西方。1600年出版的 De Magnete 首先描述了磁石罗盘会引起导航偏差，但不理解产生这种偏差的原因。19世纪德国科学家亚历山大·冯·洪堡（Alexander von Humboldt）首先注意到磁暴现象。当时蓬勃发展的有线通信和无线通信感知了磁暴的危害，早在1840年，全球多个区域、不同时段的电报通信首次遭受了非人工干扰。

1857 年，英国格林尼治皇家观象台的艾里（G. B. Airy）首先研究成功了采用照相方法记录地磁场的变化。19 世纪 30 年代，德国科学家卡尔·弗里德里希·高斯（Johann Carb Friedrich Gauss）和韦伯（Wilhelm Weber）在建立地磁台站之初就发现了地磁场经常有微小的起伏变化，但当时他们并没有认识到这个现象与太阳活动有关。1859 年 9 月 1 日，英国人卡林顿在观察太阳黑子时，观测到了太阳耀斑。第二天，地磁台站记录到 1600 纳特的强烈地磁扰动，强烈的太阳和地磁干扰中断了全球的电报业务。这个偶然的发现和巧合，使他认识到这种强烈地磁扰动可能与太阳爆发活动有关。后来，人们把来自太阳的高速等离子体云到达地球空间后引发的全球范围的地磁扰动事件称为地磁暴。一直到 19 世纪末，人们都认为极光是神秘的自然现象。1900 年，挪威科学家克利斯蒂安·伯克兰（Kristian Birkeland）在实验室中用人工制造极光并解释了极光的物理过程，人类开始意识到极光与地磁活动密切相关。1961 年，地球物理学家在研究磁暴时把磁暴主相分解为环电流磁场和极区扰动磁场两部分。其中极区扰动磁场的持续时间一般为 1～2 小时，比磁暴的持续时间短得多，因而称这种极区扰动为磁场亚暴或地磁亚暴；考虑到极光活动时间和地磁亚暴发生的时间一致，人们把极光活动称为极光亚暴。1968 年，日本科学家赤祖父俊一将它们统称为磁层亚暴。1978 年，维克多利亚（Victoria）会议对磁层亚暴及其过程给出了基本一致的定义："磁层亚暴是起始于地球夜晚面的一种瞬态过程，在此过程中来自太阳风-磁层耦合的很大一部分能量被释放并储存在极区电离层和磁层中"。

1864 年，英国物理学家麦克斯韦（James Clerk Maxwell）建立电磁理论，并预言了电磁波的存在。1887 年，德国科学家赫兹（Heinrich Rudolf Hertz）通过物理实验证明电磁波存在。19 世纪末期，意大利马可尼（Guglielmo Marchese Marconi）、俄国波波夫（Alexander Stepanovich Popov）、美国特斯拉（Nikola Tesla）等进行了多次电波传播实验。1901 年，马可尼首次实现了越过大西洋接收无线电信号。虽然科学家和工程师在研究电波的传播过程中意识到大气中可能存在电离层，但没有获得确切的证据。1924 年，英国物理学家阿普尔顿（Edward Victor Appleton）在进行电波传播实验时用无可辩驳的实验事实确认了电离层的存在。当时他分析了从一个已知地点发来的无线电波，发现其中一部分是直接到达接收机的，还有一些似乎经历了更长的路程。通过反复做实验和分析大量实验数据，他整理归纳出一个方程式，通过计算电波的直线传播和曲线传播产生的程差，求出了电波反射点，也就是电离层的高度。随着无线电在商业和军事领域的应用，人们注意到电波传播的极端平静和噪声存在周期性。尤其是在第二次世界大战期间，英国防空雷达产生的虚假警报启发科学家发现了来自太阳的射电爆发现象，并意识到其他天体也会产生无线电波，这开启了观测宇宙的新窗口，极大地推动了天文学的发展。

20世纪中叶全球科学家开展了国际地球物理年活动，发现了大量的空间天气现象。20世纪50年代末国际地球物理年期间获得的地基数据表明，极光发生在距离磁极15°～25°纬度，宽5°～20°的极光椭圆带上，是一个永久的发光区域。1958年，Explorer I卫星发现了范艾伦带，即辐射粒子被地球磁场束缚的区域。1959年1月，苏联卫星Luna 1第一次直接观察到了太阳风，并对其强度进行了测量。1969年，INJUN-5（又名Explorer 40）第一次直接观察到由太阳风带来的地球高纬电离层电场。20世纪70年代早期，发现极光椭圆带和磁层之间长期存在电流。1971年，美国卫星OSO-7第一次观测到发生于日冕中的瞬变现象——高速物质抛射，后来称为日冕物质抛射。1996年以来，欧洲卫星SOHO对日冕物质抛射开展了长期观测，发现日冕物质抛射是引起太阳风激波、磁暴的主要干扰源。

20世纪下半叶，由于军事和商业系统都依赖于空间天气系统的影响，人们对空间天气越来越感兴趣。通信卫星成为全球贸易的重要组成部分，气象卫星系统提供地面天气信息，全球定位系统的卫星信号在各种各样的商业产品和过程中得到广泛使用。空间天气现象会干扰或破坏这些卫星，或者干扰这些卫星的无线电上行和下行信号。空间天气现象会在长距离输电线路中产生有损害作用的浪涌电流，也会使飞机上的乘客和机组人员暴露在辐射之中，特别是在极地航线上。空间天气对人类生活造成的威胁与危害是多方面的。

1989年3月10日太阳爆发了一个X级的太阳耀斑，伴随该耀斑爆发的日冕物质抛射事件驱动的激波在3月13日01：27 UT到达地球磁层，激波和驱动激波的ICME随后引发了地磁指数Dst极小值为−598纳特的超级磁暴，该磁暴是最引人注目的磁暴事件，也是损坏输电系统最严重的事件。

1989年3月13日凌晨，在蒙特利尔魁北克电力公司控制室里，技术人员像往常一样监视着显示电网运行状态的图板，该电网为整个魁北克省的600万居民供电。02：44，图板上的一个指示灯开始闪烁，指示电网北端发生了故障。面对突发事故，技术人员大为震惊。紧接着，全省断电事故连连发生，不到90秒钟，整个电网完全崩溃。显示图板像圣诞树一样闪烁不停，而整个魁北克省则漆黑一片。这次停电事故使电力公司损失了1000万美元，而用户损失则达几千万甚至数亿美元。尽管大部分地区在9个小时内恢复了供电，但仍有一些地方持续了数日的黑暗（图3-1）。与此同时，美国新泽西州德拉威尔河上的一座核发电站的巨型变压器也被烧毁，北美其他电力系统也受到影响，瑞典南部和中部5条130千伏输电线路跳闸，东京电力公司变压器被毁。

图 3-1　加拿大魁北克电网大面积停电与美国 PJM 电网被毁坏的变压器

风云一号 B 星于 1990 年 9 月 3 日成功发射，其性能明显改善，地面收到的可见光云图质量比第一颗气象卫星清晰，红外云图与当时国际先进的同类卫星相当。但风云一号 B 星上天运行仅仅两个月后，11 月初就遭遇了太阳耀斑发射的高能粒子流，发生了单粒子事件，造成姿态控制计算机程序混乱，无法控制卫星姿态，导致卫星在空间翻转。好在这次事件发生后计算机程序得到了及时的纠正，卫星恢复了正常运行。1991 年 2 月 14 日，风云一号 B 星的计算机再一次遭遇单粒子事件，卫星姿态再次出现异常，这次故障未能及时发现。当发现卫星姿态异常时，卫星上携带的气体已喷完，姿态完全失控，无法拍到云图，本来卫星的设计寿命是要运行一年，但是不到半年卫星就无法工作了。

2000 年 7 月 14 日，美国国家航空航天局太阳过渡区与日冕探测器（Transition Region and Coronal Explorer，TRACE）在远紫外波段拍摄到的太阳黑子群，编号为 9077 的像。该黑子群活动区产生的太阳风暴引发了磁暴，并对人造卫星产生了破坏作用。该事件被人们称为"巴士底日事件"。

这次太阳风暴是过去30年里的第三大太阳风暴，也是自1989年以来最大的太阳辐射事件。图3-2中类似丝绸环的结构表现的是磁力线。在太阳耀斑喷发之后，太阳过渡区与日冕探测器进行了拍摄，记录显示太阳耀斑所释放的极度紫外线光覆盖了太阳表面长23万千米、宽7.7万千米的区域，并导致太阳等离子区温度降低100万摄氏度。

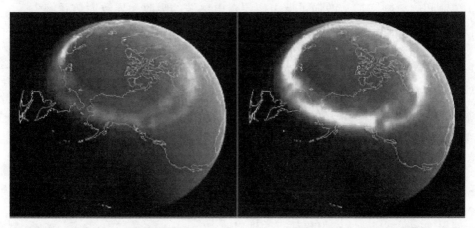

(a) 太阳风激波产生前的远紫外图像　　　　　　(b) 激光产生后的极光图像

图3-2　在2000年7月14～15日的巴士底日事件期间，美国国家航空航天局IMAGE卫星观测到的极光图像（图片由美国国家航空航天局IMAGE的FUV团组提供）

巴士底日事件导致很多卫星出现故障。GOES-8、GOES-10卫星的能量大于2兆电子伏的电子传感器发生故障，丢失两天的数据；ACE卫星的太阳风速度探测仪等发生临时故障，丢失两天数据；NEAR卫星的X射线/γ射线谱仪被迫关闭两天。SOHO、YOHKOH、TRACE卫星的成像仪被太阳高能粒子损伤和污染，而且SOHO卫星的太阳能电池板受到严重退化，大约相当于一年的正常退化，某些探测仪器也被迫关闭两天；WIND卫星的输出功率降低了25%，轨道也出现了大幅度下降，丢失了两天的观测数据；AKEBONO卫星的控制系统失灵；受到影响最严重的是日本的ASCA卫星，大气密度的增加造成了卫星轨道下降和定位故障，太阳能电池板不能正常工作，工作人员努力拯救了2个月后宣布失败，最终卫星丢失；国际空间站轨道下降15千米。

中美撞机事件又称81192撞机事件，该事件发生于2001年4月1日。在撞机事件发生的随后几天里，我国海军、空军联合出动，在茫茫大海中展开了地毯式的搜索,搜救跳伞的飞行员。然而正当搜救工作紧张进行时,有关部门的搜救通信联络和侦测工作突然受阻、中断达两个小时左右,同时长期监测的电台目标也几乎全部丢失,这极大地增加了对当时复杂形势的判断。事后经专家分析得知,在4月1～13日共发生了9起强烈的太阳耀斑爆发事件,并在中国境内造成7起突然的电离层骚扰,其中4月3日发生了25年来最强的太阳X射线爆发,使得电磁波的反射媒质——电离层中的电子浓度在短时间内急剧增加,增强了低电离层对电磁波的吸收,导致通信系统失效,并且给搜救工作的通信联络造成威胁。

2003年10月26日～11月4日太阳上爆发了一系列强烈耀斑(图3-3),被称为"万圣节风暴"。根据美国国家航空航天局与美国国家海洋和大气管理局空间中心的记录,这场强烈的太阳风暴级别达到了X28级,峰值可以冲到X45级,这是史上有记录以来最强大的太阳耀斑。天文学家在《自然》中写道,这次强烈的太阳爆发极大地影响了范艾伦辐射带。范艾伦辐射带是围绕地球的两个高密度粒子区域之一,通过捕获外界入侵粒子来保护地球不受电子轰击。范艾伦辐射带内层距赤道3000～6000千米,外层距赤道20 000～25 000千米。在内层和外层两层之间,粒子很少存在,也正是这点使得这一区域成为人造卫星运行的理想地带。

(a) SOHO极紫外照相机(EIT)在2003年万圣节磁暴事件期间观测到的一个X17级耀斑　　(b) 此耀斑伴随的晕状CME

图3-3　SOHO卫星观测图像

注:SOHO卫星可在距离地球150万千米的第一日地拉格朗日点上观测太阳,如果19世纪有这样的技术,1859年9月1日我们也可以观测到同样的图片

但在这次的"万圣节风暴"期间,外层范艾伦辐射带受到太空风暴粒子流的挤压,使得它的中心距赤道只有10 000千米。平时风平浪静的范艾伦辐

射带中间地带充满了高能粒子，对于地球上的人来说，这并不会带来什么损害。居住在地球北端的人还会看到由于太阳释放出的粒子与地球大气碰撞形成的极为壮观的北极光。但是对于在地球轨道中运行的电子设备来说，这是个不可轻视的问题，一些人造卫星的电子线路可能遭受彻底的损坏。

这次风暴致使欧美的 GOES、ACE、SOHO、WIND 等重要科学研究卫星受到不同程度的损害，日本"回声"卫星失控；Kodama 卫星进入安全模式，直到 11 月 7 日才恢复正常工作；Chandra 卫星、SIRTF 卫星观测中断；Polar 卫星 TIDE 仪器自动重启，高压电源被损坏，24 小时后才恢复正常；美国国家航空航天局的火星探测卫星 Odyssey 飞船上的 MARIE 观测设备被粒子辐射彻底毁坏，这是首次发现地球以外空间设施因空间灾害天气而报废。

除了全球卫星通信受到干扰之外，全球定位系统也受到影响，定位精度出现了偏差，这也使得航班等需要即时通信和定位的交通系统遭到不同程度的瘫痪。

2. 空间天气学的形成

空间天气学研究的起步晚，但发展快。国际上，空间天气（space weather）一词大约于 20 世纪 70 年代在科学文献中作为一种对未来科学的"畅想"而提出。美国于 1994 年 11 月正式发表了国家空间天气战略计划，定义空间天气系指太阳上和太阳风、磁层、电离层和热层中影响空间、地面技术系统的运行和可靠性及危害人类健康和生命的条件。

3. 最早的空间天气预报

虽然空间天气学起步晚，但空间天气预报要远远早于空间天气学的形成，这一点与地球天气预报类似。地球天气预报远远早于地球天气学的形成，这是因为人类自古以来就总结了大量的天气预报的经验方法。

（1）最早的极光预报

1747 年，瑞典科学家广泛地观测了地磁扰动和极光现象。其中天文学家与数学家瓦根廷（Pehr Wargentin）首先注意到地磁扰动与极光的关联性，并首次进行了极光预报。相关的预报方法写成论文发表于 1750 年的科技期刊上。

（2）最早的射电扰动预报

1919 年，全球无线电专家成立了国际无线电科学联合会（URSI）。随后，专家们注意到了空间环境变化会影响无线电波信号的发射与接收。全球无线电工作者利用莫尔斯电码汇集各地的空间监测数据，根据这些数据进行太阳射电爆发预测，并以公告形式发布。为了给世界各地的无线电专家与爱好者提供方便，国际无线电科学联合会向法国政府建议以无线广播的方式面向公众发布日常射电扰动及其预报数据。1928年12月1日，首例射电扰动预报通过埃菲尔铁塔面向全球广播。广播内容是以国际莫尔斯电报码形式发布日地环境变化及其可能对无线电传播的影响，面向全球无线电专家与爱好者提供日常服务。

（3）最早的量化太阳耀斑预报方法

澳大利亚物理学家乔万尼里（R. G. Giovanelli）于1939年在美国科技期刊《天体物理学杂志》（*Astrophysical Journal*）上首次发表了太阳耀斑的量化预报方法。他首先注意到了太阳耀斑爆发与黑子群的观测参数（如类型、尺度和演化）之间的统计关系，并以一个简洁的统计关系式给出了太阳耀斑爆发的概率。

（4）最早的电离层扰动预报

继1901年远程无线电通信成功之后，科学家确信电离层中存在无线电波反射层。随后他们注意到太阳的紫外辐射影响地球高层大气，进而影响电波反射层。另外，地磁扰动也会影响电波传播。1932～1933年，多位科学家在国际极地年活动中提供了诸多日地环境变化影响电波传播的统计信息。无线电工程师实际上运用太阳自转周（27天）来预测电波传播扰动的周期现象。

（二）国际现状

1. 国际空间天气模型研究

空间天气模型揭示了空间天气现象的物理本质，是现代空间天气预报的基础。针对日地（或扩展至日球）空间的多种空间天气过程，全球科学家建立了多种空间天气模型。这里着重介绍美国国家航空航天局支持下的共同协调建模中心，该中心为全世界空间物理学界提供数值模拟、模型测试、教学等服务。全世界任何人或机构可通过网站（http：//ccmc.gsfc.nasa.gov/）提交模拟请求，由工作人员根据客户需求进行后台操作，获取模拟结果并可视化表达。这些结果可以应用于科学研究、空间天气预报、教学活动等。目前已经形成了涉及太阳、日球层、磁层、内磁层、电离层中多种空间天气过程的物理模型。详细内容见表3-1。

表 3-1 美国国家航空航天局共同协调建模中心网站可以使用的模型列表

区域	模型名称	模型开发者
太阳	CORHEL/MAS/WSA/ENLIL/	J. Linker，Z. Mikic，R. Lionello，P. Riley，N. Arge，D. Odstrcil
	PFSS	J. Luhmann et al.
	SWMF/SC/IH	Bart van der Holst，Igor Sokolov，Ward Manchester，Gabor Toth，Darren DeZeeuw，Tamas Gombosi
	ANMHD	Bill Abbett，Dave Bercik，George Fisher，Yuhong Fan
	NLFF	T. Tadesse，T. Wiegelmann
日球	CORHEL/MAS/WSA/ENLIL/	J. Linker，Z. Mikic，R. Lionello，P. Riley，N. Arge，D. Odstrcil
	ENLIL	D. Odstrcil
	SWMF/SC/IH	Bart van der Holst，Igor Sokolov，Ward Manchester，Gabor Toth，Darren DeZeeuw，Tamas Gombosi
	ENLIL with Cone Model	D. Odstrcil
	Heliospheric Tomography with IPS data	B. Jackson，P. Hick
	Heliospheric Tomography with SMEI data	B. Jackson，P. Hick
	Exospheric Solar Wind	H.Lamy，V.Pierrard
地球磁层	BATS-R-US	Dr. Tamas Gombosi et al.
	SWMF/BATS-R-US with RCM	Tamas Gombosi et al.，Richard Wolf et al.，Stanislav Sazykin et al.，Gabor Toth et al.
	SWMF/BATS-R-US with CRCM	Tamas Gombosi et al.，Mei-Ching Fok et al.，Gabor Toth et al.
	OpenGGCM	Joachim Raeder，Timothy Fuller-Rowell
	GUMICS	Pekka Janhunen et.al.
	CMIT/LFM-MIX	John Lyon，Wenbin Wang，Slava Merkin，Mike Wiltberger，Pete Schmitt，and Ben Foster
	Tsyganenko Magnetic Field	Nikolai Tsyganenko
地球内磁层	SWMF/BATS-R-US with RCM	Tamas Gombosi et al.，Richard Wolf et al.，Stanislav Sazykin et al.，Gabor Toth et al.
	Plasmasphere	Viviane Pierrard
	RCM	Stanislav Sazykin，Richard A. Wolf
	Fok Ring Current	Mei-Ching H. Fok
	Fok Radiation Belt Electron	Mei-Ching H. Fok
	CIMI	Mei-Ching H. Fok，Natalia Buzulukova
	Tsyganenko Magnetic Field	Nikolai Tsyganenko

续表

区域	模型名称	模型开发者
地球电离层	SAMI3	Joseph Huba, Glenn Joyce, Marc Swisdak
	CTIPe	Timothy Fuller-Rowell et al
	USU-GAIM	R.W. Schunk, L. Scherliess, J.J. Sojka, D.C. Thompson, L. Zhu
	Cosgrove-PF	Russel B. Cosgrove
	Weimer	Daniel R. Weimer
	Ovation Prime	Patrick Newell
	TIE-GCM	R. G. Roble et al.
	GITM	A.J. Ridley et al.

需要指出的是，美国密歇根大学牵头的空间环境建模中心及其他十多家合作单位共同开发了集空间天气模拟和应用于一体的空间天气模型架构（Space Weather Modeling Frame，SWMF）。该架构将日冕模型（Solar Coronal models，SC）、太阳爆发事件产生模型（Eruptive Event models，EE）、内日球模型（Inner Heliospheric models，IH）及其他区域模型通过标准接口耦合起来，模块的运行和组合由 SWMF 控制，各模块可以串行运行，也可并行运行。

现有的空间天气预报模式，或多或少都包含有太阳风背景状态预报模块。相应的国际态势已在冯学尚、向长青、钟鼎坤的《太阳风暴的日冕行星际过程三维数值研究进展》一文中有详细的探讨，特别地，该文详细介绍了这类研究的历程，评估了现有预报模式的表现，指明了未来发展趋势。就太阳风背景态的研究而言，该文的结论"现有模拟研究能够很好地再现太阳极小及下降期的太阳风背景结构，但是对于太阳活动极大期附近的模拟还需进一步改善……行星际磁场分量变化有时定性比较也很难做到"仍然成立。就未来趋势来说，"计入太阳风源区的磁场结构及动力学过程、日冕加热及太阳风加速的机理"仍是背景太阳风预报研究的走向。该文发表后，在这一方向有若干进展，简述如下：背景太阳风的计算已由以 Wang-Sheeley-Arge（WSA）模型为代表的经验预报模式开始向计入较明确的物理磁流体或多元磁流体三维预报模式方向行进。作为主流预报模式之一的 CORHEL 模式中的日冕计算模块 MAS，以光球磁场观测的连续自洽变化作为底部驱动，将旧版本中的多方能量过程代之以较为完整的能量方程，考虑以日冕磁场为核心的参数化加热方案，并开始计入 Alfvén 波对太阳风的加速。当应用于 1913 卡灵顿周时，其计算可以较好地再现 SOHO/EIT 的极紫外及 Yohkoh/SXT 的软 X 线设备对日冕的观测。另一主流预报模式空间天气模型框架中的日冕模块（SC）计算中，已开始计入离子与电子对电磁场的响应差异，以反射驱动的湍动串级为加热机制，考虑质子的温度各向异性。以光球磁场概图作为底部边界的针对 2107 卡灵顿周的计算可以较好地重现 STEREO/EUVI 和 SDO/AIA 等紫外成像设备的日冕观测。

随着计算机和观测技术的快速发展，以及大气动力学理论和数学物理方法的结合，近 30 年来中尺度大气数值模式和模拟得到迅速发展，一些国家中尺度模式的模拟系统已进入实时运行阶段。当前国内外著名的大气中尺度数值模式有美国的第五代中尺度模式（MM5）、区域大气模拟系统（RAMS）、新一代中尺度天气预报模式（WRF）等。

MM5 是美国宾夕法尼亚州立大学/国家大气研究中心（PSU/NCAR）从 20 世纪 80 年代以来共同开发的第五代区域中尺度数值模式，被广泛用于气象、环境、生态、水文等多个学科领域。

区域大气模拟系统是 20 世纪 70 年代早期由科罗拉多州立大学开发的，目的是合并 3 个能在同一地点并行使用的数值天气模式，包括科罗拉多州立大学的云尺度/中尺度模式、云模式的一个静力版本和海风模式，是一个具有多个独立模式属性的统一模式系统。

WRF 是新一代中尺度预报模式和同化系统，于 1997 年由美国的多个研究部门和大学共同参与开发。WRF 模式便于提高对中尺度天气系统的认识和预报水平，促进研究成果向业务应用的转化。

2. 国际空间天气监测体系

空间天气事件涉及从太阳到地球广袤空间的多种物理过程。预测空间天气事件离不开对日地空间多种物理过程的监测。实现空间天气监测不仅需要多个地面和地球卫星监测站点，而且还需要到深空设置监测点。这些站点分布在地球表面、近地轨道、地球同步轨道、日地拉格朗日点等日地空间的不同位置。空间天气监测仪器本身涉及多种物理量的探测，种类繁多、结构复杂。由于这些仪器的工作环境千差万别，指标要求十分严苛，需要测量的物理量包括磁场、多波段电磁辐射强度、粒子密度、速度、能谱等，因此，空间天气监测站点的设置和空间天气监测仪器的研制与就位，体现了日地空间物理学和航天科学技术最前沿的研究成果。

（1）太阳活动及其行星际传播监测

持续不断的多方位、多波段、高精度太阳活动的状态监测是建立高效太阳活动预报模型、实现可靠太阳活动警报预报的必要条件。在地球表面，单个太阳观测站点只能提供约 8 小时的有效信息。为了延长地基太阳活动的监测时间，在低纬度地区至少需要 3 个观测点，分布在相隔 8 个时区的经度区间，才能实现 24 小时不间断的太阳监测。地基太阳活动监测网是指在地球表面相隔一定经度区域设置太阳活动的监测站点组成的网络。组成这种网络所用的太阳活动监测仪器就需要小型化，并进行集成，以便运输和安装。美国从 20 世纪 70 年代中期就开始建立太阳监测光学网络（Solar Observing Optical Network，SOON），90 年代对该网络进行升级，形成改进型太阳监测光学网络（Improved Solar Observing Optical Network，ISOON）。该网络拟在全球设立若干个观测点，力争形成不间断太阳活动监测，从而提高太阳活动现报和预报能力。ISOON 计划在全球寻求三个观测点，安装完全相同的观测仪器。每个太阳活动观测站点能够获得如下观测数据：太阳白光图像、太阳磁场和太阳 Hα 单色像。所用的仪器造价不高，技术难度不大，但必须保证仪器型号完全一样。但该计划最后没有实施，而是借用已经形成全球观测网络的日震观测点（GONG）进行地面监测。GONG 是一个由美国牵头操控的全球规模的太阳震荡观测网络，用于观测太阳大气中的震荡现象，分析研究太阳的内部结构和动力学过程。该网络由 6 台相通的太阳观测仪器组成，分别放置在 6 个天文台，分别是加纳利群岛的泰德天文台（Teide Observatory，Canary Islands）；西澳大利亚的利尔蒙斯天文台（Learmonth Solar Observatory，Western Australia）；加州大熊湖天文台（Big Bear Solar Observatory，California）；夏威夷的莫纳罗亚太阳天文台（the Mauna Loa Solar Observatory，Hawaii）；印度的乌代普尔太阳天文台（Udaipur Solar Observatory，India）；智利的托洛洛山天文台（Cerro Tololo Inter-American Observatory，Chile）。2001 年，GONG 的观测单元改进为能够连续观测 1000×1000 像素的多普勒图像和视向磁图的仪器。2010 年增加 Hα 单色像观测，升级为地基太阳活动监测系统。

遍布在世界各地的太阳观测台站不仅为科学家提供了用于科学研究的观测数据，也为空间天气预报提供了太阳活动数据。主要数据类型为太阳黑子相对数、太阳射电流量、太阳可见光和红外图像、全日面与局部磁场等。

太阳爆发活动在行星际空间的传播还可以通过天体辐射源的行星际闪烁（IPS）来监测。行星际闪烁是指由太阳风不规则性引起的射电源观测记录中的不规则强度起伏，源于约 200 千米的小尺度密度变化，反映了与地磁暴相关的太阳扰动日变化。人们不仅通过地基射电观测研究太阳风的特征，还利用多站行星际闪烁观测确定了太阳风的速度。这种方法在很大程度上避免了空间探测的局限性，不仅可用来研究任何日心距和任何日球纬度上的太阳风，还能够长期监测行星际空间环境的变化，特别是能够研究日心距较短处，即空间探测达不到的区域。如果与空间飞行器直接探测相配合，可以阐明太阳风的结构与物理性质。自 1964 年诺贝尔物理学奖获得者休伊什（Antony Hewish）等发现行星际闪烁现象以来，世界上许多国家都进行了行星际闪烁现象的观测研究，如英国、苏联、印度和日本等。利用行星际闪烁可监测太阳风，得到太阳风的风速及闪烁指数信息，为日地环境预报提供预警。

近年对行星际闪烁观测的兴趣并未因空间卫星（SOHO、ACE）等直接测量设备的增加而减弱，相反地，因可观测尺度大（0.1～1AU）、日纬范围广，以及能够测量卫星难以企及的日球层等优点，行星际闪烁探测得以长足发展。新的处理方法的出现，也提升了行星际闪烁观测手段并拓展了其应用，主要表现在旧设备的更新（印度的 ORT、日本的四站系统），新设备的投入及研制（如西澳大利亚的 MWA、欧洲的 LOFAR 和墨西哥的 MEXART）。

由于地球大气的影响，地面很难得到高质量的监测数据。位于地球同步轨道、地球太阳同步轨道和日地第一拉格朗日点的卫星可以实现不间断监测，但只能从日地连线的单一方向获得监测数据。最理想的监测是在日地空间多个位置设立监测点，实现从赤道到两极的太阳多方位监测。也就是说，只有走向深空才能实现这一监测方式。目前美国的 GOES 卫星系列搭载有太阳活动监测仪器，开展太阳 X 射线和高能粒子流量监测及 X 射线成像监测。大量的空间太阳观测卫星都以科学探测为主，太阳活动监测为辅。经过近 30 年的发展，美国现在已经建立了从太阳源头、行星际空间、磁层及电离层的立体空间环境探测体系，构成有效的空间环境天基监测网。在轨运行的空间环境探测卫星或具有环境探测功能的卫星总数超过 43 颗，包括 DMSP、DSP、GPS、POSE、ACE、GOES、SOHO、Hinode、STEREO、COSMIC、SDO、IRIS 等，探测区域覆盖地球低轨、中轨、高轨一直到拉格朗日点、地球公转轨道、太阳极轨等深空区域，探测内容覆盖目前空间环境关注的所有要素，其中太阳监测专星就有 5 颗。

对空间天气预报研究而言，不仅提供具有足够提前量的太阳爆发事件的预报具有重要价值，太阳风背景"未扰"态的预报研究也不可或缺。由于其高动压，作为太阳风组成部分的高速流对磁层的压迫可产生重要的地磁效应，而地球附近行星际磁场的指向对于太阳风物质与能量向磁层的输运也有着重要影响。不仅如此，背景太阳风对日冕物质抛射之行星际演化的影响也相当可观。

（2）太阳风与磁层监测

太阳风是从太阳上层大气连续放射出的，以200～800千米/秒速度运动的带电粒子流。带电粒子的主要成分是质子和电子，但它们流动时所产生的效应与空气流动十分相似，所以称为太阳风。当太阳大气中没有强烈扰动发生时，太阳风以相对稳定的状态向行星际空间扩散。一旦太阳大气中发生爆发现象，大量的带电粒子以高于太阳风的速度向外喷发，进而导致在行星际空间的太阳风中产生激波。该激波在传播过程中必然要与太阳系行星的磁场发生相互作用。

地球磁层由磁层顶、等离子体幔、磁尾、中性片、等离子体层、等离子体片等组成。在磁层顶外还存在磁鞘和弓激波。磁层顶为磁层的外边界，在向阳侧呈椭球面；在背阳侧呈扁状向外略张开的圆筒形（其所围成的空腔称为磁尾）。在平稳的太阳风中，磁层顶在向阳侧距地心约为10个地球半径，在两极为13～14个地球半径，在背阳侧最远处可达1000个地球半径。当太阳激烈扰动形成的太阳风激波与磁层相互作用时，磁层被强烈压缩，向阳侧的磁层顶可能离地心只有6～7个地球半径。即使在平稳的太阳风中，地球轨道附近的太阳风平均速度也高达300～400千米/秒，在磁层迎着太阳的方向约几个地球半径处，形成一个相对磁层顶静止的弓激波。弓激波与磁层顶之间形成磁鞘，其厚度为3～4个地球半径。在磁尾方向，太阳风使来自地球两极的磁力线几乎呈反平行状态相互靠近，形成一个特殊的界面（称为中性片或电流片）。磁层内充满着等离子体，比较密集的结构包括中性片两侧的等离子体片、磁层顶内侧的等离子体幔、等离子体层及由高能带电粒子组成的辐射带。

世界上第一个地磁台是1794年建在苏门答腊岛的马尔伯勒堡台，最初是用人工目测，仅有相对记录。随后科学家在各大洲建立了地磁观测台站，形成了庞大的地磁观测网。目前世界上有近200个永久地磁台，并利用自动化和数字化技术，进行自动化的数据收集、存储和处理。经过长期分析磁层观测数据，科学家形成了一套描述磁层物理状态的指数系统，如A指数、K指数、Dst指数等。通过多点地磁参量的测量，可以反演地球磁场的宏观物理过程，发现多种地磁活动现象，如地磁暴和磁层亚暴等。地磁观测不仅为地球磁场研究和空间天气预报提供了实测数据，也为地震预报提供了参考依据。

随着人类对日地空间环境的认识加深，单点探测已经满足不了进一步的需要，空间探测已进入多卫星时代。近 10 年来，各国相继实施了 Cluster、THEMIS、Van Allen Probe 等多卫星计划。直至 Cluster 发射成功之前，在空间的局部区域都是单颗卫星进行探测，2000 年欧洲空间局实施了 Cluster 计划，开辟了地球空间探测的新纪元。Cluster 的 4 颗卫星可在空间中形成四面体，且距离可控，可以探测地球空间环境的三维小尺度结构。Cluster 的主要科学目标是探测和研究地球空间等离子体边界层的结构和动力学过程，主要创新是探测过去不能实现的地球空间环境三维小尺度结构及电磁场和粒子的时空变化，它对揭示太阳爆发事件引起地球空间灾害环境的物理过程，起到了十分重要的作用。美国国家航空航天局的 THEMIS 计划于 2007 年实施，采用了 5 个相同的探测器和一系列地基全天空相机和地磁测量仪器进行协同观测，研究亚暴的产生原因。这些 THEMIS 探测器与地面的共同观测使研究者能精确地发现亚暴开始的时间和地点，因而能区别亚暴是从近地磁尾的电流中断开始，还是从中磁尾的磁场重联开始。2010 年，原 THEMIS 的两颗卫星变轨到月球附近，成为新的 ARTEMIS 计划，用来探测地球中远磁尾及月球的空间环境。美国 Van Allen Probe（之前称 RBSP）卫星计划于 2012 年实施，由两颗卫星组成，主要用来探测地球辐射带的形成过程。随后 Van Allen Probe 探测到了 2012 年 9 月形成的由超高能量电子组成的第三个辐射带，持续 4 周多，后被来自太阳的强力行星际冲击波破坏并湮灭。2015 年，美国国家航空航天局实施磁层多尺度任务（MMS），由 4 颗相同的卫星组成，着重在小尺度上了解重联扩散区。卫星任务发射后，MMS 首次在电子尺度观测到了磁重联，直接观察到重联是如何发生的。

以上多卫星计划在磁场重联、磁层亚暴、辐射带粒子加速等方面都取得了丰硕的成果，为空间天气预报提供了最新的物理基础。

目前，以上计划完成了预定实施任务，卫星均已处于延寿阶段，国际上近 5 年来即将实施的卫星计划，尤其是多卫星计划并不多。拟于 2022 年发射的磁层-电离层-热层耦合小卫星星座探测计划就是一个多卫星计划。

（3）电离层监测

为了研究电离层的物理性质，人们发明了多种电离层探测装置，对电离层进行直接探测和间接探测。直接探测是利用火箭、卫星等空间飞行器，将探测装置携带到电离层中，探测电离层等离子体或环境对装置的直接作用，以获得电离层的特性参量；间接探测是依据天然辐射或人工发射机发射的电磁波通过电离层传播时与等离子体相互作用所产生的电磁效应或传播特征，推算出电离层的特性参量。间接探测主要有电离层垂直探测、电离层高频斜向探测、非相干散射探测及电磁波电离层吸收测量等。间接探测仪器主要分布于地球表面，形成全球电离层监测台网。利用电离层观测台网获得观测数据，可以获得全球电离层图，建立国际电离层参考模型。电离层监测不仅为电离层研究和空间天气预报提供了实测数据，也为地震预报提供了参考依据。

欧洲非相干散射雷达（EISCAT）诞生于 20 世纪 80 年代早期，目前全球已有 8 个国家参与 EISCAT 合作项目，我国于 2006 年加入该国际雷达组织。非相干散射雷达利用探测的散射回波信号的功率、能谱（或自相关函数）和极化特征，可推测算出电离层电子密度、电子温度、离子温度和等离子体平均漂移速度等多种电离层参数，是一种在地面上探测电离层的最有效的方法，可以获得作为时间和空间函数的电离层形态的几乎完整的结构。欧洲非相干散射雷达由位于斯瓦尔巴群岛的两部 UHF 雷达及特罗姆瑟、基律纳、索丹屈莱的 UHF 或 VHF 雷达组成，可从挪威北部对地磁纬度为 68°～85° 范围（覆盖亚极光-极隙区和部分极盖区）实施同时观测，其视线方向位于我国北极黄河站附近，可对黄河站上空的电离层特性进行联合探测，可为磁重联及其电离层响应提供有效观测证据，也能很好地监测等离子体云块的形成和演化过程。目前，欧洲非相干散射雷达组织正在推动 EISCAT-3D 计划。

超级双子极光雷达观测网（SuperDARN）诞生于 20 世纪 80 年代中期，是一个国际合作雷达观测网，目前由分布在南北半球的 31 部高频相干散射雷达组成，其中北半球 22 部，南半球 9 部，纬度覆盖范围已经从中纬度地区一直延伸到极盖区以内（图 3-4）。超级双子极光雷达观测网所属的高频相干散射雷达，通过探测电离层不规则体的布拉格（Bragg）散射回波，对回波信号的自相关函数进行谱分析，从而得到电离层中场向不规则体的回波强度、视线速度及多普勒谱宽。利用雷达测量的视线速度，通过球谐拟合的算法可以推断电离层的电势分布，进而得到全球对流图像。这样的空间覆盖范围和时间分辨率使得该雷达网能在全球尺度上对高纬电离层等离子体对流和磁层多个重要区域的电离层踪迹进行即时的监测，还作为研究大尺度磁层-电离层耦合的探测工具。在我国极地考察"十五"能力建设和子午工程项目的资助下，中山站高频雷达于 2010 年 4 月开始试运行后，已成为国际上超级双子极光雷达观测网的一员。今后，还会不断有新的雷达架设并相继加入该国际雷达观测网络。

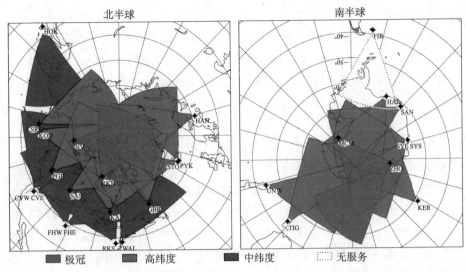

北半球　　　　　　　　　　南半球

■ 极冠　　■ 高纬度　　■ 中纬度　　⫿ 无服务

图 3-4　南北半球超级双子极光雷达观测网的视场覆盖情况

目前，利用导航卫星解算电离层总电子含量（TEC）已经成为监测电离层活动的主要技术手段。在导航系统中，美国 GPS 建立最完善，应用最为广泛。随着俄罗斯 GLONESS 的不断修复、我国北斗系统不断完善、欧洲伽利略系统的不断推进及其他提上建设日程的导航系统，可以用来监测 TEC 的卫星越来越多，这将大大提高地面接收机的利用率，有利于提供更高分辨率的TEC 图。理论上，TEC 的空间分布及时间变化，反映了电离层的主要特性，对电离层物理性质的理论研究及电波传播均有重要意义。因此，通过探测与分析电离层 TEC 参量，可以研究电离层不同时空尺度的分布与变化特性，如电离层扰动，电离层的周日、逐日变化，电离层年度变化及电离层的长期变化等。应用中，电离层 TEC 与穿透电离层传播的无线电波时间延迟与相位延迟密切相关，因此可用于在卫星定位、导航等空间应用工程中的电波传播修正。

导航卫星监测电离层的优势主要包括：卫星轨道高度约为 20 000 千米，观测所得的总电子含量不仅包括电离层电子密度，还包括 2000 千米以上的等离子体层中电子密度的影响，而以往的技术很难做到；导航星座的空间分布保证了在地球上任何位置任何时刻都能连续观测到 4 颗以上的导航卫星，这有利于对电离层活动的长期连续监测；目前国际大地测量协会建立的 GPS 服务网已在全球布设了几百个长期观测站，且观测站的数目仍在不断增加，该系统除提供原始观测数据外，还提供电离层观测的各种资料及产品，为研究电离层提供了丰富的资源。国际 GNSS 服务中心（International GNSS Service，IGS）从 1998 年开始提供每天的全球电离层 TEC 分布图（Global Ionosphere Map，GIM）。而对于极区的 TEC 分布图，主要由美国弗吉尼亚理工大学提供，可在网站 http: //vt.superdarn.org/ 查看 TEC 分布图。

　　利用导航卫星信号不仅可以解算 TEC，经进一步处理还可以得出电离层闪烁信息。电离层闪烁会导致地面接收到的信号信噪比降低，使信号捕获跟踪困难，从而降低卫星导航系统的定位精度。电离层闪烁起伏的峰值在 1 分贝到 20 多分贝范围内，持续时间从几分钟到数个小时。另外，电离层闪烁还会影响卫星导航系统及其增强系统的安全性和可靠性。因此，观测研究电离层闪烁不仅是研究全球电离层不规则结构及变化特性的重要手段，而且随着全球范围导航和通信系统对空间平台依赖性的日益增长，它也相应成了人们关注的问题。随着 GPS 现代化的进行和北斗、伽利略计划的实施，人们更加关注对电离层闪烁的研究。在地理区域上有两个强闪烁的高发区，一个集中在以磁赤道为中心 20° 的低纬地区，另一个集中在高纬地区（图 3-5）。

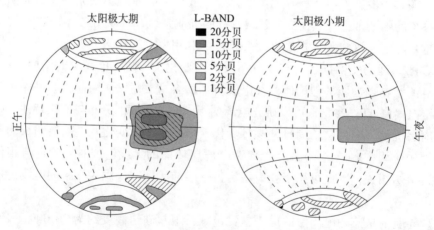

图 3-5　全球电离层闪烁区域分布示意图

　　国外研究电离层闪烁现象的时间比较早，可追溯到 1946 年。很多单位和工作者很早就开展了赤道和极区电离层闪烁的研究，如在越南、南美洲建立站点常规观测，在极区欧洲、加拿大扇区及阿拉斯加等地建立完备的观测网。利用全球分布的观测网，不仅可以进一步研究闪烁机制，还可以建立模式给出闪烁的全球分布图，为现报和预报提供可靠条件。国际上影响广泛的两个电离层闪烁模型为：Beniguel Y 等在观测数据的基础上提出的一个全球电离层闪烁模型，美国西北研究机构（NWRA）的研究人员提出的宽带电离层闪烁模型 WBMOD。观测电离层闪烁常用的观测设备是国外 NovAtel 公司生产的 GISTM（GPS Ionospheric Scintillation and TEC Monitor）。

自 20 世纪中期探测卫星发现地球辐射带以来，人类对空间环境的认识有了重大的突破。随后，为了更好地了解日地空间环境及空间天气，人类发射了一系列探测卫星。而对极区电离层–磁层耦合研究有影响的卫星主要有 DMSP 卫星、SWARM 卫星、e-POP 卫星载荷等。

DMSP 卫星是开始于 20 世纪 60 年代中期的美国国防气象卫星计划，最初旨在为军方提供重要的空间环境信息。这些低空极轨卫星几乎每 1～2 年发射一颗，命名依次为 DMSP_F1—DMSP_FN。美国国家海洋和大气管理局负责运行管理地面系统和调整卫星设置参数，现在则被广泛应用于电离层、海洋洋流等的观测。DMSP 卫星携带的粒子探测器（SSIES/SSJ/4）能够测量地球上空 800 千米左右高度电离层粒子的特征，包括能量区间在 30 电子伏特～300 千电子伏特的沉降离子和电子及大于 1 兆电子伏特的粒子等，它补全了原先电离层 800 千米数据缺失的空白，有助于电离层–磁层耦合过程的研究。

SWARM 卫星是欧洲空间局第一个用于观测地球空间天气活动的星群，发射于 2013 年 11 月 22 日。SWARM 共有 3 颗卫星，其中，A 与 B 并排飞行，高度均为 460 千米的极地同步轨道，周期约为 94 分钟；C 位于高度为 530 千米的极地同步轨道，周期约为 97 分钟。SWARM 卫星会提供高精度的地球磁场数据，帮助科学家建立新的地磁场模型。与其他大气测量卫星联合观测，将进一步推动地球空间天气与辐射危害的研究，也能够更清晰地了解磁场减弱的原因。将来，获取的数据也会被用来改善卫星导航系统的准确性，开展地震预测，改善自然资源开采的效率。目前 SWARM 卫星都在计划寿命内服役，而在不久的将来，两个不同轨道的卫星的联合观测会是全新的磁层–高纬电离层场向电流的测量方式，将进一步深化科学家对磁层–电离层耦合中电流分布的认识。

e-POP 卫星载荷是搭载在 CASSIOPE 卫星上的，是加拿大太空中心自主研发并于 2013 年 9 月 29 日发射的，携带有加拿大小型卫星平台项目（Canadian Small Satellite Bus Program）研发的第一个多用途小型卫星平台，平台上载有科学用途的增强的极区等离子体出流探针（Enhanced Polar Outflow Probe，e-POP）和商业用途的级联（Cascade）。CASSIOPE 卫星飞行轨道为近地点 325 千米，远地点 1500 千米，轨道周期约 103 分钟，设计寿命为 2 年。CASSIOPE 代表了新一代的小而经济的卫星，将为科学家提供空间天气中过去从未观测过的潜在结构。其中，被设计用于科学观测的 e-POP 将收集空间天气风暴的数据，计算高层大气的离子外流及它们可能对无线电通信、GPS 定位和其他空间技术造成的影响。

电离层数据同化是指将零散分布的电离层多源观测数据融合到背景模式当中，使背景场与观测值相互匹配，从而建立既包含内在物理过程，又反映真实观测的电离层模型的重要方法。数据同化可以有效弥补观测的时空局限和背景模型的精度偏差，是电离层空间天气现报预报领域的研究重点之一。

（4）中高层大气监测

中高层大气与人类的生产和生活变得日渐紧密，如航空航天器和卫星等都会经过或滞留在该区域中。此外，科学家普遍认为中高层大气的变化可能对低层大气变化有一定的预警作用。作为气象学和空间科学研究的过渡区域，中高层大气同时吸引了气象学家和空间科学家的共同关注。中高层大气监测主要仪器如下。

无线电探空仪，一种遥测仪器，将感应设备置于探空气球上，在气球上升的过程中测量各高度上的气象资料，并依序发出信号，由地面探空站的接收机接收。无线电探空仪可获取温度及风场等信息。此外还可以装配各种类型的特种探空仪，如测量臭氧、大气电场、云内含水量和各种辐射通量的探空仪。目前，无线电探空仪仍然是一种主要的气象资料获取途径：一是因为它的资料具有较高的精确度和分辨率；二是长期以来它已经形成了一个比较严密的全球探测网，各国家和地区的资料具有一定的可比较性。在天气条件良好的情况下，无线电探空仪可以测量近地面直至 30 千米高空的各类气象要素，为低层大气和气象研究提供非常宝贵的探空资料。一般情况下，世界各地的无线电探空仪的常规观测选在世界时间的 0：00 UTC 和 12：00 UTC 进行。广泛分布的无线电探空仪观测，可为大气过程的研究提供丰富的数据。

地基雷达观测主要有无线电雷达和激光雷达等观测手段。其中，无线电雷达又包括中频（MF）雷达、MST 雷达等，这些雷达能够测量大气风场等参数。中频雷达用于测量中层和低热层高度（60～100 千米）的大气风场及电子密度。目前，国际上的中频雷达主要分布在北美、澳大利亚、日本等国家和地区，已经成为这个区域风场和电子密度常规观测的主要手段，以及中层大气风场参考模式的重要资料来源。在我国，武汉中频雷达站于 2000 年年底建成并开始运转，并取得了一系列的研究成果。

　　VHF雷达利用清澈空气的回波来获取大气结构的信息，是当前国际上可靠的全天候地面无线电遥感测风设备。它的主要功能是测量2～30千米以及60～90千米的三维大气风速，其中包含了中间层（M）、平流层（S）和对流层（T），因此又称为MST雷达。国际上较为著名的VHF雷达包括建成于20世纪70～80年代阿拉斯加州的Poker Flat雷达及日本的MU雷达等。Poker Flat雷达用来对极光区的中间层进行研究；MU雷达可以在较高精度测量三维大气风场。目前，我国建成的MST雷达有中国科学院大气物理研究所研制的北京（香河）站MST雷达及由武汉大学研制的武汉（崇阳）站MST雷达等，具备了探测大气波动、湍流及电磁散射机制的能力。

　　激光雷达是利用激光回波探测大气参数的设备。根据激光光束与被探测对象相互作用的物理机制的不同，可以将激光雷达分为瑞利散射激光雷达、Raman散射激光雷达、共振荧光散射激光雷达、差分吸收激光雷达和多普勒激光雷达等。激光雷达具有的高时间、高空间分辨能力，高探测灵敏度及可以连续探测等优点弥补了火箭、VHF雷达的不足。不同的激光雷达可以测量不同的大气参数，包括大气密度、温度、臭氧含量、大气衰减、能见度等。国外对于激光雷达的研究开始于20世纪60年代，建成了多种用途的激光雷达观测平台，并广泛分布。国内对于激光雷达的研究起步相对较晚，但已经取得了国际前沿的水平。

　　中高层大气的卫星探测始于20世纪60～70年代，但那时的卫星探测仅限于卫星上的某个载荷具有部分中高层大气的探测能力，而且发射卫星的主要目的并不是为了中高层大气的科学研究。到20世纪80～90年代，中高层大气卫星遥感才有了实质性的发展，相继有多颗以中高层大气科研为主要目的的探测卫星成功发射，如太阳中间层探测卫星观测仪（Solar Mesosphere Explore，SME）、高层大气研究卫星（The Upper Atmosphere Research Satellite）等。中高层大气探测卫星向着多种大气成分的同时测量，以及大气成分和参数的全球分布的方向发展，其中较为著名且仍然在轨运行的有TIMED卫星和Aura卫星等。热层-电离层-中间层能量和动力学卫星（Thermosphere Ionosphere Mesosphere Energetics and Dynamics，TIMED）是美国国家航空航天局太阳-地球探测计划的先期项目，于2001年12月7日从美国范登堡空军基地发射升空。卫星处在625千米高的太阳同步轨道上，轨道倾角74.1°。TIMED卫星主要用于研究太阳和人类活动对中间层和低热层/电离层（Mesosphere and Lower Thermosphere/Ionosphere，

MLTI）的影响。

Aura 卫星于 2004 年 7 月 15 日在美国范登堡空军基地发射升空，是美国国家航空航天局地球观测系统（Earth Observing Series，EOS）的第三颗卫星。卫星处在太阳同步极轨轨道上，轨道高度为 705 千米，且卫星每天绕地飞行约13圈。Aura 卫星的主要科学目的是研究地球臭氧、空气质量和气候。Aura 卫星的数据将引导科学家在大气组成、大气化学和动力学上进行大量的研究。Aura 卫星上搭载了 4 台科学载荷，分别是高分辨率动力学临边探测器（High Resolution Dynamics Limb Sounder，HIRDLS）、微波临边探测器（Microwave Limb Sounder，MLS）、臭氧检测器（Ozone Monitoring Instrument，OMI）、对流层辐射光谱仪（Troposphere Emission Spectrometer，TES）。

20 世纪 80 年代末还发展了 GPS 无线电掩星技术。该技术具有高垂直分辨率、准确和探测参量多等特点，是目前最具潜力的大气卫星探测手段。1995年，美国发射了第一颗无线电掩星探测卫星 MicroLab 1。21 世纪初，德国又相继发射了 CHAMP（Challenging Mini-satellite Payload）和 GRACE（Gravity and Climate Experiment）卫星。我国台湾地区和美国共同计划发射的 COSMIC（Constellation Observing System for Meteorology，Ionosphere and Climate）卫星已于 2006 年开始提供大量的科研数据，目前该卫星仍在运行中。

（5）宇宙线监测

太阳系宇宙线的主要来源为太阳爆发产生的高能粒子和来自银河系天体产生的高能粒子。

卫星探测器有完全不受大气影响而直接监测空间环境的优势，但卫星探测器的面积小，如在日地空间 L1（拉格朗日）点上监测太阳的 ACE 卫星，其中 SIS（The Solar Isotope Spectrometer）探测面积仅有 65 平方厘米，对较高能量粒子（>1 电子伏特）的计数率极低，对短时间突发事件（如太阳高能粒子暴）不能积累有足够统计量的事例数，并且它的建造费用高昂，使用寿命有限（仅有数年）。

地面宇宙线探测设备面积大、探测粒子能量高（如 μ 子望远镜的探测面积为数平方米，可探测几十电子伏特宇宙线高能粒子）。太阳爆发中能量高的粒子，由于速度高、受空间磁场影响小，可先于能量低但流量更大、真正会危及航天器和宇航员安全或造成通信障碍的低能粒子到达，从而有利于获得灾害性太阳粒子事件将到的预兆，给人们宝贵的预警和规避的时间。地面设备成本低，易于维护和进行长期连续观测，并积累了持续的历史数据（CLIMAX 站可提供 1951 年至现在的宇宙线观测数据）。这些历史数据将十分有利于从中总结出规律性的东西，成为后人研究太阳活动变化对地球环境的长周期影响的宝贵资料。

空间探测不能代替地面观测，它们应当互补的同时存在。美国、俄罗斯等航天大国出于空间环境监测预警的目的，在发展空间环境监测卫星的同时，也加强了地面宇宙线观测，如以美国为主包括多国宇宙线观测站的SPACESHIP-EARTH观测网，俄罗斯联合欧洲约11个国家的多个宇宙线观测站组成的NMDB计划。这些观测网都利用现代网络，将包含的观测站数据实现实时传输并用于空间天气监测预警。SPACESIP-EARTH的空间天气预报网站为http://neutronm.bartol.udel.edu/spaceweather/welcom.html；NMDB的网站为http://www.nmdb.eu，其中的多个研究组建有自己的空间天气预报网页，实时发布太阳质子事件预警。

总之，空间天气以地基为基础、以天基为主导的监测体系已初步形成。美国已建立了从太阳源头、行星际空间、磁层、电离层和热层的日地空间环境的地基监测网和日地空间因果链卫星观测。目前美国、加拿大、俄罗斯、日本、欧洲等国家和地区可为空间天气业务提供监测的在轨运行卫星总数超过43颗，包括DMSP、DSP、GPS、POSE、ACE、GOES、SOHO、Hinode、STEREO、COSMIC、SDO、IRIS等，太阳活动、地磁、电离层、中高层大气等数以百计的观测站遍布全球。

3. 国际空间天气预报与效应服务体系

在太阳系中，空间天气主要受太阳风的速度和密度及太阳风等离子体携带的行星际磁场（IMF）的影响。很多物理现象都与空间天气有关，如地磁暴和亚暴、范艾伦辐射带能量增强、电离层扰动、星地无线电信号闪烁、远距离雷达信号闪烁、极光和地球表面地磁感应电流等。日冕物质抛射和与其相关的激波也是重要的空间天气驱动源，因为它们可以压缩磁层并引发磁暴。由日冕物质抛射和太阳耀斑加速的太阳高能粒子，也是重要的空间天气驱动源，因为它们能损坏航天器中的电子器件（如Galaxy 15的失效），并威胁到宇航员的生命。

20世纪90年代，空间环境对人类系统的影响日益加剧，使得人们越来越迫切地需要一个协调统一的研究和应用系统，空间天气科学应运而生。早在1994年，美国就批准实施了国家空间天气计划，其中政府部门、研究机构、大学、企业等跨部门协作，捍卫并坚实了美国在空间天气领域的领先地位。美国国家空间天气计划的目的就是将研究团体和用户群体紧密相连，将研究工作聚焦于受空间天气影响的商业和军事群体的需求,协调各业务数据中心,更好地对用户群体的需求进行定义。这个计划概念在 2000 年转化为行动计划,在 2002 年落实细化为实施规划,并在 2006 年进行了评估,在 2010 年进行了战略修订。修改后的行动计划于 2011 年发布,修订后的实施规划于 2012 年发布。美国国家空间天气计划的一个重要方面就是让用户了解空间天气对他们业务的影响。

特别引人关注的是,美国军方在空间天气研究中始终占据主导地位,关乎国家安全的空间天气探测设施和探测产品始终居于军方控制之下。例如,在太阳观测方面,美军拥有分别位于澳大利亚、意大利和美国马萨诸塞州、新墨西哥州、夏威夷州等地的太阳地基观测网,对太阳实施号称"日不落"式的连续观测;在电离层探测方面,美军拥有遍布美国全境和世界主要地区的电离层综合探测网;在卫星轨道空间天气探测方面,美军拥有部署于 GPS 等系列卫星的天基空间天气探测网。美国还特别关注研究成果的业务转化,如美国空军著名的第 55 中队,就是专门从事空间天气业务的专业力量。

1957 年第一颗人造卫星上天后,人类进入崭新的航空时代,空间环境对人造卫星的影响逐步显现,逐渐形成了空间技术与空间环境研究相互促进的局面。随着卫星技术的飞速发展,特别是随着大规模集成电路在卫星上的广泛采用,空间天气的影响更加显著。据统计,约 40% 的卫星故障与空间环境有关,特别是太阳风暴事件期间,故障率更是显著增加。在此形势下,空间天气预报开始受到人们的认识和重视。

各空间大国的空间环境服务很早就从针对单一的计划、型号任务发展过渡到面向所有的空间计划、型号任务及技术系统。借鉴和效仿气象、海洋、地震和水文的观测与预报服务,各空间大国还成立了专门机构和专业队伍,如美国、俄罗斯等国家的空间环境预报中心。这种专门的机构和队伍完全不同于基础研究,它重视应用服务,以航天和军事应用所需的环境要素的预报为主要业务。

美国空间环境中心(SEC)的前身是空间环境实验室(SEL),1995 年 10 月并入国家环境预报组织(NCEP),并更名为美国空间环境中心(SEC),现已更名为空间天气预报中心(SWPC)。作为区域警报中心的博尔德空间环境报务中心(SESC)也更名为空间大气组织(SWO)。由美国国家海洋和大气管理局的空间天气预报中心(SWPC)和美国空军第 50 气象中队(SOWS)合作,并与其他 6 个预报组织联合组成了国家环境预报中心,负责西半球的天气、海洋和空间天气预报任务。空间大气组织提供空间环境状态、日地空间天气预报及空间环境扰动的警报和问题分析等，用以帮助用户减少空间环境危害，为空间环境敏感的项目进行规划。

在早期的业务中，空间天气预报中心的预报主要依赖预报员的经验，预报能力有一定的局限性。现今，他们正在探索通过模式、数值和物理机制来对空间环境进行预报。空间天气预报中心专门设有研究部，预报中采用了数值模式，如用太阳活动区的演变来预测耀斑事件的概率活动区识别系统，用太阳风速突然升高预报地磁活动，用 WIND/ACE 卫星资料警报地磁暴，由 Ⅱ 型射电暴来估算激波速度等。

在服务方面，空间天气预报中心提供了热线电话和 E-mail 服务，其用户遍布全世界。所提供的警报事件包括地磁暴、高能粒子、射电暴、CME 等。近年来，因同步卫星的需要还增加了高能电子的警报，因为高能电子会诱发卫星充放电，导致卫星故障或异常。此外，空间天气预报中心还在互联网上发布警报信息。空间天气预报中心还在不断地改进自身服务，通过召开用户会议听取用户意见，建立更加便捷的数据库，提供详尽的说明及改善通信方式等。

澳大利亚空间环境预报中心隶属于 IPS 电波和空间服务机构，是国际空间环境服务组织的一员，参与该组织的科研活动和数据交换。澳大利亚空间环境预报中心可以实时获得 IPS 的 Ionosound 网络数据及 Culgoora 和 Learmonth 天文台的数据。该中心的用户类型很多，主要是高频（HF）通信用户，因为澳大利亚地广人稀，此种通信需求还在增长。其他用户群体包括地磁探矿、卫星控制、GPS、警报管理部门及科研人员。IPS 有多个电离层垂测观测站，均实现了数字化，从而适应数据的实时传输。中心对各站点的数据进行处理，得到全境电离层的分布并提供给用户。另外，数据的及时获得也大大提高了电离层预报的精度。IPS 的预报服务方式有声讯电话、广播和互联网发布。目前，该中心也在努力提高服务的及时性和便捷度，例如，实现澳大利亚本地测高仪数据的实时发布和可视化、预报可视化等，这些都为用户提供了更大的便利。

此外，随着航天技术的进步，各个国家对空间环境预报准确度的需求也更为迫切，纷纷建立了自己的空间环境预报机构。为了促进合作，这些机构联合组成了国际空间环境服务组织，定期召开工作会议，总部设在美国。国际空间环境服务组织是隶属国际天文联合会（International Astronomical Union，IAU）和国际大地测量与地球物理学会（International Union of Geodesy and Geophysics，IUGG）的永久性空间环境服务组织。该组织目前共有15个成员，分别来自14个国家和欧洲空间局，中国区域警报中心是该组织的成员之一。

国际空间环境服务组织的内容包括：组织成员之间交换日地空间环境监测数据和空间天气预报，联合为全球用户提供空间天气数据和预报服务，联合制订全球空间天气服务规范。主要服务产品如下。①空基和地基空间天气数据服务。向全球用户提供世界各国发射的空间环境观测卫星的数据和遍布全球的空间环境监测台站的数据服务，这些数据通过网络向全球实时发布。②空间环境警报和预报。每隔2～4小时就有一个成员机构发布本地区空间环境警报或预报，内容涉及太阳、行星际、地磁、电离层等的空间天气事件。③空间天气事件记录与总结。每天和每周对空间天气事件进行记录和总结，并每周进行一次综述。

中国区域警报中心面向国际其他区域警报中心的数据交换工作主要通过课题参加单位执行。

各国的预报组织又称为区域警报中心（RWC），目前主要的警报中心有：北京、博尔德、伦敦、墨西哥、新德里、渥太华、布拉格、悉尼、华沙、日本。各区域警报中心通过数据交换彼此联系，形成一个全球性网络，提高了预报工作的水平。服务功能较为完备的预报组织主要有美国空间天气预报中心、澳大利亚和日本的警报中心。除了预报工作之外，预报中心还利用所掌握的数据资料进行预报方法的研究和评估，同时与其他研究机构合作进行太阳活动、行星际空间和太阳风、地磁活动、电离层及高层大气等领域的科学研究。各预报中心还对获得的数据进行系统整理，建立了各具特色的数据库。

随着预报业务的正规化和规模的扩大，原有的针对专项计划和特定用户的服务模式发生了根本变化，空间天气预报引入了更多的气象预报的运行机制，这又进一步促进了预报业务的正规化发展。2007年6月，国际空间环境服务组织致信国际气象组织，表示希望与国际气象组织合作，并将协助国际气象组织建立空间天气领域的机构。2008年，国际气象组织开始涉足空间天气事务。2007年10月1日，美国国家海洋和大气管理局的空间环境中心正式更名为空间天气预报中心，这充分反映了该中心面向预报业务的职能转化。

作为空间天气业务预报的基础，大力发展天地一体化、全要素、无缝隙的监测体系，实现数据的实时处理和共享是目前各国努力的方向，并正显露初效。目前，许多空间天气预报产品就是基于互联网监测数据完成的。

气象预报已经证明，开发基于物理过程的预报业务模型是一条行之有效的提高预报量化水平和预报精度的有效途径。美国等发达国家的成功经验就是对相对成熟的科研成果进行业务转化，例如，空间天气预报中心成立了模式转化小组，专门负责科研部门产出的物理模型的验证和业务转化。目前，已经在业务上应用了包括太阳风、高能电子、电离层等多个预报模型，其中计算 CME 传播的 ENLIL 模型预报精度很高，在日本、韩国等国家的预报机构均有使用，我国的空间天气预报也在参考其输出数据。

空间天气效应分析模型是空间天气服务于用户的关键节点。美国的做法是，广泛征集用户的需求，通过有效沟通，在充分考虑预报业务能力和产品性能的基础上，将预报产品延伸，通过效应分析模型，生成效应服务产品，满足用户的实际需求。目前，空间天气预报中心已经建立了空间天气应用服务部，并在每年召开的空间天气周会议上，邀请用户对服务产品进行评价。目前，美国和欧洲在空间天气效应分析评估的能力发展和应用方面已经取得了实质性进展。如美国军方在其空间态势感知体系中建设的空间环境效应融合系统（SEEFS），就是针对空间相关的系列军事系统和活动发展的多种空间环境效应影响的评估技术系统，为其空间军事活动利用空间环境效应及减缓空间环境效应的影响提供实时的信息支援。SEEFS 针对在轨卫星，重点提供影响其安全与可靠性的单粒子效应、表面充放电、深层充放电等空间环境危害的评估；针对卫星通信、早期预警雷达等，重点提供电离层扰动和太阳射电爆发对通信链路和预警区域的影响方式、程度和分布等的评估。SEEFS 在针对具体技术系统的空间环境效应评估的基础上，为服务于导弹预警、空间监视和情报等战略活动，提供综合性的空间环境效应辅助决策支持。

欧洲空间天气计划已经开发出一个试点服务系统——欧洲空间天气网络（SWENET），该系统为欧洲的众多用户提供了与空间天气效应相关的信息服务。目前，SWENET 已经提供的空间天气试点服务包括航天器和航空器、电离层及其影响、地面诱发电流及对地面系统影响三大类。在 SWENET 提供的识别卫星异常的地球同步轨道（GEO）空间环境信息服务中，针对具体卫星分析评估单粒子效应、总剂量效应、太阳电池辐射损伤、表面充电和深层充电等空间环境效应危害，从而监视、预测和诊断空间环境可能导致的卫星异常，指导卫星管理和应用用户进行有效防护。欧洲高度重视空间天气扰动导致的航空机组人员、乘客的辐射安全，他们综合利用太阳活动、中高层大气、地磁场、宇宙线等空间环境信息，为具体航空飞行线路提供人员遭受的辐射剂量的分析评估服务，指导航空公司合理安排飞行计划和航线。

为了准确理解和评估复杂的空间天气效应的影响，美国和欧洲的军民多部门还广泛利用地面模拟实验手段，对空间天气效应进行研究、评估和诊断。美国军方的空军研究实验室和海军研究实验室始终处于空间天气效应研究的前沿。空军研究实验室利用实验模拟和数值仿真手段全面开展了军用卫星、军事卫星通信等的空间天气效应研究，建有 γ 射线、X 射线、电子束、离子束等多种实验设备进行关键空间天气效应的实验研究，发展了卫星充电效应、通信卫星 / 雷达闪烁效应等仿真评估模型，是国际卫星充电效应技术研究的领导者。海军研究实验室建有电子加速器、质子加速器、钴 60 辐照源、脉冲激光模拟装置等，对关键空间天气效应进行研究和实验。海军研究实验室是国际上利用脉冲激光模拟实验单粒子效应的先驱和领导者，国际公认的评估微电子器件单粒子效应的 CRÈME 模型及软件便是海军研究实验室杰出的代表成果。美国国家航空航天局下属的马绍尔飞行中心（MSFC）持续 10 余年组织其国内和部分国际组织，综合利用空间飞行实验、地面模拟实验、数值仿真，系统开展了航天器空间环境效应研究，建立了系列的空间环境效应分析评估模型和软件。欧洲空间局设置有专门的空间环境和效应分析部，全面开展航天器相关的空间环境效应模拟实验和测试，发展大型空间环境效应分析评估软件，建立的国际著名的空间环境信息系统（SPENVIS）能够全面进行航天器空间环境效应分析评估。

空间天气产品是预报业务的生命，不同国家都面向各自的需求开展工作。如美国在此方面有先天优势和基础，预报业务非常全面，空间天气预报中心所提供的常规空间天气产品覆盖长期、中期、短期预报，内容全面，产品的标准化和时效性非常高。

美国在国家空间天气战略计划的指导下，初步建立起完整的空间环境监测、预报和服务体系。在美国国防部，空间天气服务主要由美国空军气象局负责提供实时的空间环境状态，评估空间环境对国防任务中不同部门的影响。美空军气象任务要求"随时、随地，为战斗部队提供面向作战任务的从地面到太空的最高质量的气象和空间环境信息、产品和服务"。为此，基于军民统筹的、多方协作的、天地一体化的空间环境感知体系，美军建设了空间天气运行中心，汇集来自地基探测系统、天基探测系统等空间环境监测数据，分析空间环境事件、预报空间环境态势，为军事任务提供空间环境支持。

美国空间环境效应分析与应用的目标是，将空间环境观测信息融入战场指挥官的指挥控制系统中，形成决策支持，指导任务执行。以此为出发点，美国将临近空间环境、电离层环境纳入空间环境的组成部分，建立了军民统筹的、多方协作的、天地一体化的空间环境感知体系。纳入的电离层感知设备包括覆盖美国本土和全球重点地区的垂测仪、GNSS 接收机、电离层闪烁监测仪等。美国和一些国际组织已在全球建立了 10 余个非相干散射雷达探测站，实现了非相干散射雷达组网观测，用于开展电离层和中高层大气的精确观测，以便于更深入地研究电离层结构、变化机理等基础问题。在提升地基电波环境感知能力的同时，美国还大力发展天基电离层环境感知技术。美国于 2008 年 4 月成功发射了通信 / 导航中断预报系统（C/NOFS）的天基电离层探测卫星，实现对全球范围电离层闪烁的实时监测，为通信 / 导航等地空无线电信息系统提供电离层闪烁的预报和信号中断预警信息。通过与中国台湾地区合作，开展了基于小卫星星座组网的电离层掩星观测（COSMIC），在电离层空间天气的研究中也起到了重要作用。

美国正在致力于打造日地空间应用环境综合体系（ISES-OE），其中，基于物理模型的空间天气模拟与应用系统是其发展的重要内容。2012 年，美国海军实验室开发了基于观测数据与物理模型（SAMI3）的参数化电离层模型，并成功地将之应用于空间天气信息服务中。在空间天气事件预报方面，主要关注的是太阳耀斑突然引起的电离层骚扰和磁暴期间的电离层暴现象。对于突然的电离层骚扰主要是基于一些日地物理现象进行人工预报。美国、欧洲也发展了一些经验模型，但模型漏报和虚报的概率较大。在其效应分析评估方面，美国空间天气预报中心建立了全球 D 区电离层吸收模型。该模型以太阳 X 射线和高纬粒子沉降数据为电离源，根据大气电离和碰撞引起短波吸收的经验公式，计算获得全球电离层对短波的吸收分布。在电离层暴预报方面，相关研究涉及太阳、磁层、电离层和地磁等整个日地空间环境的监测预报，且目前对电离层暴机制和形态规律认识的还不够完全清楚，要实现准确预报还存在较大难度，尚未达到令人满意的程度。目前，相关模型主要有美国发展的暴时电离层经验模型（STORM 模型）、欧洲发展的实时动力学电离层暴模型，以及美国正在试用的电离层暴物理模型等。在电离层闪烁预报方面，美国相继开发了电离层闪烁中长期概率预报模型（WBMOD）和短期预报模型（SCINDA），并在此基础上开发了雷达闪烁预报预警服务。法国和欧洲空间局开发的全球电离层闪烁模型（GISM），其核心思想是利用 NeQuick 模型模拟背景电离层的电子密度，利用多重相位屏理论计算电离层闪烁效应，主要用于预报地空无线电链路上的电离层闪烁效应。

4.国际发展趋势分析和小结

（1）建设空间天气日地系统"全链路"＋地球空间系统立体"全景图"预报的监测体系正成为关系空间安全、应用与开发竞争的一个重要战略高地。

（2）提升空间天气不同时间、不同空间尺度的耦合及空间气候涉及的中长期变化过程的认知创新能力，正成为预报水平取得新突破所面临的一个新挑战。

（3）发展局域化、精细化和智能化的空间天气预报将成为拓展应用与开发空间能力的一种标尺。

（4）空间天气预报将成为服务经济社会、向产业化方向发展的一个重要领域。

（5）空间天气预报的国际化是空间时代人们共同努力的一种全球行为。

二、我国空间天气发展概况和国际地位

空间天气领域涵盖了空间天气的探测、研究建模和应用服务各方面。

（一）国内空间天气监测

根据探测平台的不同，空间天气监测一般分为地基空间天气监测和天基空间天气监测。

1.地基空间天气监测

在太阳监测方面，国内太阳活动监测主要依赖地基太阳观测设施。除了部分高校（如南京大学等）和相关单位有一些太阳活动观测设备之外，我国地基太阳活动监测设施主要在中国科学院的国家天文台、紫金山天文台和云南天文台。我国拥有多台具有国际先进水平的地基太阳观测仪器，如多通道太阳望远镜（北京）、太阳射电频谱仪（北京、南京、昆明）等，同时拥有一批传统的太阳观测仪器，分布在全国各地，分别隶属中国科学院科研院所、国家空间天气监测预警中心和部分高校。值得注意的是国家天文台在内蒙古明安图建成的国际领先的、打开了太阳耀斑和日冕物质抛射新观测窗口的太阳射电日像仪，云南天文台在抚仙湖建成的 1 米真空太阳望远镜，南京大学在抚仙湖建成的多波段太阳望远镜（图 3-6）。这些新型太阳观测设备极大地提高了我国对太阳活动的监测能力。但由于我国地基太阳观测站点还仅限于本土，不能实现 24 小时连续的太阳观测，且现有设备和站点观测能力发展不均衡。

我国的行星际闪烁观测研究开始较晚，20 世纪 90 年代末期，中国科学院北京天文台利用密云综合孔径射电望远镜（Miyun Synthesis Radio Telescope,

（a）位于北京怀柔的多通道太阳磁场望远镜观测塔　（b）位于抚仙湖的1米真空太阳望远镜观测塔

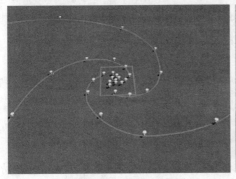

（c）明安图射电日像仪天线阵　　　（d）位于抚仙湖的多波段太阳望远镜

图3-6　分布在北京、内蒙古、云南的部分太阳观测站点

MSRT）的复合干涉仪模式对行星际闪烁观测进行了初步实验和研究。根据所得闪烁频谱得到了太阳风风速及闪烁指数，并与同期的印度 Ooty 望远镜观测数据进行了对比，符合得较好。自 2008 年以来，国家天文台在新疆天文台南山观测站利用 25 米射电望远镜初步建成了单站单频的 IPS 观测系统，观测波段为 L 波段。但由于望远镜的口径小、观测频率高，导致可观测源数目较少，并且观测时间有限，无法进行长期监测。自 2010 年至今，在昆明天文台的 40 米射电望远镜上也进行了一系列 IPS 试观测，但同样由于天线口径小，观测频率高（S、X 波段），并且接收机系统不符合要求等原因，也无法满足 IPS 的观测要求。

　　我国"十一五"重大科技基础设施——子午工程于 2008 年开工建设，2010 年年底完成建设。子午工程项目建设沿东半球 120° E 子午线附近，利用北起漠河，经北京、武汉，南至海南并延伸到南极中山站，以及东起上海，经武汉、成都，西至拉萨的沿北纬 30° N 附近共 15 个观测台站，建成了一个以链为主，链网结合的，运用无线电、地磁、光学和探空火箭等多种探测手段，连续监测地球表面 20～30 千米以上到几百千米的中高层大气、电离层和磁层，以及十几个地球半径以外的行星际空间环境中的地磁场、电场、中高层大气的风场、密度、温度和成分，电离层、磁层和行星际空间中的有关参数，联合运作的大型空间环境地基监测系统。

我国位于（磁）中低纬地区，因此在探测与研究低纬与赤道电离层方面有明显的"地利"。历史上，我国设有海口、广州等地面电离层观测站，进行过一些低纬电离层探测研究。近年来，在中国科学院日地空间环境观测网、子午工程等项目的支持下，中国科学院地质与地球物理研究所、中国科学院国家空间科学中心等单位分别在海南岛三亚、儋州等地建立了电离层观测站。目前具有电离层测高仪、VHF 雷达、流星雷达、GPS-TEC/闪烁接收机等多种手段的综合探测设备，并进行了低纬电离层动力学、电离层闪烁、电离层/大气层耦合等研究。

我国的临近空间探测在近年来取得重大进展。20 世纪 90 年代，中国科学院武汉物理与数学研究所率先研制出国内第一台高空激光雷达，2006 年，他们又研制出国内第一台白天激光雷达。2009 年，中国科学技术大学自主研发出了拥有国际先进水平的车载 Doppler 激光雷达系统，用于 0～40 千米大气矢量风场的探测。目前他们正在研制用于探测 0～60 千米大口径 Doppler 激光雷达系统和探测 80～110 千米风场的高光谱分辨率激光雷达系统。"十一五"期间，在相关部门的支持下，国内自主开展了车载多普勒激光雷达、车载 Na 荧光测风测温激光雷达、车载 F-P 风场干涉仪、车载重力波成像仪等临近空间环境探测设备，并在河北廊坊建立了一个综合性的临近空间环境大气探测示范站，具有较强的临近空间环境探测能力，特别是具有机动的探测能力。

中国科学院国家空间科学中心已初步建立了位于海南的低纬火箭发射基地，并于 2010 年在子午工程的支持下发射了一枚气象火箭，2011 年年初发射一枚探空火箭，目标是和地面联合监测大气和电离层参数，获取全面的 200 千米以下的空间环境资料，对各个空间层次的耦合效应及应用进行研究。

此外，国内还有一些其他比较大型的地基综合监测台站，如中国科学院国家空间科学中心在海南富克的国家野外观测台站，有流星雷达、地磁仪、VHF 雷达、数字测高仪、全天空气辉成像仪等探测设备。中国电子科技集团 22 所的昆明、青岛台站也拥有非相干散射雷达、流星雷达、激光雷达、中频雷达等多种探测设备。武汉大学自 2001 年以来已建成多套激光雷达系统，可以测量多种大气参数，如气溶胶含量、温度、湿度、中间层 Na、Fe、Ca 等元素的含量等。中国海洋大学、中国科学技术大学研制出多套非相干测风激光雷达系统，用于测量大气风场。中国地震局也拥有庞大的地磁和电离层观测网。

我国最早用于宇宙线空间环境监测的北京小牛坊 18NM64 中子监测器及广州 μ 子望远镜，受限于地理位置，可开展的工作有限。中国科学院国家空间科学中心利用广州 μ 子望远镜的数据，曾分析了宇宙线的各向异性。中国科学院高能物理研究所在西藏羊八井国际宇宙线观测站装备有中子监测器、中子望远镜及世界上海拔最高的 μ 子-中子望远镜等多种太阳宇宙线观测设备，开展了空间环境的监测研究。但由于羊八井地磁截止刚度太高（约14GV），只有十几个吉电子伏特的太阳质子才能到达羊八井上空。而在高纬度的极区，地磁截止刚度接近 0，有利于太阳质子的观测，是对太阳质子事件监测预报的最佳地址。中国科学院高能物理研究所与中国极地中心合作，研制了由两个面积为 0.5 米 × 0.5 米的塑料闪烁体探测器组成的 μ 子望远镜，于 2014 年年底在中山站安装运行，观测数据准实时通过卫星链路传到中国科学院高能物理研究所进行实时分析发布，填补了我国在极区宇宙线观测的空白。

利用羊八井的中子监测器、μ 子-中子望远镜对太阳质子事件的监测，多次探测到了宇宙线计数的明显超出，时间上早于 GOES 卫星探测到的低能粒子到达的时间（30 分钟～1 小时）。羊八井的高地磁截止刚度可排除作为背景的大多数带电质子，较高信噪比提高了观测太阳中子事件的显著性。在第 23 个太阳活动峰年期间，利用羊八井中子监测器及中子望远镜观测到至少两次太阳中子事件。2012 年 1 月 23 日龙年春节的质子事件，羊八井 μ 子-中子望远镜正对太阳方向的 μ 子计数出现 3σ 超出、中子计数出现 5σ 超出，超前 GOES 质子事件开始时间约 1 小时（可能是伴随着太阳质子事件的太阳中子）。

羊八井数据实现了实时传输，为开展空间环境监测预警创造了条件，数据实时发布网站为：http://ybjnm.ihep.ac.cn。该网站发布 1 小时前羊八井 μ 子望远镜及中子监测器数据，并向中国科学院国家空间科学中心空间环境监测预报室提供了 5 分钟前的实时数据。羊八井的宇宙线观测数据得到 IZMIRAN 的认可，数据收集并入 IZMIRAN 的宇宙线数据库，用于空间环境的研究。

中国极地研究中心极地大气和空间物理学研究室在南极中山站和北极黄河站建有较为完善的极区空间物理和空间天气地基监测系统。以南极中山站的高空大气物理观测实验室为核心，在中山站建有高频相干散射雷达（能探测 3000 千米范围内的电离层不均匀体分布和对流速度）；电离层垂测仪（探测电离层 F2 峰高度以下电子密度随高度的一维分布及电子密度剖面）；成像式宇宙噪声接收机（被动接收入射到地球大气层的宇宙噪声信号变化，反演电离层的吸收特性）；电离层 TEC/ 闪烁仪；感应 / 通门式磁力计（监测地磁的快速变化特征）；多波段全天空极光成像仪（获得全天空视场内极光强度的二维分布，反演沉降电子的二维分布）；极光分光光谱仪（获得极光的可见光范围内的谱线分布）。在北极黄河站建有成像式宇宙噪声接收机、通门式磁力计、多波段全天空极光成像仪、极光分光光谱仪。此外，还建有南极中山站-昆仑站/泰山站的磁力计链，北极冰岛站的多波段极光观测和地磁监测系统（图3-7）。

(a) 羊八井国际宇宙线观测站

(b) 中国南极中山站

(c) 南极中山站高空大气物理实验室

(d) 北极中国黄河站及宇宙噪声接收机天线阵

图 3-7　位于西藏高原和南极的空间天气监测站点

　　由于经费和场地限制，及技术和管理问题等，子午工程及国内其他地基监测的规模还是很有限的，其科学目标相对于当代社会发展所需要的精确、可靠、实时和连续的空间监测能力而言，只是一个起步，还有很大的局限性。

　　子午工程二期在子午工程现有的常规监测链的基础上，主要建设由相控阵非相干散射雷达、高频相干散射雷达群、大口径激光雷达、大规模太阳射电阵等组成的先进探测系统，扩展成覆盖全国的"两纵两横"地基监测网，具备百千米级空间分辨、实时获取30余种空间环境要素的日地空间环境全过程探测能力，实现综合性、多尺度、长期连续监测我国空间环境区域性特征和研究日地空间天气变化规律的科学目标。该设施建成后，将成为国际上综合性最强、覆盖区域最广的先进地基空间环境监测网，大幅提高我国空间环境的认知水平和应用保障能力。子午工程二期已列入"十三五"国家重大科技基础设施建设项目。

立足于两期子午工程，我国拟实施国际空间天气子午圈大科学计划，拟通过国际合作，将中国的子午链向北延伸到俄罗斯，向南经过澳大利亚，并和西半球 60°附近的子午链构成第一个环绕地球一周的空间环境地基监测子午圈。利用这一唯一的陆地可闭合的 120°E+60°W 子午圈，联合圈上的国家和地区，建立地球空间系统的科学研究、信息共享、人才培养的国际合作平台，提高共同应对地球空间传统与非传统灾害的能力。国际空间天气子午圈计划还能与正在实施的国际与太阳同在计划、国际日地系统空间气候与天气计划（CAWSESC）、国际日球物理年计划（IHY）等一系列国际计划有机衔接，并使我国成为其中的核心贡献国家。这对于实现子午工程的科学、工程和应用目标具有倍增效应。国际空间天气子午圈项目引发了国际关注，2012 年 8 月发布的美国《太阳与空间物理十年发展规划》将国际空间天气子午圈计划列为两个重要的国际合作项目之一。

2. 天基空间天气监测

1971 年 3 月，中国发射了实践一号（SJ-1）科学实验卫星，开始了空间环境天基探测。在随后近 40 年的时间内，先后发射了用于空间环境探测的专业卫星和搭载卫星近 30 颗，近期在轨工作的有 10 余颗。中国已开展的天基空间环境及效应探测主要包括高能带电粒子、低能带电粒子、中高层大气、磁场、太阳 X 射线、单粒子效应、卫星表面充电、辐射剂量等。中国专门用于空间环境探测的卫星很少，主要集中在实践系列科学实验卫星、大气一号和地球空间探测双星计划。1971 年的实践一号、1981 年的实践二号、1994 年的实践四号、1999 年的实践五号、2004 年的实践六号 01 组的两颗星、2006 年的实践六号 02 组的两颗星等实践系列科学实验卫星，开展了空间高能带电粒子和低能带电粒子的探测及相关效应的实验研究。1990 年发射的大气一号两颗气球星开展了轨道衰变实验研究。2003 年和 2004 年发射的地球空间双星探测计划中的探测一号和探测二号，开展了磁层电场、磁场和粒子的探测，这两颗卫星与欧洲空间局的 4 颗 Cluster 探测卫星协同探测，首次实现了人类历史上对地球空间的 6 点联合探测。

在应用卫星搭载探测方面，东方红二号、风云系列卫星、资源系列卫星、神舟系列飞船、北斗卫星、遥感系列卫星及嫦娥一号等先后搭载多种空间环境探测仪器，开展了相关的空间环境探测。风云二号（FY-2）的太阳 X 射线探测器和空间粒子探测器实时连续的探测数据曾为第 23 周太阳活动峰年期间的太阳质子事件和强磁暴警报做出了贡献。神舟系列飞船上搭载了 8 种 23

台空间环境探测仪器，对载人航天轨道高能带电粒子及其效应、低能带电粒子及其效应、高层大气密度和成分等进行了系统全面的探测。嫦娥一号搭载了高能粒子探测器、太阳风离子探测器，用于月球轨道高能粒子和太阳风等离子体的探测研究。嫦娥三号着陆器上安装了极紫外相机，首次实现了在月球表面定点观测地球等离子体层。地震部门也有天基空间环境监测卫星在轨运行。

针对太阳风-磁层相互作用的重大科学问题和空间天气的应用需求，太阳风-磁层相互作用全景成像卫星计划由中国科学院国家空间科学中心和英国伦敦大学共同牵头提出，从中欧空间科学联合卫星计划 13 个候选项目中脱颖而出。2015 年 7 月通过中国科学院院长办公会审议，2015 年 11 月欧洲空间局科学计划委员会（SPC）批准欧方立项，拟于 2022 年发射。太阳风-磁层相互作用全景成像计划将开拓性地运用 X 射线成像技术对地球空间（磁鞘和极尖区）进行大尺度成像，通过高精度的紫外成像仪给出极光整体位形的成像探测，并利用就地探测仪器对太阳风驱动源头的变化进行实时监测。太阳风-磁层相互作用全景成像卫星工程将通过其自洽的探测体系实现对影响整个空间天气链条的太阳风-磁层相互作用过程的首次全景成像，从而探测太阳风-磁层相互作用的大尺度结构和基本模式、认知地球亚暴整体变化过程和周期变化、确定日冕物质抛射事件驱动的磁暴的发生和发展，为空间科学研究及空间天气预报带来重要革新。

磁层-电离层-热层耦合小卫星星座探测计划针对磁层-电离层-热层耦合系统中的能量耦合、电动力学和动力学耦合、质量耦合等若干重大科学问题进行研究；重点是探测电离层上行粒子流的发生和演化对太阳风直接驱动的响应过程，研究来自电离层和热层近地尾向流在磁层空间暴触发过程中的重要作用，了解磁层空间暴引起的电离层和热层全球尺度扰动特征，揭示磁层-电离层-热层系统相互作用的关键途径和变化规律。

磁层-电离层-热层耦合小卫星星座探测计划星座由两颗电离层/热层卫星（ITA、ITB）和两颗磁层卫星（MA、MB）组成。电离层星运行在近地点高度 500 千米，远地点高度 1500 千米，倾角 90° 的轨道上。磁层星是自旋稳定卫星，运行在近地点高度约 1Re（地球半径），远地点高度 7Re，倾角 90° 的轨道上。星座构型可以最大限度地满足在南北极区不同高度进行联合探测的需求。有效载荷包括粒子探测系统、电磁场探测系统和成像遥感探测系统。

目前，磁层-电离层-热层耦合小卫星星座探测计划正处于科学目标凝练、有效载荷配置和卫星大系统方案论证阶段。

ASO-S 先进空间太阳天文台（Advanced Solar Observatory-Space）将首次

实现在一颗卫星上同时观测对地球空间环境具有重要影响的太阳上两类最剧烈的爆发现象——耀斑和日冕物质抛射；研究耀斑和日冕物质抛射的相互关系和形成规律；观测全日面太阳矢量磁场，研究太阳耀斑爆发和日冕物质抛射与太阳磁场之间的因果关系；观测太阳大气不同层次对太阳爆发的响应，研究太阳爆发能量的传输机制及动力学特征；探测太阳爆发，预报空间天气，为我国空间环境的安全提供保障。ASO-S 运行于太阳同步轨道，初定轨道高度 700～750 千米，倾角为 97°。ASO-S 将包含 3 个主要载荷：全日面太阳矢量磁象仪、太阳硬 X 射线成像仪、莱曼阿尔法太阳望远镜。ASO-S 为中国科学院空间科学先导专项"十三五"项目，已启动实施，计划于 2021 年发射。

地震电磁观测卫星项目是我国立体地震观测体系的第一个天基平台，包括张衡一号、张衡二号两颗卫星，具有大动态、宽视角、全天候的特点，通过获取全球电磁场、电离层等离子体、高能粒子观测数据，对我国及周边区域开展电离层动态实时监测和地震前兆跟踪，弥补地面观测的不足。其中，张衡一号卫星已于 2018 年发射。

还有夸父计划、太阳极轨射电望远镜计划（SPORT）、太阳空间望远镜卫星计划等列入了中国科学院空间科学先导专项、民用航天背景预研项目。

（二）空间天气研究

国内空间天气预报研究主要由太阳物理、空间物理两大学术领域的研究人员组织实施，这些人员分布于多家研究院所和高等院校。目前，国内从事空间天气基础研究的单位主要包括中国科学院国家空间科学中心、地质与地球物理研究所、国家天文台、紫金山天文台、云南天文台，中国电波传播研究所、中国极地中心、北京大学、中国科学技术大学、南京大学、武汉大学、山东大学、南昌大学、哈尔滨工业大学等。这些单位的研究人员组成了多个学术团队，如实验室、观测基地、研究室、研究团组等。其中大多数实验室、基地和团队在部门的支持下运行，也有国家级重点实验室，如中国科学院国家空间科学中心的空间天气学国家重点实验室。所有研究团队获取经费的主要渠道为国家重点基础研究发展计划和高技术研究发展计划、国家重大专项、国家自然科学基金、部门研究项目等。半个多世纪以来，在一系列重大空间天气研究计划的支持下，全球科研人员对近地空间和整个日球系统进行了全结构和全过程的探测和研究，并将日地系统的各圈层统一为一个有机系统，初步定量地了解了其中各种耦合过程和因果关系。我国科研人员在此期间也取得了丰硕的科研成果。

2009～2016 年与空间天气预报相关的研究与综述论文中,根据检索策略,在 SCI 和 CPCI 数据库[①]中,共检索到 25 931 篇论文(检索时间为 2016 年 2 月 18 日),并对检索出的数据采用 TDA[②] 和 Excel 等工具进行分析,结果如下。

1. 国家 / 地区发文量分布 [③]

全球共有 110 多个国家 / 地区发表了空间天气基础研究的相关论文,发文量前 10 位的国家依次是美国、中国、印度、俄罗斯、英国、德国、日本、法国、意大利和韩国,上述 10 个国家在空间天气预报领域的发文量占总量的 71.8%。其中美国在该领域研究中占有明显优势,发文量为 5659 篇,占全部论文的 22%;位居第 2 位的是中国,发文量为 4847 篇,占全部论文的 19%;位居第 3 位的是印度,发文量为 1404 篇,占全部论文的 5%(图 3-8)。

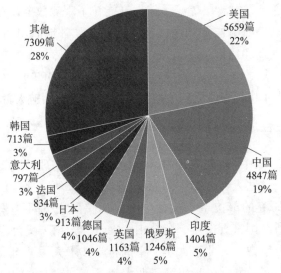

图 3-8　空间天气基础研究国家 / 地区发文量分布

从前 5 个国家(美国、中国、印度、俄罗斯、英国)发文的年份分布来看(图 3-9),美国一直处于领先的位置,但增长不明显;中国在 2009 年发文量较低,但后期发文量快速增长,在 2014 年成功超越美国,成为该领域发文最多的国家;印度、俄罗斯、英国的发文量差不多,其中印度略有增长,俄罗斯和英国没有明显增长。

---

① 检索策略:主题: Space AND weather OR solar AND activity OR solar AND terrestrial OR geomagnetic AND storm OR ionospheric AND disturbance。

② Thomson Data Analyzer(TDA)是汤森路透集团开发的具有分析功能的文本挖掘软件。

③ 统计均以通信作者及其所在机构和国家为准,下同。

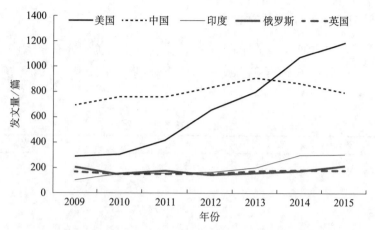

图 3-9 空间天气基础研究发文量排名前五位的国家发文年份分布

2. 国家 / 地区引用量分布

25 931 篇文章合计被引用 267 354 次，引用量前 10 位的国家依次是美国、中国、英国、德国、法国、印度、日本、意大利、韩国和瑞士。其中美国发文被引用 80 264 次，占引用总量的 30%，领先世界其他国家，位居世界第 1 位；中国发文被引用 57 618 次，占引用总量的 22%，位居世界第 2 位；英国发文被引用 14 036 次，占引用总量的 5%，位居世界第 3 位（图 3-10）。

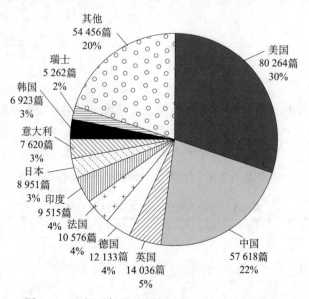

图 3-10 空间天气基础研究国家 / 地区引用量分布

3. 引用量 TOP 100 文章分布

引用量 TOP 100 文章分布在 16 个国家。其中，美国拥有 39 篇 TOP 100 文章，占 37.86%；中国有 37 篇，占 35.92%，略低于美国；美国、中国明显领先于世界其他国家（表 3-2）。

表 3-2　引用量 TOP 100 文章分布

国家 / 地区	发文量 / 篇	所占百分比 /%
美国	39	37.86
中国	37	35.92
法国	5	4.85
德国	3	2.91
瑞士	3	2.91
英国	3	2.91
捷克	2	1.94
伊朗	2	1.94
意大利	2	1.94
澳大利亚	1	0.97
丹麦	1	0.97
日本	1	0.97
新加坡	1	0.97
韩国	1	0.97
西班牙	1	0.97
瑞典	1	0.97

4. 机构分布

全球有 4000 余家机构在空间天气基础领域发表了相关文章，发文量超过 50 篇的机构有约 60 家，发文量超过 10 篇的机构有近 600 家，其余发文量低于 10 篇。全球关于空间天气基础研究发文量前 10 位的发文机构中，美国有 6 家机构，中国有 2 家，俄罗斯有 2 家。中国科学院以 989 篇论文位居第一位（表 3-3）。

表 3-3　空间天气预报发文量 TOP 10 机构

排序	机构	论文量 / 篇	国家（地区）
1	中国科学院	989	中国
2	俄罗斯科学院	572	俄罗斯
3	美国航空航天局	293	美国
4	美国科罗拉多大学	202	美国

续表

排序	机构	论文量 / 篇	国家（地区）
5	美国加州理工学院	196	美国
6	俄罗斯莫斯科国立大学	130	俄罗斯
7	美国加州大学洛杉矶分校	125	美国
8	美国密歇根大学	122	美国
9	中国武汉大学	122	中国
10	美国国家大气研究中心	120	美国

中国共有 500 余家机构在该技术领域发表了相关论文，发文量在 10 篇以上的有 106 家，发文量在 2 篇以上的有 280 多家，发文量前 30 位的机构如表 3-4 所示。

表 3-4 空天天气基础研究中国机构发文情况

机构	发文量 / 篇
中国科学院	988
武汉大学	122
北京大学	91
南京大学	90
中国科学技术大学	85
武汉理工大学	81
大连理工大学	64
吉林大学	63
厦门大学	62
华中科技大学	60
华东理工大学	59
南开大学	56
清华大学	56
西安交通大学	54
山东大学	53
上海交通大学	53
中国海洋大学	50
天津大学	50
复旦大学	49
福州大学	49
浙江大学	48
中国地质大学	43

机构	发文量 / 篇
哈尔滨工业大学	43
河南大学	43
华南理工大学	41
华侨大学	38
苏州大学	36
中国气象局	35
中国地震局	32
湖南大学	32
中山大学	32
香港大学	32

以上量化评估结果可以从一个侧面反映出中国空间天气研究从量和质两个方面都进入了世界前沿国家行列。

（三）空间天气建模

我国已经对从太阳大气到地球空间各个区域的数值模式及其预报原理方法的研究进行了大量的积累，在日冕太阳爆发、行星际传播、太阳风与磁层相互作用、电离层、中高层大气等经验模式和分区物理模式方面有了一定的工作基础。目前，我国科学家自主研发的空间天气模式包括太阳爆发的磁绳灾变模式、日冕-行星际组合模式、太阳风与磁层相互作用模式、极区电离层模式、中低纬电离层-热层耦合模式和中纬中高层大气模式等已取得了有国际影响的重要进展，获得了国际上广泛的关注。在国家自然科学基金委员会和科学技术部的支持下，初步构建了我国空间天气数值预报集成模式框架，主要包括日冕背景模式、行星际太阳风模式、活动区磁场外推模式、太阳风暴触发模式、行星际传播模式、太阳风-磁层相互作用模式，地球磁层响应模式及电离层、中高层大气响应模式。

（四）空间天气服务

我国空间天气预报服务起源于航天工程的重大需求。早在 20 世纪 60 年代，中国科学院北京天文台（今中国科学院国家天文台）曾经为东方红一号卫星提供过太阳活动预报，并与中国科学院空间科学与应用研究中心（现更名为中国科学院国家空间科学中心）、中国科学院地球物理研究所、中国电波传播研究所等国内多家研究单位共同承担了重要科学实验的空间环境安全保障任务。1992 年，这些单位一同加入国际空间环境服务组织，组成了中国区域警报中心。20 多年来，中国区域警报中心长期坚持向全球用户提供空间天气预报服务。自 20 世纪 90 年代以来，中国科学院国家空间科学中心牵头承担了我国载人航天工程空间环境安全保障任务。在载人航天工程中，组建了空间环境预报和监测分系统。分系统最初的方案中便设立了预报和数据子系统，目的是能够综合分析实时的监测数据、国内外天基、地基的空间环境实时监测数据和历史数据，对载人航天工程要求的空间环境要素做出综合预报，确保飞船的飞行安全，同时承担数据收集、预处理和管理、预报方法研究等工作。国家空间天气监测预警中心成立于 2004 年，作为国家级空间天气业务部门，得到了国家政策的明确支持，得到多个国家级科研计划的经费支持、空间天气行业和中国气象局的大力支持。国家空间天气监测预警中心以三带六区的监测规划为指导，在监测、预报、服务各方面的发展较为平衡，加强业务能力的建设，已经初步具备了完善的业务流程和技术规范。随后总参谋部军事气象局也成立了空间天气总站。空间天气预报作为一种新型的安全保障服务产品，逐步得到了广大国内外用户的认可。

国内的一些研究单位依托监测系统和研究力量，在其擅长的领域开展了有特色的空间天气业务，并拥有了特定的用户群。例如，中国电波传播研究所长期从事电离层和电波传播方面的监测和研究，已经形成了电离层综合监测网，并成立了专业的电离层预报研究中心（北京）。此外，中国科学院地质与地球物理研究所在电离层研究方面具有强大的研究实力和相对完善的监测能力，他们通过对外提供服务展示其研究成果。国家天文台则在太阳活动预报方面拥有专长，太阳预报业务模型研究也是他们的特色之一。中国科学院高能物理研究所与国内其他空间天气预报机构合作，利用高海拔、高纬度的观测优势，将南极中山站宇宙线观测设备与羊八井宇宙线观测设备结合，借助现代网络传输的便利，同时、同步地开展对太阳爆发引起的中子事件、质子事件及空间环境效应进行联合观测研究。他们利用已成功开发的宇宙线 μ 子望远镜的成熟技术，与中国气象局合作，在连接南极中山站、北京及北极黄河站的子午圈上，建立了数个 μ 子望远镜，使我国成为唯一在同一子午圈上安放系列宇宙线探测器的国家。

三、经费投入与平台建设情况

（一）空间天气地基平台

空间天气地基平台建设的支持渠道主要来自于国家发展和改革委员会、国家国防科技工业局、总装备部和行业部门，"十一五"期间总投入约为4.9亿元。其中国家发展和改革委员会重大科技基础设施建设项目1.67亿元，财政部国家重大科研装备研制项目0.65亿元，国家国防科技工业局空间碎片行动计划约1.1亿元，总装XX863计划0.7亿元，其他部门相关计划约0.8亿元。

"十一五"期间，国家发展和改革委员会累计投入1.67亿建设子午工程，各共建单位投入了约0.6亿元的经费。2013年，国务院印发了国家发展和改革委员会牵头制订的《国家重大科技基础设施建设中长期发展规划（2012—2030年）》，该规划将"建成空间环境地基监测网，揭示近地空间环境的时间和空间变化规律，并逐步形成覆盖更多重要区域的空间环境监测、预警能力"作为7个重点科学领域之一的空间与天文科学领域的重要发展方向；同年，国家发展和改革委员会颁布了《国家气象灾害防御规划（2009—2020年）》，该规划在重要任务安排中将构建空间天气灾害探测系统作为重要内容之一。"十二五"期间，国家发展和改革委员会投资逾10亿元用于建设"空间环境地面模拟研究设施"，建立空间环境下物质行为规律及其物理化学本质的科学研究设施，在技术手段、条件平台、研究方向上达到国际一流水平，形成包括材料、器件、系统及生命的物理化学等基础方向研究的国家级大型科学研究平台。

国家发展和改革委员会、国家国防科技工业局、总参谋部等单位共同牵头论证了军民兼用空间天气监测预警体系及空间天气与情报信息建设方案。

财政部在"十一五"期间在国家重大科研装备研制项目中支持了6500万元建设射电日像仪。

总装备部在"十一五"期间投入7000多万元，建成了国际上第一个可重新部署的多种探测手段综合的临近空间大气环境探测示范站。

国家自然科学基金委员会在"十二五"期间投入约1亿元，支持建设三亚非相干散射雷达。科学技术部863计划投入4000多万元建设软件非相干散射雷达和高频散射雷达等空间天气监测设备。

此外，中国科学院、中国气象局、国家海洋局、中国电子科技集团等也共同支持了专项空间环境地基监测网络建设，支持经费约8000万元。教育部通过985工程和211工程对空间环境领域给予了适度支持。

（二）空间天气天基平台

空间环境天基平台建设的支持渠道主要来自于国家国防科技工业局的民用航天计划、总装备部的军星和载人航天、中国科学院的空间科学先导专项及科学技术部的 863 计划。

"十一五"期间，投入空间环境监测仪器搭载和探测技术攻关的总经费大约为 5 亿元，其中国家国防科技工业局和总装备部共支持 3 亿元，科学技术部支持 2 亿元。

由国家国防科技工业局主管的民用航天在空间天气天基监测方面发挥了主导作用。2003 年和 2004 年发射的地球空间双星探测计划开创了我国空间环境专门探测卫星的先河。日-月-地空间环境是嫦娥一号四个科学探测任务之一。待国家批准立项的《我国 2011—2030 年深空探测规划》中将火星和小行星空间环境探测作为我国自主火星、小行星探测的重要科学目标之一。在太阳监测计划中安排了日地第一拉格朗日点太阳观测、太阳极轨观测和太阳风暴全景观测三次任务。《"十二五"国家战略性新兴产业发展规划》将"空间基础设施工程"列为 20 项重大工程建设内容之一，明确提出"建设时空协调、全天候、全天时的对地观测卫星系统和天地一体化的地面设施，发展空间环境监测卫星系统"。

中国气象局已在风云系列卫星上装载了近 10 种空间环境探测设备，初步具备了业务化的天基空间天气业务监测能力。同时，《我国气象卫星及其应用发展规划（2011—2020 年）》中进一步加强了空间天气业务需求的考虑，在风云系列卫星中继续装载空间环境探测仪器。此外，还积极探讨发展专门的空间天气业务监测卫星的可能性。

中国地震局计划在未来 5～10 年发射 1～2 颗电磁卫星，并开展空间站电磁监测计划，逐步完善地震-电离层立体监测体系。

总装备部在载人航天计划和各种 X 星上搭载空间环境监测设备。目前有 40 颗卫星、50 多台空间探测设备在轨正常运行。

"十三五"期间，中国科学院空间科学先导专项将投入支持太阳风-磁层相互作用全景成像卫星计划、先进天基太阳天文台。

科学技术部 863 计划地球观测与导航技术领域在"十一五"期间联合国家国防科技工业局启动开展空间探测重大项目，投入 2 亿元开展基于微小卫星的日地空间环境探测技术攻关。科学技术部 863 计划地球观测与导航技术领域在"十二五"期间正式将"空间探测技术"作为其中的四个主题之一。

（三）空间天气研究

空间天气研究的支持渠道主要来自国家自然科学基金、科学技术部973计划和国家重点实验室专项经费、中国科学院和教育部等相关计划。"十二五"期间总支持经费大约 2 亿元，其中，国家自然科学基金 1 亿元、科学技术部 0.6 亿元、中国科学院 0.3 亿元、其他部门约 0.1 亿元。

国家自然科学基金自"八五"开始连续支持了 4 个重大项目、数十个重点项目、20 余个国家杰出青年基金、3 个创新研究群体，以及上百个面上项目和青年项目的支持，支持经费逾亿元。国家自然科学基金从 2002 年开始将"日地空间环境和空间天气"列为优先发展领域之一。

在过去的 10 年间，科学技术部支持了 4 个有关空间天气领域的 973 项目。973 计划"十二五"期间侧重于太阳活动和地球空间天气建模，支持经费约 0.8 亿元。成立了空间天气学国家重点实验室，"十二五"期间支持运行和自主科研经费约 0.5 亿元。

（四）空间天气应用服务

民口空间天气应用服务的支持渠道主要来自中国科学院、中国气象局、国家海洋局、航天科工集团等行业部门。军口空间天气保障服务的支持渠道主要来自总装备部和总参谋部。"十二五"期间总投入约 3.4 亿，其中中国气象局 0.5 亿元、航天科工集团 2 亿元、总装备部 0.4 亿元、其他部门 0.5 亿元。

中国气象局通过业务建设、技术改造等常规渠道，对风云气象卫星和气象监测与灾害预警项目等重大工程、公益性行业、气象行业专项等专项投入空间环境应用服务的经费逾亿元。

国家海洋局在"十一五"期间海洋公益性行业专项中部署了"极区海洋大气与空间环境业务化监测及其在气候变化中的应用"，投入约 1700 万元。

航天科工集团"十一五"期间投入空间环境应用的经费约有 2 亿元。在未来 5～10 年，面向空间站、探月、导航、载人登月等国家重大工程的需求，航天科工集团依托"十二五"研制保障条件建设、改进和完善现有环境实验条件，补充型号急需的环境实验条件，形成系列化环境实验规模，提高环境实验技术水平和型号批量实验能力，提高航天器产品的实验评价能力，满足型号的研制需求。

总装备部"十一五"期间投入 4000 多万元，开展空间环境模式转移转化技术、空间环境预报警报模式和空间环境探测新技术研究。"十二五"期间，

XX863计划进一步加大了空间环境应用研究和能力建设力度，建设空间环境监测预警系统，对现有的国内部分空间环境监测网络进行设备升级和业务化改造，实现数据与产品的互联互通、预报警报在线会商，以及数据接口与服务规范。开展相关预报研究工作，实现太阳风暴期间对空间环境的自主监测和预警，提升事件预报警报能力。

载人航天工程开展以来，总装备部一直将空间环境利用作为重要内容之一，给予大力支持。

总参谋部、中国气象局等单位将大力推进军民共建的空间天气监测预警体系的建设。2030年前，实现测绘卫星系统的发展规划，由两类、四型、十四种型谱组成，满足全球基础测绘、重点地区详细测绘、目标区域精确测绘、突发事件应急测绘的需要。

空间天气领域的国内布局呈现多部门齐抓共管、共同促进的局面，各部门根据各自需求进行规划和支持，开始部署一定规模的基础设施和平台的建设，设立了基础与应用研究、技术开发项目，在国家总体投入不足的条件下，以不同的着力点极大地推动和促进了空间天气领域的发展和进步。

四、人才队伍总体情况

我国从事空间天气领域的人才队伍主要分布在中国科学院的研究所、其他高等院校和中国气象局。已建设空间天气学国家重点实验室和相关的部委级重点实验室20余个，形成了由中国科学院、其他高等院校、工业部门和应用部门有关院所组成的较完整的探测-研究-应用体系，主要单位包括中国科学院、教育部、航天科工集团、工业和信息化部、中国地震局、中国气象局和国家海洋局近百家科研单位和高等院校。空间天气领域研究的骨干人员总数超过1000名，其中院士30余人，国家杰出青年基金获得者、长江学者、百人计划学者和特聘专家近100名，正高职称人员超过500名。这为我国开展空间天气科学研究提供了良好的基础和人员队伍保证。

五、问题和差距

随着人类社会对高技术系统的依赖程度不断提高，空间天气灾害的危害程度也越来越强。正因为如此，2010年发布的《美国国家空间政策》中把提高天基的地球和太阳观测能力作为6个国策目标之一。该目标明确提出：提高天基的地球和太阳观测能力旨在促进科学研究、进行日地空间天气预报、监测全球气候变化、支撑灾害响应和修复。事实上，空间天气预报作为关系科学创新、技术创新、服务经济社会发展和保障空间安全的重大科技问题，受到发达国家的政府部门、军事部门、工业界和科技界的高度关注，多个发达国家相继制订了空间天气战略计划。联合国、世界气象组织、国际空间研究委员会纷纷制订起步协调计划、国际与太阳同在计划，"组织数十个技术发达国家、数十颗卫星"聚焦空间天气研究，并规划"认识空间天气，保护人类社会"路线图等，空间天气预报迅速成为一种国家行为和国际合作行为。与国际态势相比，我国在空间天气预报依然存在较大差距，主要体现在以下几个方面。

（一）需要大力加强与完善空间天气监测水平，提升自主保障能力

我国已经形成了规模宏大的地基空间天气监测网，但依然存在不足之处，主要表现在：①目前国内现有的地基监测，主要分布在沿北京—武汉—海南的 120°E 子午线上，未能覆盖我国上空广袤区域，无法满足大范围、大尺度空间天气监测的需要——我国西北部近 1/3 的国土面积几乎没有观测台站，目前中西部地区、西南地震多发带及青藏高原监测台站和监测设备严重匮乏；②国内地基监测的现有布局不能提供空间环境沿经向和纬向的变化，不能提供空间环境变化的精细结构特征，而这都是空间天气科学创新和发展自主预报业务所必需的；③我国近地空间环境的数字化模式的建立需要大气层、电离层及电磁环境等的高精度、可靠、动态时变、可快速更新的自主地基监测数据，但现有的地基监测现状还远不能满足此要求；④提高临近空间的监测与预报能力，为航天和重大工程提供保障，是当前迫切需求，虽然近几年国内在临近空间环境资料积累和先进探测设备研制方面有了较大的发展，但与国外先进国家相比还有很大的差距；⑤目前国内地基监测数据传输还处于准实时状态甚至是长时间滞后状态，不能满足空间环境预报与保障的需要，难以有效开展空间灾害性事件预报。

经过多年的发展，国内空间天气天基监测取得了一些进步，获得了很多宝贵的天基监测资料，但与世界先进水平相比仍有很大差距，而且这种现状也无法满足我国快速增长的空间天气预报业务需求。国内空间天气天基监测的不足主要表现为如下两点。①在轨空间天气监测点设置严重不足，监测区域、监测要素没有实现有效覆盖。发展空间天气监测，需要在各个轨道空间部署一定数量的空间天气监测装置，满足空间天气预报对监测数据高时间分辨、高空间分辨的需求，包括对太阳、行星际空间、磁层及电离层进行全方位的监测覆盖。国内现有的空间天气监测仪器功能相对单一，监测要素有

限，应用卫星上的搭载也尚未形成规模和体系，任务时断时续，时空分辨率也达不到要求，因而无法形成持续的业务保障能力。而且对太阳、行星际空间及电离层的天基监测，目前国内基本上还处于空白状态。②没有形成自主的天基空间天气监测网络，尤其缺少太阳活动监测卫星和L1点太阳风监测卫星。目前国内空间天气预报所需的数据源有不少来自国外天基监测卫星，倘若缺乏国际天基监测数据，国内的监测预报机构难于正常运行，所以建立自主的空间天气天基监测网络，是发展我国空间天气预报业务的必然选择。对太阳活动监测卫星和L1点太阳风监测卫星的姿态、资源、轨道等都有特殊要求，通过搭载的方式几乎不可能实现，需要发射专门的卫星。另外还要下大力气研制多波段成像载荷和局地物理量监测载荷。

（二）需要着力开展的空间天气预报模型研究

全方位、全要素探测和数据的实时共享成为空间天气探测的发展趋势。未来空间天气探测领域规划了从太阳到行星际再到地球空间的宏大的探测计划，日地联系的探测成为国际空间探测的主要方向。它们的实施将能从根本上推动空间天气监测、分析、研究和预报一体化的进程。

开发基于物理过程的集成预报模型系统成为研究能力向预报业务能力转化的关键环节，美国空间天气预测中心正在测试多个空间天气物理模型，并开展了模式间的耦合工作。空间天气预报研究领域也正在向着更具有物理基础、更高集成度和更高预报精度的空间天气因果链集成预报模式方向发展。

（三）需要提升空间天气预报业务能力

尽管国内已经形成了初步的空间天气业务预报能力，但基础较为薄弱，用户范围和服务内容与国家经济发展不相适应。同时，各业务单位的独立发展，导致整个行业重复建设，后劲不足。目前面临的问题主要包括：①缺少国家级权威空间天气发展计划的指导，没有合理的顶层设计，尚未形成系统的业务管理流程；②缺乏重要的空间天气因果链节点的自主探测数据，可以支持预报业务的自主探测数据严重不足，预报业务仍依赖国际公开的数据，鉴于空间天气预报对于国民经济发展和国家安全的重要作用，需要快速增强我国自主空间天气数据的采集和生产能力；③预报还处在统计模型和经验预报占主导的阶段，还没有实现国内数值模型科研成果与空间天气业务的对接，预报质量已达到阶段性平台期，急需基于物理模型的业务预报模式系统来提升预报精度；④空间天气预报服务的落地能力较差，空间天气还没有引起公众的足够重视，相关用户对国内预报产品的能力和质量也存在质疑。

（四）需要大力加强空间天气效应研究

空间天气领域的发展依赖于用户，特别是航天、通信和导航重要领域的专业用户，进一步扩大用户群也是当务之急。空间天气应用服务要针对用户需求，而空间天气效应研究是连接空间天气业务和用户的桥梁，例如，发展辐射效应产生过程的全程计算机模拟技术是进行合理卫星防护、提高卫星可靠性和降低成本的必要手段，在细化粒子与物质相互作用、辐射效应的产生原理方面还需要加大研究力度。

第四章
发展思路与发展方向

从美国 1995 年提出的空间天气定义算起，空间天气科学也只有短短 20 多年历史，已迅速成为一门把人类知识体系从"地球实验室"向"空间实验室"拓展的新兴交叉科学，成为关乎人类生存与发展安全的战略领域。中国如何跨入空间天气预报世界一流先进国家行列，分析关键科学问题、厘清发展思路、发展目标和重要研究方向非常重要。

一、关键科学问题

空间天气预报前沿由三部分构成：科学理解前沿、建模技术前沿、服务效益前沿。

（一）科学理解前沿研究

空间天气预报的科学理解前沿是指以推动空间天气预报水平为最终目的而开展的对空间天气科学前沿问题的研究。主要包括：作为空间天气源头的太阳大气动力学、太阳磁场起源与演化及与太阳活动（主要为日冕物质抛射、耀斑、太阳高能粒子等）有关的物理过程，空间天气扰动是太阳向地球空间或更远空间传播的动力学过程，太阳风暴与地球空间系统的相互作用，磁层-电离层-高层大气-临近空间的耦合过程，各圈层中具有共性的基本等离子体物理过程研究 5 个部分。主要前沿科学问题有以下几方面。

1. 太阳天气

太阳风暴是空间灾害性天气的驱动源。为了理解空间灾害性天气形成的机理，构建空间天气事件发生、发展、传播和影响的完整的物理图像，从而可靠地预测和规避空间灾害性天气的危害，首先需理解太阳风暴产生的物理机制、决定太阳风暴产生的太阳磁场的起源与演化、太阳大气的动力学过程等。

（1）太阳爆发及伴随的物理过程

研究的主要内容包括：驱动空间灾害性天气事件的太阳爆发过程是如何形成的，如耀斑和日冕物质抛射过程的能量积累与释放机制是什么；磁场重联和磁绳不稳定性在具体爆发事件中的作用和相对贡献是什么；太阳爆发在太阳大气各圈层中的响应特征和物理机制是什么；太阳高能粒子是如何在太阳附近被加速的；爆发期间从 γ 射线、HXR-SXR、EUV 一直到微波、射电波段辐射增强的机制是什么。

（2）太阳大气耦合系统的全球动力学过程

研究的主要内容包括：太阳大气（对流层、光球、色球、过渡区、日冕）耦合系统中的物质对流、热辐射与热传导、波动及磁场活动等是如何相互影响形成观测到的现象和特征的；各类太阳大气结构如米粒组织、黑子、日珥、冕洞、活动区等的形成机制及演化过程；太阳磁场与太阳大气在各层次及各层次间的耦合过程；不同日冕区域（活动区、宁静区、冕洞等）的三维磁场结构和演化特征；日冕加热与太阳风起源的物理机制等。

（3）太阳磁场的起源及其长周期演化

研究的主要内容包括：太阳的等离子体和磁场输出是如何控制或影响日球层的结构和动力学过程的；不同太阳活动时期的南北半球及极冕非对称特征的形成机制是什么；太阳活动周对行星际共转相互作用区（CIR）、日球层电流片（HCS）、高低速太阳风特征与分布及其他行星际三维结构和演化的影响有哪些。

2. 行星际天气

行星际空间是太阳能量、动量、质量向地球空间传输的重要通道。太阳风暴在行星际空间的传播和演化过程是连接空间天气变化源头与地球空间的空间天气最终响应的重要桥梁和纽带。此部分主要研究行星际太阳风和太阳风暴的特性及动力学过程、行星际日冕物质抛射的传播过程，以及太阳高能粒子在行星际的传播和加速过程等。

（1）行星际太阳风的三维结构及动力学过程

研究的主要内容包括：太阳的等离子体和磁场输出是如何通过日地行星际空间传输到地球的，行星际太阳风中的大尺度结构（如行星际 CME、CIR、HCS）的三维结构及其演化过程；各类行星际扰动产生的物理机制、行星际扰动及与背景太阳风的相互作用的多尺度物理过程；行星际磁场南向分量（B_z）的形成机制，太阳风湍动和湍动重联的物理本质等。

（2）行星际日冕物质抛射的传播过程

研究的主要内容包括：日冕物质抛射在行星际传播过程中的速度演化规律及其物理机制；日冕物质抛射在行星际空间中的偏转传播过程及其物理机制；日冕物质抛射相互作用，以及日冕物质抛射与其他行星际结构如 CIR 等的相互作用过程中的物理现象及其对其空间天气效应的影响；行星际日冕物质抛射的相关结构等的观测特征及其有哪些空间天气效应。

（3）太阳高能粒子事件（SEP）在日球层中的加速和传播过程

研究的主要内容包括：太阳高能粒子是如何在日球层传播和加速的；日球层中等离子体波动、湍流、行星际激波和磁场重联等在粒子加速过程中的作用；粒子加速的垂直扩散过程的物理本质；"种子"粒子的产生机制；等等。

（4）行星际磁场南向分量 B_z 的形成、演化及其在能量传输、转化过程中的作用

行星际南向磁场可以与地球磁场产生重联，是太阳风能量进入地球空间的主要途径。因此，行星际南向磁场是空间天气研究和预报的关键要素。然而目前却缺失对行星际南向磁场的遥感观测，南向 B_z 既可在日冕里产生（如日冕物质抛射的磁流绳结构），也可在日球层中形成（如太阳风非径向流引起的偏向磁场）。关键的科学问题包括：行星际磁场南向分量的遥感观测（如利用法拉第旋转法、汉勒效应），在日冕和行星际空间的产生机制，与地球磁场发生磁场重联的三维特征，能量的传输过程及效率。

3. 地球空间天气

（1）太阳风暴与地球空间系统的相互作用

主要研究在太阳风暴作用下，地球空间各圈层的响应过程及其物理机制。太阳风暴（如日冕物质抛射、耀斑）及其伴随的行星际结构（如 ICME、行星际激波、间断面）到达地球空间之后，弓激波的响应、磁层磁场及等离

子体特性的变化、电离层电导率和极光的演化规律、中高层大气中等离子体的动力学过程及上述各圈层之间能流和物质流的耦合等都是重要的研究方向。对这些问题的深入探讨将加深对地球空间中基本物理过程的认知，对空间灾害性天气的预报也具有重要意义。

（2）太阳风暴作用于地球空间系统的物理过程与机制

主要研究太阳风能量和物质入侵地球空间的方式和路径；行星际磁场与地球磁场重联的三维特征和触发机制、能量和物质侵入地球空间的传输过程及作用效率等；行星际激波、间断面和压力脉冲等太阳风扰动与弓激波的作用过程等。

（3）太阳风暴的全球响应

主要研究地球空间磁层、电离层和中高层大气各圈层对太阳风暴的全球动力学响应，如行星际-磁层-电离层系统的大尺度电流体系对行星际扰动的响应过程和变化规律；不同行星际条件下磁层的大尺度三维位形和结构；相互作用后的各种扰动及在磁鞘区的传播和演化，最终影响磁层的动力学过程；暴时等离子体层拓扑形态的变化与机理；磁尾能量的释放机制、能量地向输运的方式及在电离层和中高层大气中的耗散机理等。

（4）磁层-电离层耦合的物理机制

主要研究电离层-热层暴的行星际磁层驱动及全球扰动特征；电离层上行粒子流的源区、上行路径、关键加速机制、作用区及其对磁层动力学过程的影响。

（5）地球低层大气及临近空间对空间天气事件的响应

主要研究空间天气对地球天气/气候影响的途径、机理；空间各种电磁和粒子辐射是如何影响地球低层大气及其临近空间状态变化的；平流层温度和风场对太阳辐射变化的响应特征；宇宙线和太阳高能粒子的通量变化和空间分布特征对大气的电离效应；太阳风扰动和沉降粒子对云层高度的大气电场以及地球天气系统的影响过程和机理等。

（6）地球空间系统各种暴时变化的形成、演化及其空间与时序关系

主要研究各类地球空间暴（如磁暴、磁亚暴、电离层暴、电离层骚扰、电离层闪烁、热层暴、粒子暴、极光等）的形成机制；如磁暴环电流的形成机制及演化特征；磁层亚暴的触发机制；电离层暴的发生机理及其与磁暴的关联；电离层骚扰出现的条件及演化过程；电离层闪烁与电离层不均匀结构的关联；热层暴的出现及其对卫星轨道的影响；磁层高能电子暴的产生机理及效应等。

（7）地球极区天气与近地空间天气变化的关系

由于特殊的地磁位形，极区是太阳风-磁层-电离层-中高层大气耦合的关键区域。主要的关键科学问题包括：极区空间天气对太阳活动的直接响应，如太阳高能质子事件在极区产生的极盖吸收；日侧极光和电离层扰动等极区空间天气现象与太阳风能量注入地球空间的关系；夜侧极光和电离层扰动等极区空间天气现象与磁层亚暴等天气现象的关系；极盖区边界、极区电离层对流反转边界、越盖电势差的变化等极区大尺度天气现象与地球空间的结构（如磁层边界层）变化和全球尺度的空间天气（如磁暴）等之间的关系；极区电离层对粒子暴的响应特征；极区空间天气与中低纬电离层天气之间的关系。

4. 地球天气/气候与空间天气/气候关系

（1）地球低层大气中的波动如何上传影响电离层中的动力学过程并造成电离层闪烁

电离层与低层大气的耦合过程主要有光化学、静电和电磁及动力学过程，这些过程之间是相互影响的。来自地球低层大气中的波动主要以声重波的形式，通过动力学过程实现自下而上的影响。声重波是能量、动量从低层向高层大气的传递渠道。火山、台风、龙卷风、寒潮、地震、海啸、雷暴等在低层大气中产生的扰动能够以声重波的形式向上传播到电离层高度，并对电离层中的动力学过程产生明显影响，使电离层中产生各种尺度的扰动及不规则结构，从而引起电离层电子密度的闪烁等。

（2）太阳能量输出的变化通过何种路径、何种过程、何种方式影响地球灾害性天气与长期的气候变化

太阳辐射是地球系统最主要的能量来源，决定了地球的能量收支状况，而地球的天气和气候变化又取决于地球的能量平衡过程。关键的科学问题包括：太阳能量输出在各种时间尺度上的变化特征；太阳辐射能量和太阳风能流进入地球系统的途径及其定量评估；太阳能量输出影响地球天气和气候的机制。

（3）空间各种电磁和粒子的辐射如何影响地球低层大气及临近空间天气的变化

空间各种电磁和粒子辐射是影响地球低层大气及临近空间变化的主要能量来源，关键的科学问题包括：太阳辐射的时间和幅度变化特征；平流层温度和风场对太阳辐射变化的响应特征；宇宙线和太阳高能粒子的通量变化和

空间分布特征及其对大气的电离效应；太阳风扰动和沉降粒子对云层高度的大气电场以及地球天气系统的影响。

5. 太阳系空间天气

（1）太阳系三维背景的太阳风结构及其动力学过程

由于受到星际介质（中性成分为主）的影响，外日球的太阳风结构与内日球的太阳风结构有着本质的区别。一元流体的近似在此处不再适用，而必须将太阳风视为由质子流、电子流和中性氢原子流等组成的多元流体。太阳风结构随纬度分布在不同太阳周也表现出截然不同的分布。如何描述符合实际的多元背景的太阳风结构及其内在的动力学过程，对理解太阳系空间天气过程至关重要。

（2）日冕物质抛射的日球过程及其与行星的相互作用

研究行星际三维太阳风背景结构的结构演化过程及其对太阳风暴在行星际空间传播演化的影响；研究发生于太阳风中的微观过程（如磁场重联、波动）的跨尺度影响；了解太阳风与不同行星相互作用的物理过程。

（3）银河宇宙线与太阳高能带电粒子在日球中的传播、分布及其时间变化过程

高通量的银河宇宙线和太阳高能带电粒子可以造成近地空间的灾害性扰动，毁坏行星际空间不受地球磁场保护的卫星及星载设备，威胁宇航员的生命安全。为规避或减轻太阳高能粒子对人类空间探测活动和生产生活的影响，深入了解高能粒子在日地空间和太阳系的加速与传播过程具有极其广阔的应用前景。具体包括：深入研究湍动电磁场中的波粒相互作用、各宇宙射线的起源、加速、传播、调制和地球物理效应；研究空间高能粒子加速、传播及其效应，并建立相关的物理模型。

6. 基本空间天气物理过程研究

主要研究发生在日地空间天气系统中控制关键区域、关键点处扰动能量的形成、释放、转换和分配的基本等离子体物理过程，如磁重联过程、无碰撞激波物理过程、粒子加速和传输过程、等离子体湍动与波动过程、波-粒相互作用、等离子体与中性物质的相互作用和磁流体发电机等。通过研究这些具有共性的基本物理过程，有望加深对不同空间区域物理问题和过程的了解，可借鉴在不同区域获得的知识和观测数据，增进对其他区域共性问题的理解，并加深对等离子体基本物理规律的了解和认识。

（1）带电粒子的加速、加热及其与波动的相互作用

主要研究波粒相互作用，特别是阿尔文波的耗散在日冕加热和太阳风加速过程中的重要作用及机制；定量研究不同波模与粒子相互作用的效应；研究波动发展到非线性阶段与粒子相互作用的特点；波与粒子相互作用在辐射带电子的加速与损失的应用。

（2）磁场重联

主要研究触发和控制磁场重联的基本物理过程；伴随磁场重联的一些等离子体动力学过程，重联与伴随波动之间的因果关系；三维磁场重联过程的拓扑性质及其动力学；重联区多层次结构中，尤其是离子惯性尺度内和电子惯性尺度内带电粒子的动力学行为；伴随磁场重联的各种波动的激发机制，以及波动对磁场重联的影响；研究太阳光球层、色球层和过渡区中的磁场重联及其对太阳活动现象的影响；磁场重联在各类日地能量释放过程中的作用等。

（3）无碰撞激波

主要研究激波加速和加热带电粒子的物理过程；开展行星际激波、地球弓激波和日球终止激波三维结构的探测和模拟；CME激波的形成和传播特性；准平行和准垂直无碰撞激波的演化和重构过程的数值模拟研究等。

（二）建模技术前沿研究

日地空间包括太阳大气、行星际空间、磁层、电离层、热层及临近空间等关键区域。融合日地空间乃至整个太阳系各圈层的物理过程及各圈层间复杂相互作用与耦合过程的分区域和集成预报建模技术研究已成为国际科技活动热点之一。提升空间天气预报建模水平面临的挑战主要来自以下主要方面：①如何将空间天气驱动源（即太阳爆发活动）、行星际、近地空间中物理过程的复杂性和不确定性融入模式；②如何在模式中对不同时空尺度的物理过程及其相互作用统一处理；③如何以天基和地基观测资料为驱动，建立关键的空间天气要素的预报和警报模式；④如何建立为航天活动、地面技术系统和人类活动安全提供实际预报的空间天气预报应用集成模式；⑤如何实现各类海量实测数据、先进预报方法与计算能力、计算方法的有机结合。

该前沿研究的目标在于促进研究与应用的有效融合，将实现观测、经验模式、数值模型和计算能力四者的有机结合，建立由观测约束驱动且融合不同观测数据、包含不同时空尺度的相互作用过程、高效稳定且具有高时空分

辨的预报模型，初步实现空间天气预测与预报，以满足人类对空间天气预报日益增长的需求。该前沿研究内容主要包括：①日地系统关键空间区域的预报建模技术；②日地系统集成预报建模技术；③太阳系行星及日球层空间天气预报建模技术。

1. 日地系统关键空间区域的预报建模技术

日地系统的预报建模涉及太阳风暴的发生、发展、传播和演化的全物理过程，其因果链覆盖从太阳大气直至地球中高层大气。下面列出针对各关键区域或具体物理问题或过程所需要发展的各类经验、统计和数值模式。

（1）太阳活动

第一，中长期太阳活动的统计经验预报技术。利用小波分析、神经网络、相似周等分析方法，基于太阳黑子数、F107指数及太阳活动周的历史数据，对未来数天（短期）、数月（中期）乃至一个活动周时间尺度（长期）的太阳活动水平进行预报。

第二，短临太阳活动的统计-经验预报技术。凝练出可用于进行重大太阳爆发预报的太阳活动区参数，形成太阳爆发短临预报的经验模型。

第三，日冕物质抛射预报的经验模式。现有模式建立在对日冕物质抛射早期动力学参数的统计分析上，对传播过程中的可能影响因素则较少涉及，同时CME早期动力学参数获取过程也存在较大的误差。因而需研究和发展能准确获取CME早期参数的观测手段及数据分析方法，并深入讨论可能影响CME传播过程的各种因素，建立基于CME动力学参数及背景条件等的CME能否到达及到达时间预报的经验模型。

第四，观测数据驱动的太阳爆发的数值预报技术。发展CME触发过程的三维时变磁流体力学（MHD）数值模型，以光球磁图的时序观测为驱动数据，重构太阳大气整体日冕和局地活动区的磁场位形，利用数值模式来预测和诊断太阳爆发活动。

（2）太阳高能粒子事件

第一，太阳高能粒子预报的经验模型。根据太阳黑子群的磁型、射电频谱、光学耀斑等先兆、卫星观测的太阳X射线流量、日冕物质抛射的形态等参数，综合预报太阳高能粒子发生的可能性、预期的通量值、峰值发生的时间、事件持续的时间等；发展太阳质子事件警报的神经网络方法。

第二，太阳高能粒子的数值模型。采用数据驱动磁流体太阳风模型描述激波参数及其演化，建立融合垂直扩散、非线性扩散及不同太阳风磁湍流谱等因素的太阳高能粒子在三维日球层磁场中传播的数值模型，并在上述模型的基础上建立缓变型太阳高能粒子分布模型。

（3）行星际空间

第一，太阳风（暴）传播和预报的数值技术。利用最新的高分辨观测数据，探索将太阳光球矢量磁图观测用于日冕-行星际太阳风模型输入的方法；建立光球磁图的补全技术（特别是太阳两极区域），更新和校准方法的性能评价及取舍标准，为太阳日冕和行星际建模提供更准确、连续的光球磁场观测数据；发展多种以活动区连续观测数据为输入的太阳风暴的扰动模式；利用活动区观测多波段、多视角的太阳观测及行星际闪烁观测，建立更接近真实的空间天气事件的爆发模型和初发参数，开展不同扰动模式性能的比较研究。

第二，局地太阳风参数预报的经验-统计模式。现已初步建立冕洞、光球层磁场等与局地太阳风参数的经验关系，但对太阳风磁场的预报还存在较大的偏差。需发展和完善观测手段，寻找更多可能与局地太阳风参数特别是磁场强度相关的早期观测特征，建立它们之间的经验关系，并在已有的模型基础上，发展、完善并综合多种观测数据的太阳风参数预报经验模式。

（4）地球磁层

第一，太阳风-磁层-电离层耦合系统的全球三维 MHD 数值模式。建立三维太阳风-磁层-电离层相互作用的全球数值模型，研究磁层大尺度三维位形和结构对日冕物质抛射、行星际激波、间断面和压力脉冲等太阳风扰动的响应，研究磁层-电离层耦合电流体系的控制过程和变化规律。

第二，太阳风-磁层边界的经验和数值模式。建立弓激波、磁层顶和开闭磁力线边界等太阳风-磁层边界的经验和数值模式，研究太阳风-磁层边界结构随太阳风条件的变化、磁层顶边界层磁场重联的三维形态、太阳风物质和能量向磁层的输运。

第三，磁层全球磁场经验模式。根据国际地磁参考场确定的内源场和各大电流体系确定的外源场的叠加，构建新的全球磁层磁场经验模式。

第四，磁层分区域建模。建立磁尾等离子体片物理模式，研究磁尾储存能量和释放能量的过程；结合卫星观测、地面测量和理论分析，建立等离子体层的全球动态物理模式；建立磁暴环电流粒子经验模式、磁暴环电流体系统计模型、磁暴指数变化经验模式，实现定量化磁暴预报。

第五，地磁脉动与磁层-电离层电流体系模型。发展结合多卫星和地面联合观测资料的同化技术，构建不同太阳风条件下的磁层电流体系统计模型；磁层-电离层电流体系（环电流、极光电集流、场向电流、越尾电流、磁层顶电流、赤道电集流、Sq 电流等）短时变化和波动活动引起地磁脉动的传播模型；结合全球数值模拟，建立磁层-电离层电流体系模型；建立地磁扰动的季节性变化模型。

第六，辐射带的动态模型。统计分析电子和质子辐射带中高能粒子的空间分布、能谱结构、投掷角分布，建立辐射带粒子分布的经验模型；建立辐射带经验与物理结合的全球动力学预报模式，实现在轨卫星的空间环境预报。

第七，极光粒子沉降和预报模式。建立台站局域和极区全域的极光以及粒子沉降、电流体系、等离子体对流等的统计模型和经验预报模式；利用数值模拟技术，研究磁层-电离层电动耦合、极光的产生机制和动力学过程，建立极区电场和对流、极区电流体系、极光粒子沉降等理论模式。

（5）电离层

第一，电离层变化性建模。构建面对业务应用需求的电离层基本参数的经验模型，特别是描述电离层高度变化与电离层不规则结构发生率与演化的经验模式和理论模式。开发响应外部驱动源变化的电离层参数化模与电离层逐日变化模式。

第二，数据驱动的电离层模型。基于电离层参数之间的统计相关性建立从某些电离层参数观测来预报其他参数的变化；开发基于数据融合的电离层现报模式和电离层-大气层耦合模式。

第三，中低纬电离层-等离子体层建模。开发能处理特殊地磁场构型的电离层-等离子体层理论模式，建立电离层-发电机过程的耦合模式，实现真实地磁场中自洽的电离层参数计算。

第四，高纬（极区）电离层建模。开发非麦克斯韦能谱分布的且能实现沉降电离率快速计算的极区高能粒子沉降，建立包含极风和极区电离层离子逃逸过程的三维时变的极区电离层模型。

（6）热层

第一，中低热层-电离层-磁层耦合模式。构建中低热层-电离层-磁层耦合模式，从而实现定量化预报大气对低热层与太阳活动的响应。

第二，热层与逃逸层基本参数建模。基于卫星数据构建热层大气基本参量（温度、密度、成分及风场）的经验模型。

第三，热层大气模式动态修正和数据同化。开发能利用实时观测数据进行动态修正的热层大气模型，提高大气密度预报精度。基于观测数据和专门的理论模式或热层耦合理论模式，发展同化技术，开展热层大气的数据同化/融合，提高热层大气（热层大气微量成分和热层大气气辉）与电离层的预报精度与预报时间。

（7）临近空间

第一，临近空间物理过程建模。现有的全大气模式（GCM）中最不确定的部分是亚网格尺度的参数化处理，发展物理自洽并与观测（地基和卫星）相符合的临近空间的大气波动激发源和效应的参数化模式。

第二，临近空间化学过程建模。临近空间不同层区不同关键化学成分的演化及其与动力学的耦合模式是化学建模的关键困难，发展平流层温室气体、水汽、臭氧，中间层至低热层区域原子氧，中层顶金属成分与观测符合的自洽的化学及其与动力学耦合模式。

第三，临近空间大气对太阳活动和辐射变化的响应建模。研究临近空间大气对短期和长期太阳活动（短期如日冕物质抛射，长期如太阳活动周、27天自转周）响应的物理机理和过程，探索和发展临近空间大气对太阳活动和辐射变化的参数化方案。

第四，临近空间与对流层、电离层的耦合过程建模。研究对流层和临近空间大气的物质交换和输运过程对临近空间大气成分、温度的影响，并进行评估和建模。建立我国第一代基于物理的全球电离层-热层-临近空间电动力学耦合三维模式，实现全球电离层-热层-临近空间主要参数的中长期预报以及重点区域局地的中短期高精度预报。

2. 日地系统集成预报建模技术

日地系统的预报建模涉及太阳风暴的发生、发展、传播和演化的全物理过程，其因果链覆盖从太阳大气直至地球中高层大气。空间天气预报依托高性能计算平台和计算技术，以天基和地基观测数据为初始输入和结果验证，以关键空间区域科学认识为指导，计入不同时空尺度的物理规律，发展空间天气经验-统计预报模型与基于物理的数值预报模型，从而实现空间天气的精确可靠预报。

空间天气灾害模式集成不同的空间区域的模式，提供各种物理参数，揭示空间天气的演化过程。在空间天气集成建模过程中，需着重解决以下几个方面的问题。

（1）相同区域空间天气模型整合

相同空间区域往往有各种不同的数值和经验模式，这些模式各有优劣，需要研究整合多种模型的机制和方法，互相取长补短，以满足不同的需求；进行大量的模型实验，建立模型评价标准。

（2）空间区域间的耦合技术

研究相邻空间区域间的耦合过程和物理机制；研究不同空间区域和模型间的能量、粒子、电磁场、光化学等物理和化学参数关系，明确不同区域耦合模型的输入和输出的时空关系、参数的有效传递，以及时间和空间分辨率的匹配；确定各区域空间天气灾害模型的位置和相互耦合关系；模式计算效率和并行处理、计算结果可视化技术。

（3）统计预报关键技术

进行统计预报关键技术攻关，开展人工智能和神经网络等新技术在空间天气模式预报中的应用研究；研发有自主知识产权的空间天气数值模型，建立各预报节点和要素的预报模式，并进行集成预报实验和检验；开展资料同化技术在空间天气模式预报中的应用研究，进行数值预报产品业务化和实用技术研究。

（4）高性能计算技术应用

研究模块化的空间天气灾害集成软件框架，明确各模块的功能及其相互关系；按软件工程的要求制订模块的开发标准、各个区域模型的封装标准和模型间的耦合方式；研究模型间的数据交换标准；研究海量数据即时可视化和空间天气的表现形式。模拟数据的物理诊断分析需要将海量数据做复杂的可视化显示，构建从原始数据到图像产品的可视化接口，具备用户交互式操作的三维几何结构、矢量场分布、各种剖面、自适应数据挖掘等功能，生成形象生动、物理意义丰富的数据加工产品。

3.太阳系行星及日球层空间天气预报建模技术

（1）行星空间天气模式

行星空间天气模式的建立涉及行星中高层大气、行星电离层、行星磁层三个基本层次。

第一，行星中高层大气结构的数值模式。对于太阳系中拥有永久大气层的行星类天体，对中高层大气温度结构进行数值模拟是个关键的科学问题。目前，国际上已有的模式通常包括太阳辐射加热、红外谱线冷却、热传导、绝热膨胀等效应，但是这些模式并不能很好地解释大多数行星观测到的温度结构，通常是未能考虑到额外的加热机制。这些可能的加热机制包括重力波耗散加热、焦耳加热、太阳风高能粒子沉降加热等，特别是波动加热对行星中高层大气热平衡影响的普遍性一直是学术界关注的焦点。拟建立较完备的行星中高层大气温度结构的数值模式，确定不同天体的主要加热、冷却机制，同时比较各机制在大气不同高度的相对贡献。

第二，行星电离层结构的数值模式。对于太阳系中绝大多数拥有永久大气层的行星类天体，目前国际上已有成熟的电离层结构模式，包含了较完备的光化反应链、垂直扩散、加热及冷却过程。绝大多数此类模型以太阳极紫外辐射或太阳风高能电子沉降为输入条件，而忽视了其他可能的电离层的形成机制，如太阳风离子沉降、宇宙线高能粒子撞击、微陨石流撞击、水平输运等。拟建立太阳系内重要天体的电离层结构的数值模式，能够较全面地包括各种不同电离机制，从而充分反映电离层形成的多样性，并比较各电离机制对于不同天体及在不同物理条件下相对贡献的大小。

第三，行星电离层粒子逃逸的经验模式。利用卫星观测数据建立行星电离层粒子逃逸的经验模式的难点在于不同卫星观测数据的组织和归纳。当前存在的粒子逃逸经验模式都是描述行星空间环境中某一特定区域的逃逸情况。利用不同太阳活动水平和不同空间天气事件时期行星空间等离子体的观测数据，综合考虑太阳风加速行星电离层粒子的主要物理过程，构建覆盖磁鞘、电离层、内禀磁层或感应磁层等关键区域的全球尺度的粒子逃逸的经验模式。根据行星演化的不同时期所对应的太阳风条件及行星空间环境状态，通过引入长期的变化趋势来进一步拓展模式。

第四，行星磁层结构的经验模式和数值模式。空间天气事件引起行星磁层结构的动力学变化，模式旨在描述和预测这些变化。分析卫星观测数据，根据已知的物理过程，建立受太阳风控制的三维全球性磁层结构的经验模式。利用 MHD 建模技术构建模式来描述木星和土星的内禀磁层结构对不同太阳风条件的响应过程。利用 Hybrid 建模技术构建模式来描述金星和火星的感应磁层结构对不同太阳风条件的响应过程。

（2）日球空间天气模式

第一，外日球磁流体数值模式。构建融合 Voyager 飞船观测信息的外日球磁流体数值模式，预报日球层的状态或演化信息。

第二，银河宇宙线粒子通量预报的经验模型。基于近地空间大尺度的银河宇宙线粒子通量随太阳黑子数、太阳极区磁场大小、极性及 1 AU 处日球层磁场大小的变化规律，建立银河宇宙线粒子通量经验模型，预测 1 AU 处行星际空间银河宇宙线质子及各宇宙线成分的通量。

第三，银河宇宙线粒子通量预报的数值模型。建立银河宇宙线随 MHD 日球层调制的数值模型，描述特定太阳活动周期，银河宇宙线在关键点处（如地球与火星轨道附近）的通量分布以及演化。

第四，太阳高能粒子预报的经验模型。根据太阳黑子群的磁型、射电频谱、光学耀斑等先兆、卫星观测的太阳 X 射线流量、日冕物质抛射的形态等参数综合预报太阳高能粒子发生的可能性、预期的通量值、峰值发生的时间、事件持续的时间等；发展太阳质子事件警报的神经网络方法。

第五，太阳高能粒子的数值模型。采用数据驱动磁流体太阳风模型描述激波参数及其演化，建立融合垂直扩散、非线性扩散及不同太阳风磁湍流谱等因素的太阳高能粒子在三维日球层磁场中传播的数值模型，并在上述模型的基础上建立缓变型太阳高能粒子的分布模型。

（三）服务效益前沿研究

本前沿研究开展空间天气预报服务、提高服务效益水平所面临的前沿科学与技术问题。

与地面天气服务比，空间天气服务具有如下特点：①空间天气有更广阔的空间区域，更多元的空间天气要素，航天、航空、导航、通信、雷达等业务所涉及的空间区域和空间天气要素差异较大；②空间天气对用户业务的影响更为复杂，不像风雨雪易于理解，用户关心的是业务环境和效应影响，在空间天气对业务影响的因果链中最后"几千米"才是用户关注的焦点；③空间天气服务涉及多学科交叉，发展历史较短，应用研究成果并不多，需要空间天气人员与用户一起开展应用研究。

人类进入太空直接探测空间天气仅有几十年的历史，而美国面向社会提供空间天气服务只有 10 余年的历史。航天、航空、导航、电力等各技术系统的灾害，时刻提示空间天气服务还面临诸多的前沿技术挑战，如 2011 年 8 月南非 SumbandilaSat 卫星因太阳风暴导致星载计算机不能响应地面指令而失效。2008 年 10 月 7 日，澳航 A330-303 在从新加坡飞往澳大利亚途中两次突然俯冲，造成上百人受伤。澳大利亚运输安全局（ATSB）认为是中子引起的单粒子翻转。2003 年 10 月和 11 月的两起电离层暴，导致美国航空导航服务的高精度广域增强系统 WAAS 分别中断 15 小时和 10 小时，使航班业务受到大范围影响。1989 年的磁暴使加拿大魁北克电网 +750 千伏变压器烧毁，电力中断 9 小时，600 万人受影响。2003 年的磁暴致瑞典大面积停电和南非十多台变压器烧毁。

空间天气服务涉及预报服务体系、空间气候预报、空间天气事件预报、业务环境扰动预报、环境效应风险评估和科普培训宣传 6 个环节。

美国从 21 世纪 90 年代中期开始实施空间天气计划，至今已有 20 多年时间，目前在空间天气服务因果链中，正处于空间天气事件预报向业务环境扰动预报、环境效应风险评估的延伸阶段，还面临许多挑战性前沿问题。

在空间天气服务的 6 个环节中，存在两个共性的前沿问题。

1. 共性前沿问题 1：数据驱动的业务应用模型

依据业务化的实测数据，构建卫星、飞机、导航、通信、雷达、电力等设施和业务相关的区域空间环境扰动预报模型，给出风险评估方法面临诸多挑战。在缺乏完整历史数据和有效实测数据支持的条件下，依据理论数值或经验模型，实施从空间天气事件向区域环境扰动耦合递推，提前几小时到天量级的高精度区域环境预报。构建空间环境效应仿真模型，依据业务技术系统特点，给出风险评估方法。

2. 共性前沿问题 2：面向应用的产品体系和标准

空间天气服务无论是纵向的因果链，还是横向的各种用户群，其涉及的空间天气服务产品种类繁多，要综合技术需求因素、历史因素和数据可获得因素等，建立自洽的服务产品和标准也面临诸多挑战。例如，风险等级标准制订，需要解决技术系统寿命期风险定义与发生频次的问题和各系统标准统一的问题。

空间天气服务的 6 个环节具体介绍如下。

（1）空间天气预报服务体系

空间天气预报服务体系是以航天、航空、导航、通信、雷达、电力等技术系统为服务对象，以空间天气事件、技术系统相关空间环境扰动及其效应风险为预报产品，由空间天气观测数据、空间天气相关物理和经验模型、空间环境预报和效应评估方法、各类标准和规范、信息处理显示支持、产品发布等各种系统和规范组成的集合。

构建空间天气预报服务体系，需要依据航天、航空、通信、导航、地面设施等各类技术系统运行要求，识别这些系统关注的空间环境及其效应，建立空间天气事件到业务环境扰动和效应风险的预报和评估模型，形成适合终端用户的服务产品和标准体系。

空间天气预报服务体系会随着空间天气、空间环境和效应、技术系统的发展而发展，因此它具有阶段性、可扩展性的特点。

第一，空间天气预报服务领域。空间天气影响的技术领域很多，而且随着技术进步，对空间天气及其效应的认识会越来越深入。在我国有明确需求且未来一段时间可以形成相关预报服务产品的技术系统包括：航天飞行、飞机航班、导航定位、卫星通信、短波通信、超视距雷达、地面电网等。表4-1是可实施的空间天气预报服务技术领域。

空间天气预报涉及多学科多业务交叉，以及科学和业务思维的碰撞，其挑战性的技术问题有：空间天气对各技术体系中各种业务的效应机理研究；结合业务运行原理和业务特点，以及空间天气事件对其影响强度、范围、频次和系统恢复时间，评估空间天气所带来的风险；预报时效和精度。

表4-1　可实施的空间天气预报服务技术领域

领域	业务	影响环境要素
航天飞行	航天员出舱和辐射安全	辐射、等离子体
	卫星、空间站飞行安全管理（含测控、跟踪等业务）	粒子辐射、等离子体、磁场、电离层
	卫星、空间站故障分析处理	粒子辐射、等离子体、磁场
	卫星、空间站轨道预报	热层大气密度、成分
	航天火箭发射	大气风场、电离层
	弹道导弹飞行	大气风场、电离层
航空飞行	乘员辐射安全	粒子辐射
	飞机应急通信	电离层
射频通信	北斗导航定位	电离层
	卫星广播电视	电离层
	卫星通信	电离层
	高频通信	电离层
	超视距雷达	电离层
地面系统	国家电网	磁暴
	铁路电网	磁暴
	资源勘探	磁暴
	极地旅游	极光

第二，空间天气因果链 3E 预报服务。地面天气的风、雨、雪等现象和预报产品易于理解，且只有二维地理区域分布。太阳耀斑、日冕物质抛射、磁暴等空间天气事件及其预报产品，在空间、时间和天气要素上与用户技术系统影响并不一一对应，距用户应用较远，必须建立从空间天气到用户业务的完整因果链产品，才能将服务落到实处、提高服务效益。

仅有空间天气事件预报（event）产品，并不能被用户直接使用。例如，我国卫星测控部门经常接到空间天气保障单位的太阳耀斑、日冕物质抛射、磁暴等事件预报和警报，但大部分情况卫星正常无影响，相反有时多颗卫星集中发生异常，而空间天气预报平静。在空间天气和卫星影响之间缺少环境和效应两个环节。美国在航天飞行安全管理中设置了环境和效应分析机构，如美国国家航空航天局设置辐射分析机构，专门提供空间天气影响分析（图 4-1）。澳大利亚进一步延伸电离层预报，为其国内提供短波通信服务等。

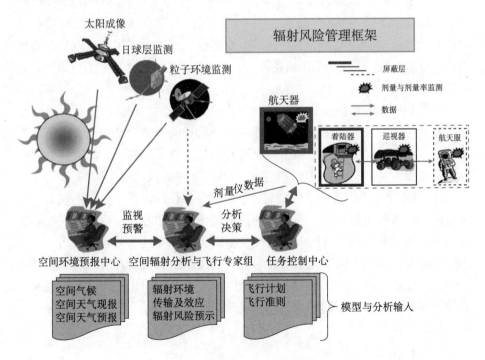

图 4-1　美国辐射风险管理框架

为了提高用户对空间天气灾害的防范能力，有效提高预报服务的准确性和时效性，需要从空间天气扰动的源头抓起，开展基于空间天气因果链的预报服务，主要内容包括空间天气事件预报、业务环境扰动预报（environment）、环境效应风险评估（effect）三个环节，简称3E预报（图4-2）。

图4-2　空间天气3E预报服务

空间天气事件预报是指对达到一定影响程度的耀斑、日冕物质抛射、太阳粒子事件、辐射带增强事件、地磁暴、电离层暴、热层暴等事件的预报。

业务环境扰动预报是对服务主体业务环境及其扰动的预报。对航天器而言，是轨道空间的高能粒子辐射、等离子体和中性大气及其扰动等的预报；对航空而言，是航线上粒子辐射、飞行区域通信信道电离层状态的预报；对星地通信或地面测控站而言，是区域上空的电离层、大气层的区域状态的预报；对短波通信、天波超视距雷达而言，是通信和雷达工作区域的电离层状态的预报。

环境效应风险评估是业务环境扰动造成的业务主体和业务运行风险的评估，其效应风险与业务主体的健壮性和业务运行的要求密切相关，该产品属于客户定制服务，如卫星单粒子、充放电效应，与采用的器件和防辐射加固设计密切相关，不同的卫星即使在同一环境下，其效应也是不同的。

3E预报服务面临的前沿问题有：空间天气事件的定量预报，不仅需要对事件的幅度进行定量评估，还要求预报量可作为驱动区域环境扰动预报的输入参数；区域业务环境扰动的高精度预报，包括环境扰动的时空分布，产品内容和质量全面覆盖效应评估的需求；与各技术系统相结合的空间环境风险评估，不仅需要建立评估模型，评估准则体系也需要同步建立。从空间天气事件预报到业务环境扰动预报再到环境效应风险评估，是三座技术高峰，需要一步步攀登。

（2）空间气候预报

以太阳11年活动周期为主要特征的空间气候变化，直接影响着宇宙线强度、辐射带、电离层、大气层等地球空间环境的总体态势。其预报产品关系到空间天气相关政策、规划的制订，航天任务设计与轨控安排，空间灾害减缓等，同时对空间天气预报也起着关键的指导作用。

第一，空间气候预报产品体系与标准。太阳有 11 年的活动周期，各太阳活动周的强度也存在差异。目前国际上用来描述气候的物理参数有：太阳黑子数、F10.7（E10.7）、地面中子、X 射线日平均等。空间气候参数是电离层、热层大气、辐射带、银河宇宙线等模型应用的输入条件。空间气候预报产品是对各用户关心的空间气候参数的未来若干年内强度趋势的预报。

其前沿问题是，各类技术系统需求的各空间气候参数的选择和确定方法能成为空间气候预报产品的物理参数，必须能够长期、稳定、可获得，并能在某一方面反映相关空间气候总体趋势。

其实现方法是研究空间天气状态的长期演化规律，提取和综合能够反映空间天气总体态势的关键参数，借鉴气候学的成熟技术，制订适合描述空间气候宏观态势的物理参数，并结合不同行业用户的特点，形成空间气候系列产品，制订行业标准。

第二，空间气候预报技术。目前，空间气候预报主要结合太阳物理和空间物理的最新理论成果，依赖历史探测数据，采用时间序列等现代分析技术，建立空间气候分析和预测方法，形成气候预报模型，对空间气候的长期发展趋势进行预测。

其前沿问题有以下几个方面：①基于数据的气候预报模型：需解决长时间跨度、多种探测手段、多种数据源的修正、融合和归一化问题。需在时间序列分析、频谱分析等已有趋势预测方法的基础上发展新的数学预测模型。需建立有效的迭代预测与验证评估方法。②空间气候预报衍生产品：与空间气候参数密切相关的参数的预报。例如，耀斑、质子事件发生趋势的预报就与黑子数密切相关。研究中需要通过大量数据的分析工作，对各种与业务应用相关参数的变化特征进行预报。③空间气候"考古"数据挖掘：需借鉴其他科学领域的研究手段，分析空间气候演化在自然界遗存的信息，确定其在空间气候预测中的应用方法，延伸空间气候的资料长度，辅助空间气候预报模型的建立。

（3）空间天气事件预报

空间天气事件预报是空间天气预报的核心，是业务环境预报和效应风险评估的基础。它是在空间天气扰动事件形成机理的科学研究基础上，依据空间天气物理数值演化模型或经验统计模型，利用直接或间接的探测数据驱动，在规定的时效范围内，对空间天气扰动事件的发生时间、强度和范围进行预报。

第一，空间天气事件预报产品体系与标准。目前国际上的空间天气预报的主要产品包括：太阳黑子、F10.7、地磁 Ap 等指数，并提供耀斑、日冕物质抛射、地磁暴、太阳粒子事件、电离层暴、热层暴等空间天气事件警报。对耀斑、磁暴、太阳粒子事件等可以用一个观测参数来衡量的空间天气事件，具有产品标准。但对日冕物质抛射、电离层暴、热层暴等复杂空间天气事件缺乏产品级的定义和标准。

其共性的前沿问题是，如何用简单的参数定义日冕物质抛射、电离层暴、热层暴等空间天气事件的强度特征和时空特征；如何划分产品强度的等级标准；如何根据现有的探测能力实时获取和编制相关参数；如何根据应用需求和空间物理规律，给出现阶段的空间天气事件的产品体系。

第二，空间天气事件预报技术。空间天气事件预报能力涉及太阳物理和空间物理的探测、研究和建模发展。空间天气事件的源头是太阳，通过对太阳活动区、磁场位形的分析，可开展耀斑、CME、SEP 等事件的预报；通过对太阳活动事件在行星际传输和地球空间的响应研究和仿真建模，可开展磁暴、电离层暴、热层暴等的预报。其预报技术包括统计与经验预报、基于物理基础的数值预报。

目前太阳爆发预报，更多的是统计与经验预报，随着太阳观测的精细化发展，数值预报也在开展。地球空间天气事件预报，主要是先对多种统计与经验预报、数值预报进行验证和业务化准备，然后通过整合集成方法实现模型系统的业务化，同时制订详细的模型结果应用准则，初步具备基于预报模型开展空间天气事件预报的能力。其面临的前沿问题主要包括以下几方面。

太阳爆发事件的触发判断：由观测的太阳活动区磁场位形的信息如何判断触发条件，评估爆发强度，重要的问题是对事件进行定量描述。

行星际传播过程预报：根据太阳爆发事件的初始条件，结合行星际状态，模拟 CME 等结构在行星际的传播过程，计算分析其是否影响地球及其在近地引起的环境扰动情况。

观测数据驱动的地球空间天气数值预报：如何选择太阳、行星际、磁层和电离层的探测数据，基于各区域空间物理模型，构建地球空间天气数值预报模型。

预报效果验证与分析技术：空间天气事件预报样本的统计分类与验证方法，样本预报效果评价等。

（4）业务环境扰动预报

不同的技术系统主体，其经历和关注的空间环境不同。航天员和航天器关注轨道空间的环境要素及其变化，飞机关注航线上的辐射环境和通信环境，短波通信和超视距雷达关注其业务范围内的电离层状况等。因此针对客户需求，基于物理和经验描述的预报模型，研究业务环境预报参数、强度变化范围和时效，提供业务环境扰动预报产品。

第一，业务环境扰动预报产品体系与标准。目前，业务环境扰动预报产品可分为航天飞行、航空飞行、射频通信和地面系统4类。

航天飞行需要的产品包括：轨道空间的GCR、SEP和辐射带粒子通量和能谱，等离子体密度和温度，轨道大气密度和成分，地磁场矢量强度，空间碎片等。需要给出宁静时空的分布，预报未来变化的时间与强度。临近空间飞行还需要大气风场。

航空飞行需要的产品包括：全球和区域航空高度的GCR和SEP轰击大气形成的粒子辐射及其时空分布，电离层TEC和三维分布、电离层闪烁等。

射频通信需要的产品包括：全球或重点区域的电离层TEC、三维结构、电离层闪烁等。

地面系统需要的产品包括：地磁场局部动态变化、地磁感应电流GIC等。

其面临的前沿问题是，如何针对技术系统业务需求，通过环境物理参数、动态范围、时空演化等来研究、定义各技术系统的业务环境参数，确定业务环境扰动等级划分标准。

第二，业务环境扰动预报技术。业务环境状况预报不同于空间天气事件预报，它的预报产品更精细、更明确，描述和预报的准确度要求更高，定量预报是业务环境预报的基本特征。因此，无论是统计经验模型还是数值计算和预报模型，都要求连续、稳定、定量地给出预报产品。

其前沿问题主要有以下几方面。

统计与经验预报中的暴时预报精度：统计与经验预报是基于探测数据和其他历史数据的预报。对于业务关注的大空间环境扰动事件，历史样本少。如何基于小子样扰动事件，融入空间物理扰动机理和必要的数值仿真，开展大空间环境扰动事件的高精度预报是挑战性课题。

数值预报中的递推精度：针对有些业务环境没有实测数据或数据缺乏，需要在空间、时间和环境要素上，从已有数据向业务环境递推。这对数值物理模型的精度和边界条件约束等都是挑战，特别是复杂的暴时状态，递推物理模型的构建难度极大。

（5）环境效应影响预报产品与预报技术

环境效应风险评估不仅与技术系统的主体环境相关，也与技术主体的健壮性和业务运行模式相关，因此它属于定制服务产品。环境效应风险评估，要根据空间环境对技术系统的效应机理和物理过程仿真，给出技术系统的环境风险参数，并形成服务产品，供技术系统业务应用。

第一，环境效应风险评估产品体系与标准。不同的技术系统主体，其环境效应风险不同，需要的效应物理参数和服务产品也不同。航天飞行涉及航天员辐射效应、航天器辐射安全、航天器轨道预报、航天器测控风险等；航空飞行涉及乘员辐射安全、应急通信信道可用性、导航定位精度等；射频通信涉及短波通信可用频率预报、超视距雷达电离层修正预报、导航定位电离层修正预报等；地面系统涉及电网感生电流预报等。许多环境效应的机理和特征规律，人类还没有认识和掌握，需要开展机理研究、物理仿真和验证实验。

航天飞行：航天员辐射累计剂量、航天器辐射总剂量、光电器件位移损伤、器件单粒子效应、表面和深层充放电效应、原子氧剥蚀效应、太阳电池效率衰减、航天器轨道衰减、卫星定轨和测控影响等。

航空飞行：乘员累计辐射剂量、应急通信信道可用性等。

射频通信：单频导航定位精度误差、导航定位电离层修正参数、短波通信可用频率、超视距雷达电离层修正等。

地面系统：电网感生电流和电压、探矿地磁误差、可见极光等。

由于环境效应风险评估涉及学科交叉，应用刚刚开始，风险评估产品几乎是处女地，需要开展长期的应用研究。

在产品体系方面，需要研究和定义的描述各技术系统效应风险的物理参数和动态范围，特别是卫星安全等多效应风险的参数体系的定义与构建方法。

第二，环境效应风险评估技术。空间环境的多要素与多种技术系统的相互作用，导致环境效应风险极其丰富，不仅效应种类多，而且作用的物理过程复杂。环境效应本身是一门复杂的交叉学科，如卫星单粒子效应评估，涉及空间物理、卫星工程、器件工艺、核物理等诸多方面，需要在卫星轨道 GCR、SEP 和辐射带辐射环境参数描述和预报的基础上，结合卫星器件的三维屏蔽结构及器件单粒子相关参数，采用粒子输运模拟、器件工艺单粒子效应模拟，来计算该器件单粒子翻转或闩锁的发生概率，给出相关风险评估。

环境效应风险评估技术中主要的前沿问题如下所述。

各技术系统环境效应模型的构建：在航天、航空、通信、电力等技术系统领域，环境效应模型还很零散，甚至完全欠缺，成系统的、实用化效应分析评估几乎没有。有些效应评估模型过于精细、专一，适合研究，在运行速度和可用性等方面不适合业务应用。

环境效应风险评估技术涉及核物理、微电子、无线电传播、等离子体、化学腐蚀、电磁场、轨道动力学等相关技术，处于起步阶段，需要开展长期的研究、仿真和实验验证，需要由点到面、由简单到复杂逐步做起来。

（6）空间天气知识普及服务

普及空间天气科学知识，树立应对空间天气灾害、有效和平利用空间意识需解决的问题；面向科技人员宣传空间天气科学是服务有效和平利用空间的科学；面向用户宣传空间天气效应和发展减缓技术；面向国家、地区管理层树立空间天气灾害意识，建立全球和地区的预警、防控体系；面向公众普及和运用空间天气知识，成为具有空间天气知识的地球人。

在开展科普、培训、宣传工作中，其挑战性的工作是编制高质量的空间天气宣传材料，其中涉及许多抽象的物理知识、复杂的技术体系、未清晰的规律特征，还得通俗易懂。

二、学科发展总体思路

空间天气预报是空间时代直接关系人类生存与发展安全的一种基本能力，是空间天气监测、研究、建模、应用与服务这些基本能力的结晶。加速我国空间天气预报发展的总体思路如下。

第一，促进"全链条"体系化发展。大力加强集空间天气监测—研究—建模—预报—应用—服务为一体的国家空间天气"全链条"的创新体系建设是发展的必由之路，将提升空间天气预报的引领作用。

第二，天地一体化监测能力。建立以地基监测为基础，以天基监测为主导的独立自主的日地空间"因果链"+地球空间"全景照"的天地一体化的空间天气监测体系，不断发展空间天气预报的监测能力。

第三，开启多元智能化预报之路。建立以观测驱动、以物理认知为基础、以数值预报为龙头的预报体系，开启运用现代信息技术，将数值预报、统计预报与经验预报融入具有深度学习能力的智能化预报体系的发展之路。

第四，建设一体化规范服务体系。建立日地系统和太阳系的不同空间区域的科学的、定量的空间天气预报和效应分析预报一体化的规范服务体系，向数字空间产业化方向迈进。

第五，推进预报国际化。以国际空间天气预报前沿计划为抓手，大力推进空间天气预报的全球化进程，提升我国对全球空间天气事业的贡献度。

三、发展目标

与时俱进，我国空间天气的探测、研究和应用服务已具备良好的基础。我国空间天气预报的发展总体目标是，利用5～10年实现我国空间天气预报进入国际一流先进国家的跨越发展，它包含如下4个一流目标：①日地空间天气"全链路"和立体"全景照"监测能力国际一流；②空间天气预报的科学水平国际一流；③空间天气预报的服务效益国际一流；④中国对空间天气预报造福人类的贡献国际一流。

四、重要研究方向

（一）空间天气科学前沿的基本物理过程

太阳是日地系统的主要能源和扰动源，其各种活动和爆发过程直接影响到整个系统的状态。地球是人类生活的基地，地球磁场和地球内部的活动也制约着空间环境的变化。日冕和行星际空间充满着稀薄的等离子体，各种等离子体的物理过程和行星际磁场起着重要作用，它们又主要受太阳控制。地球磁层基本上由完全电离的等离子体组成，它的形态主要由地球磁场和太阳风支配，同时受到太阳活动的影响。电离层由部分电离的等离子体组成，太阳辐射、地球磁场和引力场共同对其起主导作用。中高层大气及低层大气以中性成分为主，也有许多电磁过程和化学反应，同时涉及固体、液体、气体和等离子体四态之间的相互作用。

为了了解灾害性空间天气过程的发生机理及其演化特征，必须对有关的基本物理过程开展系统的研究，一些重要过程可能是在不同区域产生的重大现象的共同起因。例如，磁场重联可能是导致太阳耀斑、日冕物质抛射、磁层亚暴、磁层顶通量传输事件等重要爆发现象的共同机制。又如，粒子加速和加热机制，涉及日冕加热、太阳风加速、太阳高能粒子事件、辐射带能量粒子、极光粒子沉降等众多空间天气问题。为了进一步推动空间天气研究的发展，有必要对这些重大前沿的基本物理过程开展深入系统的研究。

该方向的主要研究内容有：磁场重联中基本物理过程的研究；带电粒子加速、加热和波动的激发研究；无碰撞激波关键问题的研究；等离子体和中性成分之间的相互作用过程研究；日冕加热和太阳风加速的研究；太阳能量粒子加速和传播的研究。

（二）太阳磁场和太阳活动区的演化研究

全面认识太阳活动及其对空间天气的影响，首要任务是理解太阳活动的产生机制，认识产生并维持太阳活动爆发相关联的物理环境。由于产生太阳活动的大气结构起源于太阳表面之下，由磁场作为主导，太阳内部结构和太阳磁场起源的研究尤为重要。

持续发展的空间测量和地面对太阳的日震测量结果，显示出太阳内部大尺度的纬向流动和子午流均有与活动周相关的变化，并且变化中的流动对太阳活动周可能是驱动作用而不是活动的结果，它们能够缩小有实际意义的太阳发电机模型的范围。观测和研究子午流的变化特征，有助于为太阳发电机模型提供依据，揭示太阳磁场起源的本质。日震学的发展，也推进了对太阳内部结构的研究，挖掘产生磁场的太阳表面之下深层次结构的特征，有助于探索磁场的起源和本质。

太阳活动是由磁场驱动的，太阳准周期性变化的磁场，导致了太阳活动的准周期性变化。研究不同时间尺度的准周期行为，是太阳发电机模型的主要课题。另外，低太阳活动的影响已经在整个日球空间被观测到，并产生了显著的影响，如地球附近的宇宙射线流量达到有记录以来的最高水平，地球上层大气受太阳紫外辐射加热减少导致作用在飞行器上的阻力减小等。因此，太阳磁场和太阳活动准周期性变化，为研究太阳活动对空间天气的影响提供了必要的背景环境。

太阳活动爆发的先兆研究，主要基于活动区的大尺度结构变化、磁场的形态和变化、电流体系、速度场研究及相伴随的不同波段的辐射研究。分析不同等级太阳活动发生的物理条件和先兆特征，不仅能够为空间天气预报提供必要的参考，而且有利于理解太阳活动产生的机制和本质，理解能量存储和释放等的基本物理过程。

该方向的主要研究内容有：太阳磁场多尺度准周期性变化观测的研究，太阳发电机模型构建及日震学的研究，太阳小尺度结构磁场的研究，太阳活动区演化特征的研究，太阳活动先兆的研究，太阳活动发生条件和概率的研究。

（三）日地系统空间天气耦合过程

日地系统包括了日冕-行星际-地球空间（磁层、电离层和中高层大气）五个物理性质截然不同的空间区域，不同区域之间的耦合过程和整体行为构成了空间天气的前沿科学问题。

日冕物质抛射和耀斑是两种最主要的太阳爆发现象，代表着太阳系最剧烈的能量和物质的释放过程，是造成日地空间电磁-等离子体环境扰动的主要因素。目前学者大都认为，太阳爆发所释放的能量主要来自于日冕磁场。所以，在相关研究中日冕磁场是最为关键的物理因素，日冕磁场的三维结构及日冕磁能的积累和快速释放的物理机制则是相关研究中的基本物理问题。发展趋势是将光球、色球和日冕联系起来开展研究。行星际空间是空间天气的重要驱动源——太阳爆发事件释放的巨大能量、动量和物质能影响地球空间天气变化所必经的非线性传输通道，其间存在等离子体、磁场、波和带电粒子等多种物质形态，多时空尺度结构和各种各样的非线性激变、波-粒相互作用、粒子加速、磁重联和湍动等过程，它们使得太阳爆发事件引起的太阳风扰动传输到地球空间时，常常变得面目全非，致使目前空间天气事件的预报约2/3是靠猜测。因此，太阳爆发事件在整个日地的传播演化在空间天气的研究过程中具有承前启后的纽带作用，是了解和预测地球空间天气变化的输入条件和基本依据。

地球空间暴包括磁层空间暴、电离层和热层暴等。磁层空间暴包括磁层亚暴、磁暴和磁层粒子暴，是磁层天气的主要表现形式，是日-地空间天气链锁变化的一个关键环节。磁层空间暴既是对近地太阳风和行星际磁场的响应，又与电离层和中高层大气变化相互耦合，是近地太阳风扰动驱动的、相互关联的多时空尺度过程。发展趋势包括：发展磁层多时空尺度的星座探测和近地太阳风-磁层-电离层/热层联合探测；成像探测与局地探测相配合，天基与地基探测相结合；将大尺度的驱动和触发过程与微观动力学过程联系起来进行研究；将近地太阳风、磁层、电离层和中高层大气联系起来进行研究；为了解磁层天气过去、现在和未来的演化过程，开展地球磁层和行星磁层的对比研究。空间天气链锁变化过程的最后一个重要环节发生在地球空间（磁层、电离层和中高层大气），其中的耦合过程是空间天气过程的关键科学问题，并具体表现为电离层与中高层大气的暴时扰动，即电离层暴和热层暴。对磁层、电离层和中高层大气的空间天气耦合过程的研究，必须把握对暴时扰动的能量传输特性的研究。

该方向的主要研究内容有：发展日冕磁场的数值外推和日冕磁场与爆发动力学关键参数的射电诊断技术；太阳爆发现象的孕育、触发和爆发的物理机制研究；日冕物质抛射与耀斑过程的三维时空结构以及不同爆发现象间的相互关系研究；太阳爆发事件在日冕和行星际空间的传播和演化；太阳风扰动与磁层的相互作用过程；磁层顶磁重联及其对磁层空间暴的驱动作用研究；磁层亚暴的触发和能量释放过程的研究；行星际扰动对磁暴的驱动过程；磁层粒子暴高能粒子的加速、输运和消失过程；暴时能量输入：极区空间天气与太阳风/磁层/电离层的耦合；暴时电离层/热层耦合及暴能量的高/低纬度传播；中低纬电离层/大气层/岩石圈的耦合过程。

（四）空间天气区域建模和集成建模方法

空间天气研究覆盖了太阳大气、行星际空间和地球空间（磁层、电离层和中高层大气）整个日地耦合系统，其核心目标是通过研究太阳活动-行星际空间扰动-地球空间暴的链锁变化过程，理解日地空间的空间天气的发生和发展。为实现这一战略目标，建立在物理基础上的空间环境建模（包括区域建模和集成建模）具有重要的需求，主要表现在以下几个方面：第一，任何探测卫星所探测的区域对于广袤的空间而言都是非常有限的，如何利用有限的轨道探测设计出揭示重大物理过程和规律的空间探测计划，建立在基本物理过程基础上的空间模型是不可或缺的工具；第二，空间建模所提供的空间环境的背景要素是进行航天器空间环境防护辅助设计的重要依据，特别是对于以前航天器很少涉足的空间区域；第三，空间建模是我们从空间探测的有限区域数据中了解整个空间全貌和理解空间探测数据的重要手段。然而，日地系统的太阳日冕、行星际、地球空间（磁层、电离层和中高层大气）的物理结构和动力学过程的复杂性，使得传统的理论分析变得非常困难，进行大规模计算的数值模拟方法成为攻克这一世界难题的有效途径。而随着高性能计算的迅猛发展，实现这一途径的技术条件业已成熟。经过几十年发展，在从太阳大气、行星际空间再到地球空间的不同空间区域都研发了成熟度不同的各种物理或者经验模式，包括太阳活动预报模式、日冕和行星际模式、磁层模式、内磁层/辐射带模式、电离层/热层模式、中高层大气模式等。21世纪初，国际上还开展了日地系统链锁变化过程的物理集成建模的研究。

该方向的主要研究内容有：太阳活动／日冕的建模研究，行星际的建模研究，太阳风-磁层的建模研究，电离层／热层的建模研究，模式集成、预报演示和实验方法的研究。

（五）空间天气对人类活动的影响

空间天气对人类活动的影响日益受到人们的重视。这些影响绝不仅仅限于空间活动，而是涉及从天基、地基各类现代高技术系统直至人类健康和人类生活的本身。就空间技术而言，据统计，在轨卫星的所有故障中，空间天气效应诱发的事故约占 40%。空间天气事件对通信、导航、定位也有严重的影响。通信领域、卫星精密定位系统、导航系统、雷达特别是远程超视距雷达系统，都会受到空间电磁环境扰动的强烈影响，如它可使雷达测速测距系统产生误差、卫星信号发生闪烁、导航定位侦察系统产生误差；空间高能粒子辐射除直接威胁航天员的生命安全外，民航飞机空乘人员特别是经常在高纬地区和跨极区飞行的航班人员和器件同样受到影响；空间电磁环境扰动，空间天气事件与人类日常活动、健康条件和疾病发生的关系也已引起人们的关注并正在深入研究中。对于地面技术系统，大量的研究表明，确认除电网以外，石油输送管道、铁路通信网络都会有类似影响。

该方向的主要研究内容有：空间天气对航天材料、器件、功能和寿命等效应的综合研究；空间天气对航器发射、运行轨道影响的综合研究；空间天气对卫星通信影响和卫星无线电精密导航、定位与测地等效应的综合研究；空间天气对地面长波导航与通信、短波通信、短波超视距雷达影响的综合研究；空间天气对长距离地面输电线路、输油管道、通信电缆等影响的综合研究；空间天气、气候和对流层天气、气候的相互影响。

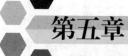

第五章
资助机制与政策建议

一、建立空间天气部际协调机制

为推动我国空间天气领域的健康快速可持续发展，实现统筹协调、协同创新、资源的高效利用与优化配置，应建立由国家发展和改革委员会、财政部、科学技术部、中国科学院、国家自然科学基金委员会、中国气象局、国家国防科技工业局和军方主管部门等多个部门参加的空间天气部际协调机制，深化空间天气领域的科技体制与机制改革。设立国家空间天气科技指导协调委员会，成立国家空间天气科技专家委员会，采用专家委员会论证和协调委员会决策的模式，进一步加强各部门之间的协同创新，互相支持、相互促进，确保投入科学合理，充分利用各种资源，共同推动空间天气科技创新和人才队伍建设，建设高水平的空间环境研究和保障基地。

各部委群策群力，协同促进空间天气预报发展：国家自然科学基金委员会，重点支持基础研究及方法理论创新；科学技术部，通过重点研发计划支持预报技术、效应研究及国际合作和重大仪器；国家发展和改革委员会和国家国防科技工业局，重点支持天地一体化监测能力建设；中国气象局等有关部门，重点支持预报服务业务的发展；教育部，主要负责人才队伍建设。

二、推进空间天气保障体系建设

针对我国空间天气领域总体投入不足、空间天气天基监测数据严重依赖国外、地基监测数据尚不完备、自主的空间天气保障能力尚未形成的现状，建议国家相关部门按照自身的定位和职责，持续加大对空间天气领域的支持力度，各部门协同创新，稳步推进国家空间天气体系建设，使之成为国家安全的重要组成部分。主要建议包括以下几方面：①建立满足监测重要空间环境要素和重点区域空间环境变化的天地一体化空间天气监测网络；②建立满足多类型、多轨道和区域分布的空间天气监测设备，建立数据接收、收集、管理和服务的数据共享与管理系统；③建立满足各类航天活动和空间应用的空间天气研究建模、分析预报及应用保障系统；④建议将空间天气系列卫星纳入国家重大空间基础设施建设规划。

三、设立国家空间天气前沿研究重点研发计划

本专项聚焦应对空间天气事件、保障经济社会发展和国家空间安全，将空间天气的基础研究、前沿技术和应用示范进行优化整合成"全链条"设计，实现"四个国际一流"的总体目标：预报的监测能力、预报的科学水平、预报的保障效益和预报的国际贡献都是国际一流，实现中国空间天气科学进入国际先进国家行列，实现跨越式发展，成为有空间天气保障能力的国家。

四、推进空间天气预报的全球化

空间天气预报是空间时代人类社会日益关注的全球化能力建设之一。通过科学家群体间的学术交流、研讨和合作来推进空间天气预报全球化的三网建设：全球预报监测网、全球预报信息网和全球预报会商网建设，与联合国、世界气象组织、外太空和平利用委员会等正在做的努力形成配合，为空间时代人类社会的发展谋福祉做出空间天气科学应有的重要贡献。

主要任务包括以下几方面。

（1）统筹共建服务全球的"先知"空间天气预报天基监测

聚焦在太阳/太阳风、行星际、磁层、电离层和中高层大气观测链上，针对空间天气预报的观测要素和观测要求，以及目前天基观测的不足，提出满足空间天气预报服务的天基（卫星）观测系统。考虑到近地空间天气保障服务的需求，重点发展磁层天气卫星和电离层天气卫星。与现有的全球在轨卫星组成空间天气预报天基监测网。主要实施两个系列卫星计划，即针对日地整体联系中关键耦合环境的大型星座探测计划——链锁计划，以及针对空间天气关键要素和区域的以小卫星为主的微星计划。链锁计划主要包括夸父计划、磁层-电离层-热层耦合小卫星星座探测计划、太阳极轨射电成像望远

镜计划等。微星计划主要包括先进天基太阳天文台（ASO-S）、L5/L4点空间天气监测小卫星计划——日地环境监测台（STEM）、太阳风-磁层相互作用全景成像卫星计划等。

（2）统筹共建全球"先觉"空间天气预报地基监测网

考虑地基观测的全球性（包括海洋），以及国家的经济需求和战略需求，在两个正交子午圈（120° E，60° W子午圈）、两个极区纬圈（南北极光带）、两个中纬度带（南北中纬度观测）、一个赤道带（赤道附近电离层异常）、一个异常区（南大西洋异常区）建设空间天气设备，形成空间天气地基全球监测网。目前国内主要通过子午工程二期开展。

（3）构建全球空间天气预报信息网

基于全球空间天气预报监测网，共建精确、可靠、实时的空间天气预报的数据、产品与信息共享网。

（4）打造全球空间天气预报会商网

需要集合全球的空间探测、研究、建模、效应和服务方面的智慧，开展全球联网的预报会商，提升全球空间天气预报和服务水平，共同应对极端空间天气事件。未来5～10年，以牵头实施国际空间天气子午圈计划和国际空间天气预报前沿计划为抓手，推动空间天气的全球化进程，为空间时代人类社会的发展谋福祉做出中国科学应有的重要贡献。

参 考 文 献

方成 . 2003. 太阳活动研究的现状和未来 . 天文研究与技术，（1）：61-66.

方成 . 2006. 走进我们生活的新学科——空间天气学 . 自然杂志，28（04）：194-198.

国家自然科学基金委员会，中国科学院 . 2011. 2011～2020 年我国空间科学学科发展战略
　　报告，北京：科学出版社 .

国家自然科学基金委员会 . 2014. 中国空间天气战略计划建议 . 北京：中国科学技术出版社，
　　2004.

刘振兴 . 1998. 中国空间物理学发展的回顾和展望 // 陈颙，王水，秦蕴洲，等 . 寸丹集——
　　庆贺刘光鼎院士工作 50 周年学术论文集，8-10.

刘振兴 . 2001. 地球空间双星探测计划 . 地球物理学报，44（4）：573-580.

刘振兴 . 2005. 中国空间风暴探测计划和国际与日共存计划 . 地球物理学报，48（3）：724-
　　730.

王赤 . 2008. 空间物理和空间天气探测与研究，中国工程科学，10（6）：41-45.

王水 . 1996. 日地系统研究的现状和趋势 . 地球物理学报，39（4）：568-575.

王水 . 2011. 空间物理学的回顾和展望 . 地球科学进展，16（5）：664-668.

魏奉思 . 1989. 国际日地能量计划是本世纪 90 年代人类科学发展史上的一件大事 . 中国科
　　学基金，4：13-16.

魏奉思 . 1999. 空间天气学 . 地球物理学进展，14（S1）：1-7.

魏奉思 . 2011. 关于我国空间天气保障能力发展战略的一些思考 . 气象科技进展，1（4）：
　　53-56.

颜毅华，谭宝林 . 2012. 太阳物理研究与发展 . 中国科学院院刊，27（1）：59-66.

中国空间科学学会 . 2012. 空间科学学科发展报告（2011—2012）. 北京：中国科学技术出
　　版社 .

Committee on a Decadal Strategy for Solar and Space Physics，Space Studies Board，
　　Aeronautics and Space Engineering Board. 2013. Solar and Space Physics：A Science for a
　　Technological Society. Washington D. C.：National Academies Press.

关键词索引

47, 48, 49, 50, 52, 53, 54,
55, 56, 57, 58, 59, 60, 61,
62, 63, 64, 65, 66, 67, 68,
69, 71, 72, 73, 74, 75, 76,
77, 78, 79, 80, 81, 83, 84,
85, 86, 87, 88, 89, 90, 91,
92

空间天气服务　36, 37, 38, 52,
74, 75

空间天气监测　21, 33, 40, 44,
45, 53, 54, 57, 58, 59, 83,
90, 91

空间天气建模　8, 52, 56

空间天气学　6, 7, 8, 17, 47,
56, 57, 92

空间天气预报　1, 2, 4, 5, 6,
7, 8, 9, 10, 17, 18, 20, 22,
23, 24, 25, 26, 33, 34, 35,
36, 37, 38, 39, 40, 46, 47,
48, 50, 52, 53, 57, 58, 59,
61, 67, 68, 71, 72, 74, 75,
76, 77, 79, 80, 83, 84, 85,
89, 90, 91

L

临近空间　5, 7, 39, 42, 54,
58, 61, 64, 65, 67, 71, 81

R

热层暴　8, 64, 78, 80, 86

日地空间　1, 6, 7, 8, 21, 23,
25, 29, 32, 33, 36, 39, 42,
44, 55, 56, 57, 66, 67, 83,
84, 86, 87

日冕物质抛射　4, 13, 24, 33,
40, 46, 47, 61, 62, 63, 66,
68, 69, 71, 74, 77, 78, 80,
84, 86, 87

T

太阳风　3, 5, 7, 8, 9, 12, 13,
14, 15, 16, 17, 20, 22, 23,
24, 33, 34, 35, 36, 37, 41,
46, 52, 55, 57, 59, 61, 62,
63, 64, 65, 66, 67, 68, 69,
70, 71, 73, 74, 84, 85, 86,
87, 88, 90, 91

太阳风暴　3, 5, 14, 15, 16,
20, 34, 52, 55, 57, 61, 62,
63, 64, 66, 68, 69, 71, 74

太阳活动　3, 7, 10, 12, 20,
22, 23, 33, 35, 36, 37, 40,
43, 45, 52, 53, 56, 59, 61,
62, 65, 67, 68, 70, 71, 73,
74, 79, 80, 84, 85, 86, 87,
88, 92

Y

宇宙线　6, 32, 33, 38, 43, 53,
64, 65, 66, 73, 74, 78, 79

Z

中高层大气　4, 5, 6, 30, 31,
33, 39, 41, 42, 45, 52, 64,
65, 68, 71, 72, 73, 84, 86,
87, 90